システム制御情報ライブラリー
# 24

# 確率システム入門

Introduction to Stochastic Systems

システム制御情報学会編
大住　晃 著

朝倉書店

# はしがき

An important class of theoretical and physical problems in communication and control is of a statistical nature.

―― Rudolf Emil Kalman, 1960.

　カルマン (R. E. Kalman, 1930- ) が現代制御理論の枠組みを打ち立ててからすでに 40 余年を経た．その間様々な理論研究がなされ，現在に至っている．著者は，制御理論は単に control theory ではなく，もっと広い control science だと思っている．それは他の分野ではあまりみられないが，体系だった学問であると認識できるからである．その要因は種々考えられるが，その一番大きなものは背後に数学的な考え方 (数学プロパーからみれば数学の応用といえるかもしれないが) が大きく横たわっているからであろう．現代制御理論ほど多様な数学を駆使する学問は他にみられないのではないか．線形代数はもとより，微分方程式論，偏微分方程式論，複素解析，微分幾何学など，その深さは別にして多様な数学を必要とすることはシステム理論に携わる読者にはよく理解していただけよう．

　"確率システム理論"(確率システムの制御理論)―いままたさらに確率論，確率過程論という上述の数学とは別の数学が必要となる．著者は学会などの折，よく「確率システムは難しい……」ということばを聴く．その原因は，恐らく上で述べた数学の他にさらに確率論，確率過程論を勉強しなくてはならないという考えが先に立ってしまうからであろう．ただでさえ限られた時間の大学教育では，学部で古典制御理論と現代制御理論の入門程度，さらに大学院に進学して担当教官の得意とする分野での教育がなされているのが現状ではないだろうか．もしそうだとすれば，確率システム理論など到底その視野に入らないのは当然の結果である．

　著者は長年，確率システム理論のできる限り平易なテキストが必要であると考えていた．もちろん，これまでにも優れたテキストが日本でも数点出版されてはい

るが，それらはどちらかといえば研究者向けの専門書を意識して書かれていたように思われる．

本書は，著者の教育経験から
(i) できるだけ平易な記述で，独習書としても利用可能なテキストとする
(ii) 演習問題とその解答 (略解) をつけて読者の理解をいっそう深める
(iii) 確率システムの基礎と，推定・制御理論のほぼ全体がみわたせることを主眼とし，最近のトピックにも触れる
(iv) とかく確率システム理論は数学演算が難解であるという印象を与えているが，その演算法をできる限りわかりやすく記述する

ことに留意して執筆することを心がけた．

本書はそのアプローチとして確率微分方程式を用いている．この確率微分方程式は，わが国の伊藤 清博士 (1915- ) が 1944 年に発表された研究に端を発し，現在では確率システム理論を扱う際には必要不可欠な道具となっている．伊藤確率微分方程式 (Itô stochastic differential equation) は，応用面では当初量子物理学の分野において用いられ，ついで 1960 年代半ば頃からシステムに不規則外乱が介入するいわゆる確率システムの研究において重要な道具となり，さらに今日ではエピローグ D においても述べるように，経済学分野において株価の予測理論にも用いられている．1997 年度ノーベル経済学賞で一躍有名になったブラック・ショールズ方程式も，伊藤確率微分方程式から容易に導出できる．このことは本書でも詳しく述べる．

第 1 章は序論であり，なぜ確率システム理論でなければならないのか？ またどういう得があるのか？ といった点を説明している．第 2 章では確率過程を記述するために必要な基本事項を述べ，第 3 章では確率過程の演算法を，第 4 章では不規則雑音をうけるダイナミクスを数学的に記述する確率微分方程式と伊藤の確率演算について詳しく述べる．第 5 章では確率システムの安定性の種々の定義と解析について述べる．第 6 章ではシステムの状態量の推定理論とカルマンフィルタの導出を行う．カルマンの論文では白色雑音モデルでフィルタが導出されているが，本書ではウィーナ過程 (ブラウン運動過程) に基づいたモデルで，確率微分方程式をシステムダイナミクスとして導出する．第 7 章では確率システムの最適制御問題を述べ，線形システムでは推定と制御との分離定理が成り立つことを示す．エピローグでは標準的な LQG 制御問題から少し離れた最近のトピックと著者の研究の一端，さらに数理ファイナンスで話題となっているブラック・ショールズ方程式の導出と，その解法を詳しく述べる．

はしがき

本書の予備知識としては，現代制御理論 (確定システムに対する) の入門程度と，学部レベルの確率論 (確率過程論ではない) の知識があることが望ましい．

伊藤 清博士は，確率微分方程式の生みの親として，イスラエル共和国のウォルフ賞 (1987年) や京都賞 (基礎科学部門, 1998年) を受賞されている．著者も研究発表を二度ばかり先生の前で行ったこともあるが，もとより先生の弟子でもなければ孫弟子でもない．ただ単に，確率システム理論から伊藤確率微分方程式に近づいたにすぎない．幸いなことに，著者の自宅から徒歩で5分足らずのところに先生がお住まいで，また10分ほどのところに1981年度ノーベル化学賞を受賞された福井謙一博士 (1918-1998; 著者の勤務する大学の元学長) がおられたので，常に両先生の存在を意識することによってパワーをもらっている．本書ができ上がったのもそのパワーのおかげである．

最後に，本書がシリーズ "システム制御情報ライブラリー" の一書として企画され，脱稿までに辛抱強く待っていただいたシステム制御情報学会の学術情報普及委員会ならびに朝倉書店編集部の各位に謝意を表します．特に朝倉書店には本書の執筆にあたり種々貴重なご意見をいただいた．エピローグに数理ファイナンスへの応用を加えたのもそのことによる．大阪府立大学助手の新谷篤彦博士には本書の原稿を精読していただき，数多くの有益なコメントを得た．本書の原稿のワープロによる整理と数値計算にあたっては，大学院生 佐藤秀明，井尻善久，島田裕之，中川敦史，福西亮馬，三竿善彦，猪股 崇 諸君の多大な協力を得た．また，国土交通省の高津知司氏には終始種々の協力を得た．ここに各位に深甚の謝意を表す．

2002年2月　京都・修学院 一乗寺にて

大 住 　 晃

> To every young genius I would recommend taking a careful look at system theory before seduced by a cultural revolution ... Let us hope, for ourselves, and the world, that there will be young geniuses for this task who are not seduced by the easy opportunities around us.
>
> —— Rudolf Emil Kalman: Remarks in Connection with Award of Oldenburger Medal, 1976.

# 目　　次

1. **確率システムの制御**　　1
   - 1.1 はじめに …………………………………………………… 1
   - 1.2 確定システムの制御の回顧 ………………………………… 2
   - 1.3 確率システムの制御問題 …………………………………… 4
   - 1.4 確率システム理論は役に立つか？ ………………………… 7

2. **確率過程の数学的記述**　　10
   - 2.1 確率過程とは？ …………………………………………… 10
   - 2.2 確率過程の数学的表現 …………………………………… 11
   - 2.3 確率モーメント …………………………………………… 13
   - 2.4 確率過程の分類 …………………………………………… 15
   - 2.5 エルゴード性 ……………………………………………… 16
   - 2.6 確率過程の周波数表現 …………………………………… 19
   - 2.7 マルコフ過程 ……………………………………………… 22
   - 2.8 正規型確率過程 …………………………………………… 26
   - 2.9 ウィーナ過程 (ブラウン運動過程) ……………………… 27
   - 2.10 白色雑音 ………………………………………………… 37

3. **確率過程に対する演算法**　　45
   - 3.1 数学的準備 ………………………………………………… 45
   - 3.2 確率変数列の収束 ………………………………………… 46
   - 3.3 確率過程の連続性 ………………………………………… 49
   - 3.4 自乗平均微分 ……………………………………………… 51
   - 3.5 自乗平均積分 ……………………………………………… 54

## 4. 確率微分方程式　56
- 4.1 確率微分方程式とは？ ... 56
- 4.2 確率積分 ... 57
- 4.3 確率微分方程式 ... 62
- 4.4 伊藤の確率微分演算 ... 66
- 4.5 拡散過程 ... 70
- 4.6 確率密度関数の時間進化—コルモゴロフ方程式 ... 71
- 4.7 対称型確率積分—ストラトノヴィッチ確率積分 ... 80
- 4.8 ウィーナ過程の数値計算 ... 82

## 5. 確率システムの安定性　87
- 5.1 確率システムの安定性の定義 ... 87
- 5.2 安定性解析 ... 90
- 5.3 線形システムの自乗平均安定 ... 93

## 6. 状態推定—カルマンフィルタ　99
- 6.1 動的システムの推定とは？ ... 99
- 6.2 条件付確率密度関数の時間進化 ... 103
- 6.3 モーメント関数の時間進化 ... 107
- 6.4 カルマンフィルタ ... 109
- 6.5 イノベーション過程 ... 113
- 6.6 イノベーション法によるカルマンフィルタの導出 ... 114
- 6.7 定常カルマンフィルタ ... 118
- 6.8 カルマンフィルタに対するコメント ... 119
- 6.9 平滑フィルタ ... 124
- 6.10 近似非線形フィルタ—拡張カルマンフィルタ ... 128

## 7. 最適制御　132
- 7.1 確率システムの最適制御とは？ ... 132
- 7.2 線形システムの最適制御 ... 133
- 7.3 無限時間最適制御 ... 142
- 7.4 最適制御システムの構成 ... 147
- 7.5 不規則雑音を含んだ観測データに基づくシステムの最適制御 ... 150
    - 7.5.1 数学モデル ... 150

|  |  |  |
|---|---|---|
| | 7.5.2 推定方程式 | 151 |
| | 7.5.3 最適制御 | 153 |
| 7.6 | 推定と制御の分離—分離定理 | 154 |
| 7.7 | 不規則雑音を含んだ観測データに基づく無限時間最適制御 | 163 |

## エピローグ　　165

- A. 非 LQG 問題 ................................................................. 165
  - A.1 最小コスト分散 (MCV) 制御問題 ............................... 165
  - A.2 指数関数型 2 次コスト (LEQG) 制御問題 ...................... 166
  - A.3 リスク鋭敏型 (RS) 制御問題 ...................................... 169
  - A.4 それぞれの関係 ....................................................... 170
- B. 確率システム理論の一つの展開 .......................................... 170
  - B.1 非線形推定理論 vs. 確率制御 ...................................... 170
  - B.2 確率制御理論 vs. 量子物理学 ...................................... 173
- C. 不規則移動体の最適探索問題 ............................................. 175
  - C.1 ターゲットのダイナミクスと探索行為 .......................... 175
  - C.2 探索方程式 ............................................................. 176
  - C.3 最適探索 ................................................................ 178
- D. 数理ファイナンスへの応用—ブラック・ショールズ方程式の導出 .... 180
  - D.1 数理ファイナンス .................................................... 180
  - D.2 株価の数理モデル—ブラック・ショールズ過程 ................ 181
  - D.3 ブラック・ショールズ方程式の導出 .............................. 182
  - D.4 ブラック・ショールズ方程式の解法 .............................. 186

## 付録: 不等式　　191

- A. 確率変数に関する不等式 .................................................. 191
- B. 微分方程式に関する不等式 ............................................... 195

## 演習問題略解　　197

## 参考文献　　206

## 索引　　217

# 1

## 確率システムの制御

> Stochastic control is an exciting and truly intellectually challenging field.
>
> —— Harold J. Kushner: Shaping Visions, *IEEE Control Systems*, Aug., 1993.

不規則雑音が介入する動的システムを**確率システム** (stochastic system) と呼ぶ．これは "不規則雑音" がその背景に確率分布関数をもつ "不規則" 過程 (random process, stochastic process) であり，動的システムの出力も不規則過程となることによる．本書では確率システムをどのように数学的に表現するか，その出力をどのように (統計学的に) 評価するのか，またシステムの状態量をどのように推定してさらに制御するのかに的を絞って述べる．

## 1.1 は じ め に

確率システムの理論研究は，1940年代のノーバート・ウィーナ (Norbert Wiener, 1894-1964) の予測・推定理論の研究にさかのぼる．彼は第二次世界大戦中，不規則雑音に埋もれた信号を抽出するフィルタリング問題を考察し，それを有名なウィーナ・ホップ積分方程式を解く問題に帰着させたが，それを一般的に解く方法は見出されてはいなかった．その後，1960～61年にカルマン (Rudolf Emil Kalman) とビューシー (Richard S. Bucy) は，信号が動的システムによって生成されるという仮定のもとに，ウィーナの定式化よりもより一般的な仮定のもとにシステムの状態量を推定するアルゴリズムを確立した．これが有名なカルマンフィルタである．ウィーナフィルタが信号過程の単一性，定常性や無限時間観測という仮定を必要とするのに対して，カルマンフィルタは信号の多次元，非定常性，有限時間観測という設定のもとで解かれており，その結果は推定値を与えるベクトル微分 (差分) 方程式とそれを計算するために必要なリッカチ微分 (差分) 方程式の2本の式

を解くことによって容易に実現される.

　一方, 不規則雑音に乱された観測データに基づいて, 確率システムをある目的を達成するように制御するにはどのようにすればよいか？ この問題については, 1960年代半ばから盛んに研究が行われてきた. システムに不規則雑音が介在することから, 数学的により厳密な確率微分方程式によってモデル化し, それに基づいて非線形フィルタ, 確率的最適制御, 確率的安定性などの研究がクスナー (Harold J. Kushner, 1933-), ウォンハム (W. Murray Wonham) らをはじめとする多くの研究者によって展開された. 今日ではこれらの研究を総称して**確率システム理論** (stochastic system theory) と呼ぶが, その背景には二つの大きな理論体系, すなわち確率過程論 (theory of stochastic processes) とシステム理論 (system theory) が横たわっている.

　本書ではこれらの歴史的研究成果に基づき, 確率システム理論のほぼ全体がみわたせるように述べる.

## 1.2　確定システムの制御の回顧

　確率システムの制御については, 何ら不規則外乱の介入しない動的システム (deterministic dynamical system) に対して確立されている制御理論がそのもとになっていることは否めない. しかし, 確率システムについて展開された理論が逆に確定システムに与えた影響も看過できない. 例えば, 確定システムにおけるオブザーバ理論はその好例であろう. 本節では, 確定システムの制御系について手短かに回顧しておく.

　システムおよび観測過程が, つぎのようにベクトル線形微分方程式によって記述されるとする.

$$\left.\begin{array}{l}\dot{x}(t) = Ax(t) + Cu(t), \quad t_0 \leq t \leq T \\ y(t) = Hx(t)\end{array}\right\} \quad (1.1)$$

$x(t)$, $y(t)$ はそれぞれ状態量および観測量ベクトル, $u(t)$ は制御量ベクトルであり, $x \in R^n$, $y \in R^m$ $(m \leq n)$, $u \in R^\ell$ とする.

　マトリクス $H$ が単位マトリクス, $H = I$ であるならばシステム状態量はすべて独立に観測できることから, 最適制御は評価コスト汎関数を2次形式

$$J(u) = x^T(T)Fx(T) + \int_{t_0}^T [x^T(s)Mx(s) + u^T(s)Nu(s)]ds \quad (1.2)$$

## 1.2 確定システムの制御の回顧

(ただし, $F$, $M \geq 0$, $N > 0$ は対称マトリクス; 上付きの $T$ はベクトルの転置を表す) と設定すると,

$$u^o(t) = -N^{-1}C^T\Pi(t)x(t) \tag{1.3}$$

で与えられる. ここで, $\Pi(t)$ は $n \times n$ 次元リッカチ微分方程式

$$\left.\begin{array}{l}\dot{\Pi}(t) + \Pi(t)A + A^T\Pi(t) + M - \Pi(t)CN^{-1}C^T\Pi(t) = 0 \\ \Pi(T) = F\end{array}\right\} \tag{1.4}$$

の正定値解である.

観測過程の次元が $m < n$ (すなわち $H \neq I$) ならばシステム状態量のすべてが独立に観測されるわけではないので, この場合には状態推定器としてオブザーバが必要となる.

システム状態量と同一次元をもつオブザーバ (full-order observer) は

$$\dot{\hat{x}}(t) = A\hat{x}(t) + Cu(t) + K\{y(t) - H\hat{x}(t)\} \tag{1.5}$$

によって, また最小次元オブザーバを構成するのであれば

$$\left.\begin{array}{l}\hat{x}(t) = Dz(t) + Ey(t) \\ \dot{z}(t) = \hat{A}z(t) + \hat{C}u(t) + Ky(t)\end{array}\right\} \tag{1.6}$$

によってシステム状態量 $x(t)$ の推定値 $\hat{x}(t)$ が生成される.

オブザーバゲインマトリクス $K$ は推定誤差

$$e(t) = x(t) - \hat{x}(t)$$

あるいは

$$e(t) = x(t) - Mz(t)$$

($M$ は次元をそろえるためのマトリクス)が $e(t) \to 0$ $(t \to \infty)$ となるように定められるが, その決め方は一意的ではない. すなわち, (1.5) 式のオブザーバについていえばマトリクス

$$A - KH$$

が安定であればよいわけで, その $n$ 個の固有値は設計者が任意に指定できる. (1.5) 式では, オブザーバは $\{y(t) - H\hat{x}(t)\}$ という項 (修正項とも呼ぶ) を付加するこ

とによって構成されているが，これは歴史的にみてカルマンフィルタの構造をもとにして構成されているといえる (§6.8 参照)．

オブザーバにより得られる推定値を用いると，最適制御量は

$$u^o(t) = -N^{-1}C^T\Pi(t)\hat{x}(t) \tag{1.7}$$

によって与えられる．(1.3) 式と (1.7) 式を見比べると制御ゲインマトリクスは同じであり，ただ状態量をその推定値で置換しただけであることがわかる．すなわち，制御と推定が分離して設計できる．これは，確率システムにおいてすでに分離定理 (separation theorem) (§7.6 参照) として知られていた事実を，確定システムに対しても同様に成り立つことを述べたにすぎないように思われる．

線形確定システム (deterministic linear system) においては，評価コスト汎関数を 2 次形式 (quadratic form) におくと，その最適制御量は (1.3) 式あるいは (1.7) 式のように状態量，あるいはその推定量のフィードバック形として与えられる．このような制御問題を LQ (Linear-Quadratic) 問題と呼ぶ．

さて，それではシステムに不規則雑音 (外乱) が介入する場合には状態推定や最適制御はどのようになるのであろうか？

## 1.3　確率システムの制御問題

確率システム制御問題に対するブロック線図を描くと，図 1.1 のようになる．図

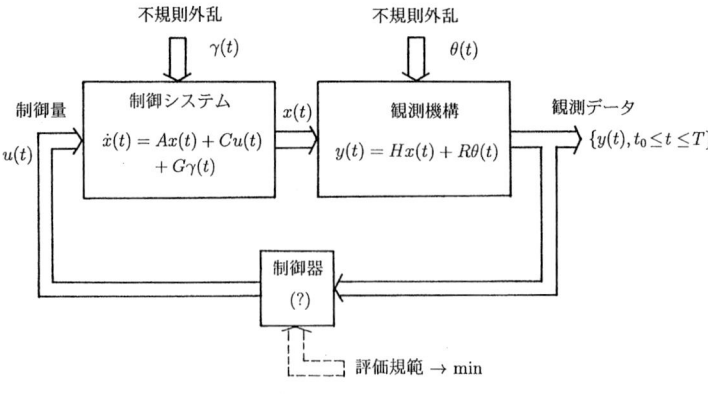

図 1.1　確率システムの制御系

中の (？) と印したブロックをどのように構成するかが制御問題のキーとなるところであるが，この問題を解決しようとすると，そこばかりではなく不規則外乱の数学モデルをどのように与えるか？また不規則外乱をうけるシステムをどのように表現するか？などの問題がその背後に存在する．

確率システムの表現としては，(1.1) 式に代わって

$$\left.\begin{array}{l}\dot{x}(t) = Ax(t) + Cu(t) + G\gamma(t) \\ y(t) = Hx(t) + R\theta(t)\end{array}\right\} \quad (1.8)$$

のように不規則外乱 (雑音) $\gamma(t)$, $\theta(t)$ を付加したモデルが通常よく用いられる．より正確な数学的表現は次章以降にゆだねるが，確率システムを勉強するに先立って，まず (1.8) 式に基づいて確率システムを考察する際の問題点をみておく．

(1) なぜ不規則外乱項をもつモデルなのか？

なぜ加法的な外乱 $\gamma(t)$ を確定モデルに付加するのかという理由は，つぎのように "否定し難い事実"(facts of life) が存在するからである．すなわち，

(i) 現実問題として，システムには環境外乱などの付加雑音が存在する；

(ii) 確定システムといえども，多かれ少なかれそのモデルを構築した際の近似 (oversimplification) によるモデルの誤差が含まれる；

(iii) 確定システムのモデル中のパラメータが正確でないことから，その誤差分として考慮する必要がある；

(iv) 制御器が誤差を持ち込む；

(v) 状態量を観測 (測定) する際には計測機器に雑音が介入したり，あるいは計測誤差が必ず含まれる；

などであるが，要するに大雑把にいえば，(1.8) 式のようなモデルは，確定モデルに含まれてくる誤差の性質を正確に特定できずに，それを付加雑音として一括したものともみることができよう．

外乱は，性質上その将来値を正確に予測することが不可能であることから，何らかの確率過程として記述する必要がある．確率システム理論においては，この雑音を白色雑音過程と考えて取り扱う．それでは，

(2) なぜ白色雑音が採用されるのか？

詳しくは §2.10 において述べるが，白色雑音過程はそのスペクトル (各周波数における強度) が全周波数領域にわたって一定であることから，それらを時間積分し

たパワーは無限大となる．したがって，このような過程は現実には存在せず，数学的な虚構にすぎない．にもかかわらず雑音のモデルとして用いられるのは，

(i) システムに介入する雑音は，実際にはどのような周波数成分を含んでいるのかわからない場合が多く，いかなる周波数成分をもつ雑音にも対処できるようにするには，白色雑音モデルが最適である；

(ii) 白色雑音は同時刻における相関 (分散) が無限大で与えられることから，システムの設計にあたっては雑音 (モデル誤差) としてはこれ以上悪い場合がありえないという最悪のケース (worst case) を考えていることになり，制御系としてはある種のロバスト性を考慮していることになる；

(iii) どのような周波数成分をもつ雑音過程も，適当な成形フィルタを導入することによって白色雑音から生成することができる；

などが主な理由である．

しかし，いずれにしても非現実的でかつ非数学的といってよい白色雑音をそのまま設定するわけにはいかない．そこでそれに代わって導入されるのが，ブラウン運動過程 (本書では主としてウィーナ過程という呼称を用いる) と呼ばれる確率過程 (§2.9) である．これは，形式的には $\gamma(t) = dw(t)/dt$ によって得られる $w(t)$-過程であり，これの導入により (1.8) 式のシステム方程式は

$$dx(t) = Ax(t)dt + Cu(t)dt + Gdw(t) \tag{1.9}$$

のように差分 (より正しくは増分と呼ぶべき) 方程式に変換される．これを確率微分方程式 (stochastic differential equation) と呼ぶ．

確率システム理論はこの確率微分方程式をシステムダイナミクスとして展開される．それでは，

(3) なぜ確率微分方程式によってモデル化するのか？

(i) 確率微分方程式の解過程 (出力) は，直前の時刻の状態のみに依存して決定されるというマルコフ過程 (§2.7) となり，確率過程論として数学的に厳密に裏づけされた理論展開が可能となる；

ことが最大の理由であるが

(ii) 実際の制御系の出力は，定常ではなく本質的に非定常過程として取り扱わなければならず，それには非定常過程であるブラウン運動過程を用いたダイナミクスは最適である；

(iii) 理論展開が時間領域のみであり，それにより得られる結果も時間領域内で処理でき，かつ差分形のダイナミクスで与えられることはコンピュータにとっても好都合である;

ことも見逃せない理由である．

## 1.4 確率システム理論は役に立つか？

本書で勉強しようとする読者に対して，避けて通れないこの問題について少し検討してみる．もちろん回答は読者自ら引き出すべきであるが，著者なりの回答を試みてみる．

回答はもちろん Yes であるが，ここではもう一歩踏み込んで「どのように役に立つのか？」という観点からみていくことにする．

(i) §1.2 でも少し触れたが，不規則外乱を考慮して確率システム理論の適用によって制御系を構成しても，制御と推定の分離設計が可能 (分離定理) であるから，外乱を無視して確定的制御対象として構成した制御系と構造的に同じになるので制御系設計にあたってはなにも確率システム理論を導入するまでもない，という意見もあろうが，これは一面真理ではある．しかし，この分離定理は確率システム理論において初めて厳密に証明されたものである．また，$u^s(t)$ を不規則外乱を考慮して得られる (確率的) 最適制御，$u^d(t)$ をそれを無視して設計して得られる (確定的) 最適 (オープンループ) 制御とすれば，§7.4 において証明するように，評価コスト汎関数 $J(u)$ に対して

$$J(u^s) \leq J(u^d) \tag{1.10}$$

の関係が成立する．つまり，不規則外乱を無視して設計した確定制御は，確率フィードバック制御をしのぐことはできない．よって，確定制御では不確定性の影響を処理することができないのである．

(ii) "確率" というのは確かに，純粋に抽象的な思考の産物にすぎないと思われるのは当然であるが，その抽象的な量で具体的 (現実的) な量が "計れる" のである．例えば，不規則雑音中に埋もれた信号を検出するのに導入される尤度比関数 (likelihood-ratio funtcion) は，信号の有無に対するそれぞれの確率密度関数の比であり，またシステム同定においてモデルの次数を決定するのに用いられる AIC

情報量基準も，元を正せば確率密度関数によって記述されるカルバック (Solomon Kullback, 1907-) の情報量であり，さらにまた未知パラメータの同定法として最もポピュラーな最尤推定法も，確率密度関数を用いている．

(iii) 従来の統計学的制御理論で取扱い可能な不規則過程は，定常エルゴード性という仮説 (§2.5) が成り立つ過程に限られており，時間的に平均する考え方で処理した平均値，分散，自己相関関数，スペクトル密度などといった統計学的パラメータのみで議論されていたが，これらの量は当然ながら非定常過程に対してはほとんど無力である．確率システム理論によって初めて "非定常" 性に対処できる．本格的に非定常確率過程として捉えなければならない例としては，ダイナミクスからの出力はもちろんのこと，地震波の加速度データや電波通信の信号，天気図でみかける気圧データなど，枚挙にいとまがない．著者の経験からいえば，特に気圧データは 2 次元空間的な不規則量で，非定常確率場 (nonhomogeneous random field) と称されるが，このような非定常不規則場の推定問題は，確率システム理論の助けがなければ実現できなかった．

以上思いつくままに，「どのように役立つか？」という疑問に対する回答を試みたが，これ以外にも確率システム理論の ≪raison d'être≫ (存在理由) を読者自身見出してほしい．

最後に，「確率システム理論はなぜ面白いか？」について述べてみる．

数列 $\{x_k, k = 0, 1, 2, \cdots\}$ の収束について考えてみよう．$x_k$ が確定値ならば，その収束は $\lim_{k\to\infty} x_k = x$ のただ一通りであるが，確率変数 $x_k(\omega)$ ($\omega$ の記号の説明は次章に述べるが，ここでは試行するごとの記号であると考えておく) の場合には，それが (i) 試行を行うごとにすべて $x$ に収束する (確率 1 で収束)，(ii) 差 $|x_k - x|$ がある一定値以下になれば収束したとみなす (確率収束)，あるいは (iii) $k$ の進化とともに $|x_k - x|$ の自乗平均が零になることをもって $x$ に収束したとする (自乗平均収束)，など一通りではない．したがって，確率システムに対する安定性についてもこれらの延長線上で種々に考えることができ，さらにそれらに対する数学的条件や理論展開の可能性が増してくる．このように安定性というテーマを一つとっただけでも，確率システムではバラエティに富んだ議論ができる．このあたりが確率システム理論の "面白み" の秘密でもある．読者自身その面白味を見出しつつ，十分にそれを味わっていただきたい．

アリストテレスは尋ねた.
「アレクサンドロス,もしも君が父上のピリッポスから王国を受けついだならば,先生であるわたしをどのように処遇してくれるであろうか」
アレクサンドロスは答えた.
「明日の日も保証されていないのに,いままた,将来のことについてお尋ねになるのですね.そういう時機がくれば,そのときに御恩をお返ししましょう」

伝カリステネス: アレクサンドロス大王物語,<br>Vol.1, Chap.16 (橋本隆夫訳).

# 2
## 確率過程の数学的記述

> Physical laws rest on atomic statistics and are therefore only approximate.
>
> —— Erwin Schrödinger: *What Is Life?* Chap.1, 1944.

## 2.1 確率過程とは？

ある物理量 $x(t)$ を何らかの観測器により測定したとき，得られたデータ $y(t)$ が，不規則な挙動を示すことをわれわれはしばしば経験する．例えば，地震による構造物の振動データなどはその典型的な例であろう．このようなデータは同じ条件下で測定したとしても，データをとるたびに異なった波形のデータが得られ，再現性は全くない．このような時間的に不規則に変動する測定（観測）データを，**見本過程** (sample path) と呼ぶが，これはある現象（実験）の中の一つがたまたま生起した結果得られたものであると考えることができる．そこで抽象的ではあるが，その偶然性を支配する要因の集合 $\Omega$ が，まず思考対象として存在し，その集合の一つの要素 $\omega \in \Omega$ が偶然的に一つ定められるものと考えると，このような現象は理解しやすい（図 2.1）．この抽象的な集合 $\Omega = \{\omega_i, i = 1, 2, \cdots\}$ を**見本空間** (sample space) と呼ぶ．このとき，$\Omega$ のどの要素 $\omega_i$ が選ばれるかは全くの偶然であり，形而上学的に (metaphysically) "神が $\omega_i$ を一つ選ぶ" と単純に思考する方が理解が早い．もっとも，偉大なアインシュタインは "神が果たしてサイコロを振りたまうかどうか……"[1] と神による偶然性は認めてはいないが……．

さて，観測データの不規則性は，観測器に介入する雑音などによる場合ばかりで

---

[1] 物理学における量子力学の成立過程におけるボーア (Niels Bohr, 1885-1962) との歴史的論争で，アインシュタイン (Albert Einstein, 1879-1955) がたびたび口にした有名な言葉 "……ob der liebe Gott würfelt." に対し，ボーアは "神がサイコロを振らないとどうしてあなたにわかるのか？" と反論したという．

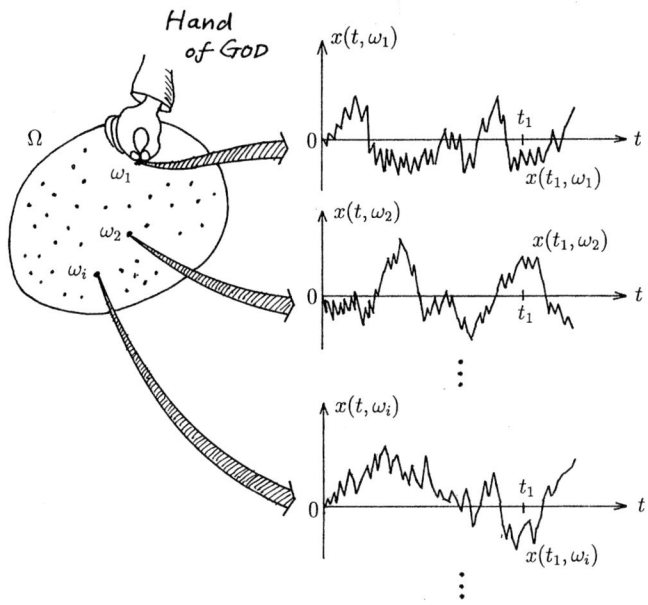

図 2.1 確率過程の実現

はない.観測しているダイナミカルシステムそのものに介入する不規則な外乱が原因であることも多い.この場合,システムの状態量は $\{x(t,\omega),\ t_0 \leq t < \infty,\ \omega \in \Omega\}$ というように記述できる.このように,時間変数 $t$ と偶然性を意味する変数 $\omega$ との関数として表される関数の集合 $\{x(t,\omega)\}$ や $\{y(t,\omega)\}$ を,**確率過程** (stochastic process) と呼ぶ.時間変数 $t$ を固定すれば,$\{x(t,\cdot)\}$ は偶然性を表す変数 $\omega \in \Omega$ ($\omega$ を**生成点** [generic point] と呼ぶ) のみの関数,すなわち**確率変数** (random variable) となり,また $\omega$ を固定すれば,$\{x(\cdot,\omega)\}$ は時間のみの関数となり,見本過程 (あるいは**実現値** [realization] とも呼ぶ) となる.

## 2.2 確率過程の数学的表現

前述のように,(スカラ) 確率過程 $\{x(t,\omega)\}$ は見本過程と確率変数という二つの見方ができる.したがって当然,確率過程 $\{x(t,\omega)\}$ は $t$ と $\omega$ という二つの変数を同時に考慮しなければ "数学的に捉えた" ことにはならない.それではどのようにすればよいのか?

時間集合 $T$ に属する任意の時刻集合 $\{t_1, t_2, \cdots, t_n\}$ をとり,それぞれの時刻 $t_i$ において任意の実数 $a_i$ $(-\infty < a_i < \infty)$ を与えたとき,$x(t_i, \omega) \leq a_i$ となるような $\omega$ の集合 $\{\omega : x(t_i, \omega) \leq a_i\}$ は $\Omega$ の部分集合であり,現象 $\{x(t_i, \omega) \leq a_i\}$ は一つの事象 (event) を表すことになる.この事象に対してそれらが生起する確率 (probability)

$$\Pr\{x(t_1, \omega) \leq a_1,\ x(t_2, \omega) \leq a_2,\ \cdots,\ x(t_n, \omega) \leq a_n\}$$

が定義できる.ここで,$\{a_i\}$ は各時刻 $t_i$ に設けられたゲート (関門) であると考えれば,この確率は各時刻に設定されたゲートを無事通過することができるかどうかの目安を与える.ゲート $a_i$ の設定は全く任意であるから,これらを自由に動かすことによって,特定の道筋を通る確率過程の集合を確率的に捉えることが可能となる (図 2.2).

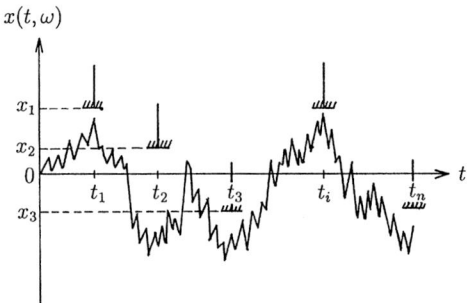

図 2.2 確率過程の筋道

上述の確率は,設定値 $\{a_i\}$ によってその大きさも変わり,$\{a_i\}$ の関数となる.そこで,$a_i$ を改めて $x_i$ と表現し,関数

$$\begin{aligned} &F(t_1, x_1; t_2, x_2; \cdots; t_n, x_n) \\ &:= \Pr\{x(t_1, \omega) \leq x_1,\ x(t_2, \omega) \leq x_2,\ \cdots,\ x(t_n, \omega) \leq x_n\} \end{aligned} \qquad (2.1)$$

を $n$ 次の結合 (または同時) 確率分布関数 (joint probability distribution function) という.ここで,

$$\begin{aligned} &\{x(t_1, \omega) \leq x_1,\ x(t_2, \omega) \leq x_2,\ \cdots,\ x(t_n, \omega) \leq x_n\} \\ &= \{x(t_1, \omega) \leq x_1\} \cap \cdots \cap \{x(t_n, \omega) \leq x_n\} \end{aligned}$$

である．(2.1) 式は離散時刻 $\{t_i\}$ に対して定義されたが，この時間分割は全くの任意であり，連続時間過程 $\{x(t,\omega)\}$ に対してその確率法則 (probability law) を規定していると考えてよい．

(2.1) 式に対して

$$F(t_1, x_1; \cdots ; t_n, x_n) = \int_{-\infty}^{x_1} \cdots \int_{-\infty}^{x_n} p(t_1, \xi_1; \cdots ; t_n, \xi_n)\, d\xi_1 \cdots d\xi_n \quad (2.2)$$

あるいは

$$p(t_1, x_1; \cdots ; t_n, x_n) = \frac{\partial^n F(t_1, x_1; \cdots ; t_n, x_n)}{\partial x_1 \cdots \partial x_n} \quad (2.3)$$

となる関数 $p(t_1, x_1; \cdots ; t_n, x_n)$ を $n$ 次の結合確率密度関数 ($n$th joint probability density function) と呼ぶ．

このように，確率分布関数あるいは密度関数が求められれば，その確率過程を把握したことになるが，実際上上述の $n$ 次の関数の形がそのまま与えられることはほとんどない．ここまでは，スカラ確率過程に対して述べたが，$x_i(t,\omega)$ をその要素にもつ $x(t,\omega) = [x_1(t,\omega), x_2(t,\omega), \cdots, x_n(t,\omega)]^T$ という $n$ 次元ベクトル確率過程 ($n$-vector stochastic process) に対しても，同様にして確率分布関数とその密度関数が定義できる．

## 2.3 確率モーメント

§2.1 で確率過程 $\{x(t,\omega)\}$ は時刻 $t$ を固定すれば確率変数として取り扱われることを述べた．したがって，時刻 $t$ においてその分布関数と密度関数が与えられるから，確率変数の広がり具合を求めることができる．本書では，以後表記の簡単化のために $\omega$ の記入を省略する．

さて，$n$ 次元ベクトル確率過程 $\{x(t,\omega)\}$ は時刻 $t$ での 1 次の確率分布関数

$$F(t, x) = \Pr\{x(t) \leq x\} \quad (2.4)$$

によってその確率的性質が特徴づけられる．ここで，事象 $\{x(t) \leq x\}$ はその各要素が $x_i(t) \leq x_i$ $(i = 1, 2, \cdots, n)$ となることを意味する．このベクトル確率過程に対して

$$m_x(t) := \int_{R^n} x p(t, x) dx = \mathcal{E}\{x(t)\} \quad (2.5)$$

を平均値 (mean) あるいは 1 次モーメント (first moment) と呼ぶ. $\mathcal{E}\{x(t)\} := [\mathcal{E}\{x_1(t)\}, \cdots, \mathcal{E}\{x_n(t)\}]^T$ である. $p(t,x) (= p(t; x_1, \cdots, x_n))$ は時刻 $t$ における $n$ 個の確率変数 $\{x_1(t), \cdots, x_n(t)\}$ の結合確率密度関数であり, 記号 $\mathcal{E}\{\cdot\}$ は**期待値演算子** (expectation operator) と呼ばれる.

また, $y(t) = [y_1(t), \cdots, y_n(t)]^T$ を $n$ 次元ベクトル確率過程とし, $p(t,x;\tau,y)$ を $x(t)$ および $y(t)$ に対する結合確率密度関数とすれば, 2 時点 $t,\tau$ に対して

$$\begin{aligned} R_{xy}(t,\tau) &:= \int_{R^n}\int_{R^n} [x - m_x(t)][y - m_y(\tau)]^T p(t,x;\tau,y) dx dy \\ &= \mathcal{E}\{[x(t) - m_x(t)][y(\tau) - m_y(\tau)]^T\} \end{aligned} \quad (2.6)$$

で定義される量を, 確率過程 $x(t)$ と $y(t)$ の**相互共分散マトリクス** (cross-covariance matrix) という. 特に

$$R_x(t,\tau) := \mathcal{E}\{[x(t) - m_x(t)][x(\tau) - m_x(\tau)]^T\} \quad (2.7)$$

を**自己共分散マトリクス** (auto-covariance matrix) と呼ぶ.

$$m_{x_i}(t) := \mathcal{E}\{x_i(t)\}$$
$$r_{xy_{ij}}(t,\tau) := \mathcal{E}\{[x_i(t) - m_{x_i}(t)][y_j(\tau) - m_{y_j}(\tau)]^T\}$$

とすれば, (2.5), (2.6) 式はそれぞれの要素によってつぎのように表される.

$$m_x(t) = \begin{bmatrix} m_{x_1}(t) \\ \vdots \\ m_{x_n}(t) \end{bmatrix}, \quad R_{xy}(t,\tau) = \begin{bmatrix} r_{xy_{11}}(t,\tau) & \cdots & r_{xy_{1n}}(t,\tau) \\ \vdots & & \vdots \\ r_{xy_{n1}}(t,\tau) & \cdots & r_{xy_{nn}}(t,\tau) \end{bmatrix}$$

$R_x(t,\tau)$ は非負値対称マトリクスであることは容易にわかる. さらに

$$\begin{aligned} \Psi_{xy}(t,\tau) &:= \int_{R^n}\int_{R^n} xy^T p(t,x;\tau,y) dx dy \\ &= \mathcal{E}\{x(t)y^T(\tau)\} \end{aligned} \quad (2.8)$$

を**相互相関関数** (cross-correlation function) と呼び, 特に $x = y$ のとき, $\Psi_x(t,\tau)$ を**自己相関関数** (auto-correlation function) と呼ぶ. 明らかに, つぎの関係が成り立つ.

$$R_{xy}(t,\tau) = \Psi_{xy}(t,\tau) - m_x(t)m_y^T(\tau) \quad (2.9)$$

$R_{xy}(t,\tau)$, $R_x(t,\tau)$, $\Psi_{xy}(t,\tau)$ を **2 次モーメント** (second moment) とも呼ぶ. 同様にして高次モーメントも定義できる.

二つのベクトル確率過程 $x(t)$ と $y(t)$ に対して

$$p(t,x;\tau,y) = p(t,x)p(\tau,y) \tag{2.10}$$

となるとき, $x(t)$ と $y(t)$ とは互いに**独立** (independent) であるという. また

$$\mathcal{E}\{[x(t)-m_x(t)][y(\tau)-m_y(\tau)]^T\} = 0 \tag{2.11}$$

のとき, $x(t)$ と $y(\tau)$ とは**無相関** (uncorrelated) であるという. $x(t)$ と $y(\tau)$ が互いに独立ならば無相関であるが, その逆は必ずしも成立しない (P: 2.1)[2]. また

$$\mathcal{E}\{x(t)y^T(\tau)\} = 0 \tag{2.12}$$

のとき, $x(t)$ と $y(\tau)$ とは互いに**直交** (orthogonal) するという.

## 2.4 確率過程の分類

§2.2 で述べたように, (スカラ) 確率過程 $\{x(t,\omega)\}$ を特徴づけるのはその確率分布関数 $F(t_1,x_1;\cdots;t_N,x_N)$ であり, それは一般的には時間 $t_1,\cdots,t_N$ の関数でもある. **非定常過程** (nonstationary stochastic process) というのは, この確率分布関数が時間変数に陽に依存する確率過程のことである. 多くの現象は非定常過程であるといえる. 特に, 地震動によって引き起こされる地動やスイッチを入れたときの電気回路の出力, あるいは減衰特性をもつ機構により生成される出力過程などがそれである.

一方, その統計的な性質が時間とともに極端には変化しない現象も自然界には多い. 例えば, 海面の変動や定常状態で作動しているシステムの雑音, あるいは材料中の不純物の混ざり具合などは, 時間的あるいは空間的にもその統計的性質は大きく変化しない. このように, 確率過程は大きく非定常過程と**定常過程** (stationary stochastic process) の二つに分類できる.

確率過程 $\{x(t), t \in T\}$ が $N$ 次の結合確率密度関数に対して

$$p(t_1,x_1;\cdots;t_N,x_N) = p(t_1+\tau,x_1;\cdots;t_N+\tau,x_N) \tag{2.13}$$

---

[2] 本文中の (P: 2.1) という表記は, "第 2 章末の演習問題 2.1" を意味する. 以下同様である.

という性質をもつとき, すなわち $x(t_1), \cdots, x(t_N)$ の結合分布が $\tau$ 時間だけずれた $x(t_1+\tau), \cdots, x(t_N+\tau)$ のそれに等しいとき, 確率過程 $x(t)$ を (**強**) **定常過程** ([strictly] stationary process) という. このとき, 分布関数の時間の原点はその取り方に無関係であることに留意されたい.

定常過程に対しては, (2.13) 式の関係が成り立つから, 1 次の確率密度関数 $p(t,x)$ は時間には依存しないので, そのモーメントは

$$\mathcal{E}\{x^k(t)\} = \text{const.} \quad (k=1,2,\cdots) \tag{2.14}$$

となり, さらに 2 次の確率密度は $t_1$ 時間ずらしても不変であるから

$$\begin{aligned} p(t_1, x_1; t_2, x_2) &= p(0, x_1; t_2-t_1, x_2) \\ &= p(\tau; x_1, x_2) \quad (\tau = t_2 - t_1) \end{aligned} \tag{2.15}$$

となるので

$$\begin{aligned} \mathcal{E}\{x(t)x(t+\tau)\} &= \int_{-\infty}^{\infty}\int_{-\infty}^{\infty} x_1 x_2 \, p(\tau; x_1, x_2) dx_1 dx_2 \\ &= \psi(\tau) \end{aligned} \tag{2.16}$$

となる. すなわち, 2 次モーメントは時間差 $\tau$ の関数となる.

ある不規則過程が与えられたとき, それが定常であるか, あるいは非定常であるかの判定は, (2.13) 式がすべての $N$ に対して成立するかどうかをチェックすればよいのであるが, 実際これは非常に難しい. したがって, もう少し簡単なチェックで定常性が判定できるに越したことはない. そこで, (2.13) 式の成立の条件を緩めて, 1 次と 2 次モーメントに対して

$$\left.\begin{aligned} \mathcal{E}\{x(t)\} &= \text{const.} < \infty \\ \mathcal{E}\{x(t)x(t+\tau)\} &= \psi(\tau) \end{aligned}\right\} \tag{2.17}$$

の二つが成り立つとき, その確率過程 $\{x(t)\}$ を**弱定常過程** (weakly stationary process) あるいは**広義定常過程** (wide-sense stationary process) と呼ぶ. このことより, 2 次モーメントが有限な強定常過程はもちろん弱定常過程であるといえるが, その逆は一般には成立しない.

## 2.5 エルゴード性

$\{x(t,\omega)\}$ を (スカラ) 定常過程とする. このとき, $x(t,\omega)$-過程の $[-T,T]$ 区間における時間平均は, $(1/2T)\int_{-T}^{T} x(t,\omega)dt$ で求められる. ところが, $x(t,\omega)$-過程

## 2.5 エルゴード性

の平均値は, (2.5) 式の定義によれば $m_x = \int_{-\infty}^{\infty} xp(x)dx = \mathcal{E}\{x(t,\omega)\}$ によって計算される. このとき, つぎの関係式が確率 1 (with probability one, w.p.1) で成り立つとき, その過程は (平均値に関して) **エルゴード的** (ergodic) であるという[3].

$$\mathcal{E}\{x(t,\omega)\} = \lim_{T \to \infty} \frac{1}{2T} \int_{-T}^{T} x(t,\omega)dt \qquad (2.18)$$

左辺はすべての見本過程の平均であるから集合平均 (ensemble average) であり, 右辺は無限時間長にわたる確率過程の時間平均 (time average) で, これらが互いに確率 1 で等しいと主張するものである. 定常過程すべてに (2.18) 式が成り立つわけではなく, $x(t,\omega)$-過程に対して

$$\lim_{T \to \infty} \frac{1}{T} \int_{0}^{2T} \left(1 - \frac{\tau}{2T}\right) \left[\psi(\tau) - m_x^2\right] d\tau = 0 \qquad (2.19)$$

という条件が成り立つとき, かつそのときに限り (2.18) 式が成り立つ.

このことを以下に示してみよう. そのために, ある一つの確率変数 $Y(\omega)$ が与えられたとき, 任意の $\varepsilon > 0$ に対して, もし $\sigma_Y^2 := \mathcal{E}\{(Y - m_Y)^2\} = 0$ ならば

$$\Pr\{|Y(\omega) - \mathcal{E}\{Y(\omega)\}| \geq \varepsilon\} = 0 \qquad (2.20)$$

が成り立つという事実から出発する (付録 A. 3) 参照).

$$Y(\omega) := \lim_{T \to \infty} \frac{1}{2T} \int_{-T}^{T} x(t,\omega)dt$$

とおけば, $x(t,\omega)$ は定常であるから,

$$\begin{aligned}\mathcal{E}\{Y(\omega)\} &= \lim_{T \to \infty} \frac{1}{2T} \int_{-T}^{T} \mathcal{E}\{x(t,\omega)\}dt \\ &= \mathcal{E}\{x(t,\omega)\} = m_x \end{aligned} \qquad (2.21)$$

であり, またその分散は

$$\begin{aligned}\mathcal{E}\{[Y(\omega) - m_x]^2\} &= \lim_{T \to \infty} \frac{1}{4T^2} \int_{-T}^{T} \int_{-T}^{T} \mathcal{E}\{x(t_1,\omega)x(t_2,\omega)\}dt_1 dt_2 - m_x^2 \\ &= \lim_{T \to \infty} \frac{1}{4T^2} \int_{-T}^{T} \int_{-T}^{T} \psi(t_2 - t_1)\, dt_1 dt_2 - m_x^2 \end{aligned} \qquad (2.22)$$

---

3 "ergodic" という語はギリシャ語の ἔργον (仕事) + ὅδος (道筋) に由来するとも, また ἔργος (エネルギー) に由来するともいわれている.

によって与えられる.ところで,(2.22)式の右辺第1項の2重積分を実行するために,$\tau_1 = t_2 + t_1$, $\tau_2 = t_2 - t_1$ とおくと,この変換に対するヤコビアンは

$$\left|\frac{\partial(t_1,t_2)}{\partial(\tau_1,\tau_2)}\right| = \frac{1}{2}$$

であるから,上式はつぎのようになる.

$$= \lim_{T \to \infty} \frac{1}{4T^2} \iint \frac{1}{2}\psi(\tau_1)d\tau_1 d\tau_2 - m_x^2 \tag{2.23}$$

ここで,積分は図 2.3 に示す領域であるが,被積分関数は $\tau_1$ のみの関数であることから,積分は斜線を施した部分の積分値の 4 倍になるので

$$= \lim_{T \to \infty} \frac{1}{2T^2} \int_0^{2T} \int_0^{2T-\tau_1} \psi(\tau_1) d\tau_2 d\tau_1 - m_x^2$$
$$= \lim_{T \to \infty} \frac{1}{T} \int_0^{2T} \left(1 - \frac{\tau_1}{2T}\right) \psi(\tau_1) d\tau_1 - m_x^2$$
$$= \lim_{T \to \infty} \frac{1}{T} \int_0^{2T} \left(1 - \frac{\tau_1}{2T}\right) [\psi(\tau_1) - m_x^2] d\tau_1 \tag{2.24}$$

したがって,(2.24)式が零,すなわち (2.19) 式が成り立つとき,$Y(t) = \mathcal{E}\{Y(t)\}$ となり (2.18) 式が確率 1 で成り立つことがいえる.(2.18) 式の右辺は,どのような見本過程に対しても十分に長い時間平均が確率過程の平均値を与えることを述べているのであるから,十分に長時間にわたる実験データが 1 本あれば,その時間平均を計算することによって平均値 $m_x$ を求めうることを示唆している.

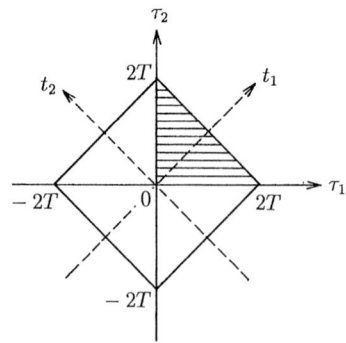

図 **2.3** (2.23) 式の積分の領域

エルゴード性 (ergodicity) は，相関関数に関しても成り立つ．

$$\lim_{T\to\infty} \frac{1}{2T} \int_{-T}^{T} x(t,\omega)x(t+\tau,\omega)dt = \psi(\tau) \quad (\text{w.p.1}) \tag{2.25}$$

ただし，これは条件

$$\lim_{T\to\infty} \frac{1}{T} \int_{0}^{2T} \left(1 - \frac{\tau_1}{2T}\right) [\xi(\tau_1) - \psi^2(\tau)]d\tau_1 = 0, \tag{2.26}$$

$$\xi(\tau_1) := \mathcal{E}\{x(t+\tau+\tau_1)x(t+\tau_1)x(t+\tau)x(t)\}$$

が成り立つとき，かつそのときに限り成り立つ．

## 2.6 確率過程の周波数表現

確率過程の解析では，相関関数あるいは共分散マトリクスが中心的な役割を演じる．(2.16) 式で定義される (スカラ) 弱定常過程 $\{x(t), t \in T\}$ の相関関数 $\psi(\tau)$ は，つぎの性質をもつ (P: 2.4)．

(i) $\psi(\tau)$ は偶関数である．すなわち，

$$\psi(\tau) = \psi(-\tau) \tag{2.27}$$

(ii) $\psi(\tau)$ は有界である．すなわち，

$$|\psi(\tau)| \leq \psi(0) \tag{2.28}$$

(iii) $\psi(\tau)$ は $\tau = 0$ で連続ならば，すべての $\tau$ についても連続である．

(iv) $\psi(\tau)$ は非負定値関数である．すなわち，任意の $t_1, t_2, \cdots, t_N \in T$ をとるとき，任意の関数 $g(t)$ に対して

$$\sum_{j,k=1}^{N} \psi(t_k - t_j)g(t_j)g(t_k) \geq 0 \tag{2.29}$$

が成り立つ．

さて，(スカラ) 弱定常過程 $\{x(t), t \in (-\infty, \infty)\}$ のフーリエ変換を考える．

$$X(\lambda) = \int_{-\infty}^{\infty} x(t)e^{-j\lambda t}dt \quad (j = \sqrt{-1}) \tag{2.30}$$

これは周期 $\lambda$ をもつ波 (正弦波) の振幅を表すと考えてもよい. 当然逆変換により

$$x(t) = \frac{1}{2\pi} \int_{-\infty}^{\infty} X(\lambda) e^{j\lambda t} d\lambda \tag{2.31}$$

が得られる.

つぎに, $\{x(t)\}$ がエルゴード的 (§2.5) であるとして, その相関関数 $\psi(\tau)$ を計算してみよう.

$$\begin{aligned}
\psi(\tau) &= \mathcal{E}\{x(t+\tau)x(t)\} \\
&= \lim_{T \to \infty} \frac{1}{2T} \int_{-T}^{T} x(t+\tau)x(t)dt \\
&= \lim_{T \to \infty} \frac{1}{2T} \int_{-T}^{T} \left[ \frac{1}{2\pi} \int_{-\infty}^{\infty} X(\lambda) e^{j\lambda(t+\tau)} d\lambda \right] x(t)dt \\
&= \frac{1}{2\pi} \lim_{T \to \infty} \frac{1}{2T} \int_{-\infty}^{\infty} X(\lambda) e^{j\lambda\tau} \left[ \int_{-T}^{T} x(t) e^{j\lambda t} dt \right] d\lambda \\
&= \frac{1}{2\pi} \int_{-\infty}^{\infty} \left[ \lim_{T \to \infty} \frac{|X(\lambda)|^2}{2T} \right] e^{j\lambda\tau} d\lambda \tag{2.32}
\end{aligned}$$

$\tau = 0$ のとき, $\psi(0) = \mathcal{E}\{x^2(t)\}$ は確率過程 $\{x(t)\}$ の強さ, すなわちパワー (power) を表すから

$$\psi(0) = \frac{1}{2\pi} \int_{-\infty}^{\infty} S(\lambda) d\lambda \tag{2.33}$$

という積分表現において, $S(\lambda)$ はパワーの周波数 $\lambda$ に対する (スペクトル) 密度関数になる. (2.32) 式において $\tau = 0$ とおくことにより,

$$S(\lambda) = \lim_{T \to \infty} \frac{|X(\lambda)|^2}{2T}$$

であることがわかる. したがって, この表現を用いると (2.32) 式を改めて

$$\psi(\tau) = \frac{1}{2\pi} \int_{-\infty}^{\infty} S(\lambda) e^{j\lambda\tau} d\lambda \tag{2.34}$$

と書くことができる.

逆に, (2.34) 式により

$$S(\lambda) = \int_{-\infty}^{\infty} \psi(\tau) e^{-j\lambda\tau} d\tau \tag{2.35}$$

を得る. 自己相関関数 $\psi(\tau)$ の (逆) フーリエ変換 (2.35) 式によって計算されるこの $S(\lambda)$ を, 改めて弱定常過程 $\{x(t)\}$ のパワースペクトル密度関数 (power spectral density function) と定義する.

(2.34), (2.35) 式は互いにフーリエ変換とその逆変換の関係にあり, これらをウィーナ・ヒンチン公式 (Wiener-Khinchin formula)[4]と呼ぶ. 関数 $S(\lambda)$ は (2.33) 式により実数でかつ非負であり, また相関関数 $\psi(\tau)$ は $\tau$ に関して偶関数であることから, ウィーナ・ヒンチン公式は

$$\left. \begin{array}{l} S(\lambda) = 2 \int_0^\infty \psi(\tau) \cos \lambda\tau d\tau \\ \psi(\tau) = \dfrac{1}{\pi} \int_0^\infty S(\lambda) \cos \lambda\tau d\tau \end{array} \right\} \tag{2.36}$$

とも書ける. よって $S(\lambda)$ も偶関数であることがわかる.

(2.35) 式によって計算されるパワースペクトル密度 $S(\lambda)$ を調べることによって, 確率過程がどのような周波数成分をどの程度含んでいるのかを知ることができる.

$x(t), y(t)$ をそれぞれ弱定常 (スカラ) 確率過程とし, その相互相関関数を $r_{xy}(\tau)$ とすれば, **相互パワースペクトル密度関数** (cross-power spectral density function) $S_{xy}(\lambda)$ を

$$S_{xy}(\lambda) = \int_{-\infty}^\infty r_{xy}(\tau) e^{-j\lambda\tau} d\tau \tag{2.37}$$

によって定義する. これは一般に複素関数であり, $r_{xy}(\tau) = r_{yx}(-\tau)$ であることから

$$S_{xy}(\lambda) = S_{yx}^*(\lambda) \tag{2.38}$$

である. $*$ は複素共役を表す.

さて, 考察の対象とする確率過程 $\{x(t)\}$ が非定常であるときには, 相関 $\mathcal{E}\{x(t)x(t+\tau)\}$ はもはや時間差 $\tau$ のみの関数ではなくなるから, パワースペクトル密度 $S(\lambda)$ はどのように表されるのであろうか? $t_1 = t - \tau/2$, $t_2 = t + \tau/2$ とすれば, 相関関数 $\psi(t_1, t_2) = \mathcal{E}\{x(t_1)x(t_2)\}$ はつぎのように書ける.

$$\psi(t,\tau) = \mathcal{E}\left\{ x\left(t - \frac{\tau}{2}\right) x\left(t + \frac{\tau}{2}\right) \right\} \tag{2.39}$$

---

[4] Aleksandr Y. Khinchin (1894-1959). ロシアの数学者.

これは現在時刻 $t$ を中心として $\tau$ だけ離れた 2 時点での相関を表すので、これのフーリエ変換をとることによって、非定常過程のパワースペクトル密度を得ることにする.

$$S(t,\lambda) = \int_{-\infty}^{\infty} \psi(t,\tau) e^{-j\lambda\tau} d\tau \tag{2.40}$$

これを非定常パワースペクトル密度関数 (evolutionary power spectral density) と呼ぶ[5].

## 2.7 マルコフ過程

$n$ 次元ベクトル (確定) 過程

$$\dot{x}(t) = A(t)x(t), \quad x(t_0) = x_0$$

を考えてみよう. この解 $x(t)$ は, $\Phi(t,s)$ を $\partial \Phi(t,s)/\partial t = A(t)\Phi(t,s)$, $\Phi(s,s) = I$ を満たす遷移マトリクスとすれば,

$$x(t) = \Phi(t,t_0)x(t_0)$$

と表現される. これは

$$x(t) = \Phi(t,s)x(s) \quad (t_0 \leq s < t)$$

とも表現できる. したがって、時刻 $s$ におけるシステムの状態 $x(s)$ がわかれば、時刻 $t$ での値 $x(t)$ が決定されることになる. つまり、遷移マトリクス $\Phi(t,s)$ さえわかれば、どのような過程になるかはすべて把握できることになる. それでは、確率過程でもそのようなことが可能であろうか? この類推を確率過程にあてはめたのがマルコフ過程である.

(スカラ) 確率過程 $\{x(t), t \in T\}$ に対して, $t_0 < t_1 < \cdots < t_{N-1}$ において $x(t_0) = x_0$, $x(t_1) = x_1$, $\cdots$, $x(t_{N-2}) = x_{N-2}$ の値を知ったとき,

---

[5] (2.40) 式に似た関数

$$W(t,\lambda) = \int_{-\infty}^{\infty} x\left(t+\frac{\tau}{2}\right) x\left(t-\frac{\tau}{2}\right) e^{-j\lambda\tau} d\tau$$

をウィグナー分布 (Wigner(-Ville) distribution) と呼ぶ. 非定常信号の時間-周波数解析に用いられる.

## 2.7 マルコフ過程

$\{x(t_{N-1}) \leq x_{n-1}\}$ となる確率がそれまでに経過してきた値によらず

$$\Pr\{x(t_{N-1}) \leq x_{N-1} \mid x(t_0) = x_0, \cdots, x(t_{N-2}) = x_{N-2}\}$$
$$= \Pr\{x(t_{N-1}) \leq x_{N-1} \mid x(t_{N-2}) = x_{N-2}\} \tag{2.41}$$

であるとき,$\{x(t)\}$ を**マルコフ過程** (Markov process)[6] という.

確率分布関数,あるいは密度関数で示せば

$$F(t_{N-1}, x_{N-1} \mid t_0, x_0; t_1, x_1; \cdots; t_{N-2}, x_{N-2})$$
$$= F(t_{N-1}, x_{N-1} \mid t_{N-2}, x_{N-2}) \tag{2.42}$$
$$p(t_{N-1}, x_{N-1} \mid t_0, x_0; t_1, x_1; \cdots; t_{N-2}, x_{N-2})$$
$$= p(t_{N-1}, x_{N-1} \mid t_{N-2}, x_{N-2}) \tag{2.43}$$

となる.すなわち,マルコフ過程においては,$x(t_{N-2}) = x_{N-2}$ という状態がわかれば,$t_{N-1}$ 時刻における確率法則はそれ以前にいかなる経路を経てきたかには無関係に決定される.それでは,その全経路を通過する確率法則はどのように表現されるのであろうか? つぎにこのことをみてみる.

条件付確率の演算 $(P(A \cap B) = P(A|B)P(B))$ と (2.43) 式により

$$p(t_0, x_0; \cdots; t_{N-1}, x_{N-1}) = p(t_{N-1}, x_{N-1} \mid t_0, x_0; \cdots; t_{N-2}, x_{N-2})$$
$$\cdot p(t_0, x_0; \cdots; t_{N-2}, x_{N-2})$$
$$= p(t_{N-1}, x_{N-1} \mid t_{N-2}, x_{N-2}) \, p(t_0, x_0; \cdots; t_{N-2}, x_{N-2})$$

この演算を繰り返すことによって

$$p(t_0, x_0; \cdots; t_{N-1}, x_{N-1})$$
$$= p(t_{N-1}, x_{N-1} \mid t_{N-2}, x_{N-2}) \, p(t_{N-2}, x_{N-2} \mid t_{N-3}, x_{N-3})$$
$$\cdots p(t_1, x_1 \mid t_0, x_0) \, p(t_0, x_0)$$
$$= p(t_0, x_0) \prod_{k=1}^{N-1} p(t_k, x_k \mid t_{k-1}, x_{k-1}) \tag{2.44}$$

が得られる.すなわち,確率過程の経路は確率密度関数 $p(t_0, x_0)$ と $p(t_k, x_k \mid t_{k-1}, x_{k-1})$ とによって表現されることがわかる.後者の $p(t_k, x_k \mid t_{k-1}, x_{k-1})$

---

[6] Andrei A. Markov (1856-1922). ロシアの数学者.いわゆるマルコフ過程の研究は 1906 年の彼の研究に始まる.

を**遷移確率密度関数** (transition probability density function) といい, $x(t_{k-1}) = x_{k-1}$ の状態が時刻 $t_k$ で $x_k$ という値をとる確率密度を表す.

このようにマルコフ過程は, 初期確率密度関数 $p(t_0, x_0)$ と 2 次の確率密度関数である遷移確率密度関数 $p(t, x \mid s, y)$ $(s < t, y = y(s))$ とによって完全に記述できる. マルコフ過程は工学をはじめ自然科学, 社会科学, 遺伝学などにおいて重要な役割を果たしており, 本書の確率システム理論もこのマルコフ過程の理論に立脚している.

マルコフ過程に対して成り立つ重要なチャップマン・コルモゴロフ方程式は, (2.44) 式から容易に導かれる. $t_1 < t_2 < t_3$ とし, $x_1 = x(t_1)$, $x_2 = x(t_2)$, $x_3 = x(t_3)$ とすると

$$\int_{-\infty}^{\infty} p(t_1, x_1; t_2, x_2; t_3, x_3) dx_2 = p(t_1, x_1; t_3, x_3) \qquad (2.45)$$

の関係が成り立つ. ところで, 左辺はマルコフ過程の性質により

$$\int_{-\infty}^{\infty} p(t_3, x_3 \mid t_2, x_2) \, p(t_2, x_2 \mid t_1, x_1) \, p(t_1, x_1) dx_2$$

となり, また一方右辺は

$$p(t_3, x_3 \mid t_1, x_1) \, p(t_1, x_1)$$

であるから, 結局これらより **チャップマン・コルモゴロフ方程式** (Chapman-Kolmogorov equation)[7]

$$p(t_3, x_3 \mid t_1, x_1) = \int_{-\infty}^{\infty} p(t_3, x_3 \mid t_2, x_2) \, p(t_2, x_2 \mid t_1, x_1) dx_2 \qquad (2.46)$$

を得る. この式の意味するところは, 図 2.4 に示すように, 状態 $(t_1, x_1)$ から $(t_3, x_3)$ に遷移するときには, まず $(t_1, x_1)$ から $(t_2, x_2)$ に遷移し, さらにそこから $(t_3, x_3)$ に遷移するのであるが, $t_2$ 時刻では区間 $(-\infty, \infty)$ のどこかを通過するはずであるから, それらの経路をすべて考慮するために $x_2$ で積分するということである.

**例 2.1** $y_1(\omega), y_2(\omega), \cdots$ を互いに独立な確率変数とするとき,

$$x(t_k) = \sum_{i=1}^{k} y_i \qquad (t_1 < t_2 < \cdots) \qquad (2.47)$$

---

[7] Andrei N. Kolmogorov (1903-1987). ロシアの数学者. 『確率論の基礎概念』により測度論的確率論を創始した.

## 2.7 マルコフ過程

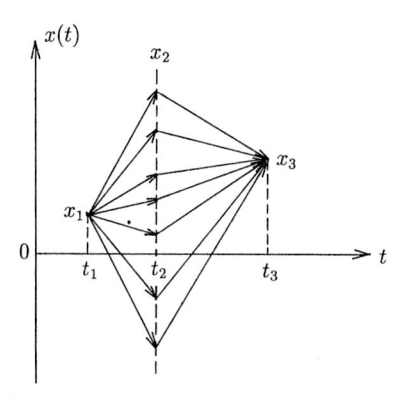

図 2.4 チャップマン・コルモゴロフ方程式の意味

によって与えられる離散確率過程 $\{x(t_k), k = 1, 2, \cdots\}$ はマルコフ過程である．このことを示そう．条件付確率密度関数はつぎのようになる．

$$F(t_k, x_k \mid t_1, x_1; \cdots; t_{k-1}, x_{k-1})$$
$$= \Pr\{x(t_k) \leq x_k \mid \{x(t_{k-1}) = x_{k-1}\} \cap \cdots \cap \{x(t_1) = x_1\}\}$$
$$= \frac{\Pr\{\{x(t_k) \leq x_k\} \cap \{x(t_{k-1}) = x_{k-1}\} \cap \cdots \cap \{x(t_1) = x_1\}\}}{\Pr\{\{x(t_{k-1}) = x_{k-1}\} \cap \cdots \cap \{x(t_1) = x_1\}\}}$$
$$= \frac{\Pr\{\{\sum_{i=1}^{k} y_i \leq x_k\} \cap \cdots \cap \{y_1 = x_1\}\}}{\Pr\{\{\sum_{i=1}^{k-1} y_i = x_{k-1}\} \cap \cdots \cap \{y_1 = x_1\}\}}$$
$$= \frac{\Pr\{\{y_k \leq x_k - x_{k-1}\} \cap \cdots \cap \{y_1 = x_1\}\}}{\Pr\{\{y_{k-1} = x_{k-1} - x_{k-2}\} \cap \cdots \cap \{y_1 = x_1\}\}}$$

ここで，$y_1, y_2, \cdots$ は互いに独立であるから (§2.3)

$$= \frac{\Pr\{y_k \leq x_k - x_{k-1}\} \Pr\{y_{k-1} = x_{k-1} - x_{k-2}\} \cdots \Pr\{y_1 = x_1\}}{\Pr\{y_{k-1} = x_{k-1} - x_{k-2}\} \cdots \Pr\{y_1 = x_1\}}$$
$$= \Pr\{y_k \leq x_k - x_{k-1}\}$$

一方，$F(t_k, x_k \mid t_{k-1}, x_{k-1})$ を同様に計算すると

$$F(t_k, x_k \mid t_{k-1}, x_{k-1})$$
$$= \frac{\Pr\{\{x(t_k) \leq x_k\} \cap \{x(t_{k-1}) = x_{k-1}\}\}}{\Pr\{x(t_{k-1}) = x_{k-1}\}}$$
$$= \frac{\Pr\{y_k \leq x_k - x_{k-1}\} \Pr\{\sum_{i=1}^{k-1} y_i = x_{k-1}\}}{\Pr\{\sum_{i=1}^{k-1} y_i = x_{k-1}\}}$$
$$= \Pr\{y_k \leq x_k - x_{k-1}\}$$

となるから,結局

$$F(t_k, x_k \mid t_1, x_1; \cdots; t_{k-1}, x_{k-1}) = F(t_k, x_k \mid t_{k-1}, x_{k-1})$$

の関係が得られる.よって,$x(t_k)$-過程はマルコフ過程である.

この例からわかるように,$x(t_k)$-過程が

$$x(t_k) = x(t_{k-1}) + y_k \qquad (k = 2, 3, \cdots)$$

のように表現されるとき,その過程はマルコフ過程である.

## 2.8 正規型確率過程

(スカラ)確率変数 $\{z(\omega), \omega \in \Omega\}$ に対して,その確率密度関数が指数関数で与えられるとき,その確率変数を正規型(あるいはガウス型)(normal, Gaussian)確率変数と呼ぶ.すなわち,

$$p(z) = \frac{1}{\sqrt{2\pi}\sigma_z} \exp\left\{-\frac{(z - m_z)^2}{2\sigma_z^2}\right\} \qquad (-\infty < z < \infty) \qquad (2.48)$$

ただし,$m_z = \mathcal{E}\{z(\omega)\}$, $\sigma_z^2 = \mathcal{E}\{[z(\omega) - m_z]^2\}$ である.確率密度関数 $p(z)$ をフーリエ変換したスカラ量

$$\begin{aligned}
\varphi_z(\mu) &= \int_{-\infty}^{\infty} \exp\{j\mu z\} p(z) dz \\
&= \mathcal{E}\{\exp\{j\mu z\}\} \qquad (j = \sqrt{-1}) \\
&= \exp\left\{j\mu m_z - \frac{1}{2}\mu^2 \sigma_z^2\right\}
\end{aligned} \qquad (2.49)$$

を正規型確率変数に対する**特性関数** (characteristic function) と呼ぶ ($\mu$ はフーリエ変数) (P: 2.5).

さて,$\{x(t), t \in T\}$ を(スカラ)確率過程とするとき,任意の $\{t_1, t_2, \cdots, t_N\} \subset T$ に対して $N$ 個の確率変数 $x(t_1), \cdots, x(t_N)$ の同時確率密度関数が

$$\begin{aligned}
&p(t_1, x_1; \cdots; t_N, x_N) \\
&= (2\pi)^{-\frac{N}{2}} |R|^{-\frac{1}{2}} \exp\left\{-\frac{1}{2}(x - m)^T R^{-1}(x - m)\right\}
\end{aligned} \qquad (2.50)$$

で与えられるとき,$x(t)$ は結合正規分布する (jointly normally distributed) といい,これを**正規型確率過程** (Gaussian [or normal] stochastic process) という.ここで

$x = [x_1, \cdots, x_N]^T$, $m = [m(t_1), \cdots, m(t_N)]^T = [\mathcal{E}\{x(t_1)\}, \cdots, \mathcal{E}\{x(t_N)\}]^T$, $R$ はその $ki$-要素を $R_{ki} = \mathcal{E}\{[x(t_k) - m(t_k)] \cdot [x(t_i) - m(t_i)]\}$ とする $N \times N$-マトリクスであり, $|R|$ は $R$ の行列式を表す. 特性関数は

$$\varphi(t_1, \mu_1; \cdots; t_N, \mu_N) = \exp\left\{j\mu^T m - \frac{1}{2}\mu^T R\mu\right\} \tag{2.51}$$

(ただし, $\mu := [\mu_1, \cdots, \mu_N]^T$) で与えられる.

$n$ 次元ベクトル正規型確率過程 $\{x(t)\}$ の (1 次の結合) 確率密度関数 $p(t, x)$ は, つぎのように与えられる.

$$\begin{aligned}p(t, x) &= (2\pi)^{-\frac{n}{2}} |P(t)|^{-\frac{1}{2}} \\ &\quad \cdot \exp\left\{-\frac{1}{2}[x - m(t)]^T P^{-1}(t)[x - m(t)]\right\}\end{aligned} \tag{2.52}$$

ただし, $x = [x_1, \cdots, x_n]^T$, $m(t) = [\mathcal{E}\{x_1(t)\}, \cdots, \mathcal{E}\{x_n(t)\}]^T$, $P(t) = \mathcal{E}\{[x(t) - m(t)][x(t) - m(t)]^T\}$ である. 特性関数は (2.51) 式に対応してつぎのように与えられる.

$$\varphi(t, \mu) = \exp\left\{j\mu^T m(t) - \frac{1}{2}\mu^T P(t)\mu\right\} \tag{2.53}$$

(2.49)〜(2.53) 式をみればわかるように, 正規型確率変数あるいは確率過程は 1 次と 2 次の確率モーメントのみで, その密度関数と特性関数は記述される. このことが後にみられるように, システム制御理論の体系化を優美にしているのである.

## 2.9　ウィーナ過程 (ブラウン運動過程)

正規型確率過程の代表的な例の一つであり, しかも確率システム理論の展開において中心的役割を果たしているブラウン運動過程 (Brownian motion process), あるいはウィーナ過程 (Wiener process) とも呼ばれる確率過程について述べる.

それに先立って, 独立増分をもつ過程について説明する. 確率過程 $\{x(t)\}$ が, 任意の時間分割 $0 = t_0 < t_1 < \cdots < t_N$ に対して各増分 (increment) $\Delta x(t_0, t_1) = x(t_1) - x(t_0)$, $\Delta x(t_1, t_2) = x(t_2) - x(t_1)$, $\cdots$, $\Delta x(t_{N-1}, t_N) = x(t_N) - x(t_{N-1})$ が互いに独立であるとき, $x(t)$ は **独立増分をもつ確率過程** (stochastic process with independent increments) と呼ぶ. この過程は $\Pr\{x(0) = 0\} = 1$ ならばマルコフ過程となる (P: 2.6). 特に, 増分 $\Delta x(t_0, t_1), \Delta x(t_1, t_2), \cdots, \Delta x(t_{N-1}, t_N)$

の確率分布が時間差 $t_1 - t_0, t_2 - t_1, \cdots, t_N - t_{n-1}$ のみに依存するとき, $x(t)$-過程は**定常独立増分** (stationary independent increments) をもつという.

さて, ウィーナ過程の定義に移ろう. (スカラ) 確率過程 $\{w(t), t \geq 0\}$ は

(i) 定常独立増分をもち,

(ii) 増分 $w(t) - w(s)$ は正規分布し,

$$\mathcal{E}\{w(t) - w(s)\} = 0 \tag{2.54}$$

$$\mathcal{E}\{[w(t) - w(s)]^2\} = \sigma^2 |t - s| \tag{2.55}$$

である. ここで, $\sigma$ は正の定数である. さらに

(iii) $\Pr\{w(0) = 0\} = 1$

の条件を満たすとき, **ウィーナ過程** (Wiener process)[8] と呼ばれる. 特に, $\sigma^2 = 1$ のとき標準ウィーナ過程 (standard Wiener process) と呼ぶ.

以下ウィーナ過程の性質について述べよう.

1) ウィーナ過程 $w(t)$ $(t > 0)$ の平均値と相関関数はつぎのように与えられる.

$$\mathcal{E}\{w(t)\} = 0 \tag{2.56}$$

$$\mathcal{E}\{w(t)w(s)\} = \begin{cases} \sigma^2 t & (t \leq s) \\ \sigma^2 s & (s \leq t) \end{cases} \tag{2.57}$$

(2.56) 式は (2.54) 式において, $s = 0$ とおけば得られる. (2.57) 式は, $t \leq s$ とすると

$$\begin{aligned}
\mathcal{E}\{w(t)w(s)\} &= \mathcal{E}\{w(t)[w(s) - w(t) + w(t)]\} \\
&= \mathcal{E}\{w(t)[w(s) - w(t)]\} + \mathcal{E}\{w^2(t)\} \\
&= \mathcal{E}\{[w(t) - w(0)][w(s) - w(t)]\} + \mathcal{E}\{w^2(t)\} \\
&= 0 + \sigma^2 t
\end{aligned}$$

から得られる.

---

[8] Norbert Wiener (1894-1964). 米国の数学者. 機械と生物を含む系の制御・通信などを扱う総合的情報科学であるサイバネティクス (cybernetics) の提唱者. ウィーナ過程は, 彼がマサチューセッツ工科大学 (M.I.T.) 教授であったときに, 研究室から眺められるチャールズ川の水面に立つさざ波の表現には, どのような数学的規則にあてはめたらよいだろうかという疑問をもち, それから発展して考え出された.

2) $w(t)$-過程の (1 次の) 確率密度関数は $\mathcal{E}\{w(t)\} = 0$, $\mathcal{E}\{[w(t) - \mathcal{E}\{w(t)\}]^2\} = \sigma^2 t$ であるから

$$p(t,w) = \frac{1}{\sqrt{2\pi t}\,\sigma} \exp\left\{-\frac{w^2}{2\sigma^2 t}\right\} \tag{2.58}$$

であり ($t=0$ のときこれはディラックのデルタ関数 $\delta(w)$ となる), また $0 = t_0 < t_1 < t_2 < \cdots < t_N$ とすると, $N$ 次の結合確率密度関数は

$$\begin{aligned}
p(t_1, & w_1; t_2, w_2; \cdots; t_N, w_N) \\
&= \prod_{\nu=2}^{N} \frac{1}{\sqrt{2\pi(t_\nu - t_{\nu-1})}\,\sigma} \exp\left\{-\frac{(w_\nu - w_{\nu-1})^2}{2\sigma^2(t_\nu - t_{\nu-1})}\right\} \\
&= p(t_1, w_1; t_2, w_2) \cdots p(t_{N-1}, w_{N-1}; t_N, w_N)
\end{aligned} \tag{2.59}$$

である. (2.59) 式は, $w(t)$-過程が (定常) 独立増分をもつことから得られる.

(2.58) 式より, $w(t)$-過程は非定常正規型過程 (nonstationary Gaussian process) であることがわかる.

3) ウィーナ過程はマルコフ過程である.

これは例 2.1 (§2.7) の結果より明らかである (P: 2.6) が, ここでは, 別の方法によって示そう. (2.59) 式を用いると

$$\begin{aligned}
\Pr\{w(t_N) & \leq \alpha \mid w(t_1), w(t_2), \cdots, w(t_{N-1})\} \\
&= \int_{-\infty}^{\alpha} p(t_N, z \mid t_1, w_1; \cdots; t_{N-1}, w_{N-1}) dz \\
&= \int_{-\infty}^{\alpha} \frac{p(t_1, w_1; \cdots; t_{N-1}, w_{N-1}; t_N, z)}{p(t_1, w_1; \cdots; t_{N-1}, w_{N-1})} dz \\
&= \int_{-\infty}^{\alpha} \frac{1}{\sqrt{2\pi(t_N - t_{N-1})}\,\sigma} \exp\left\{-\frac{(z - w_{N-1})^2}{2\sigma^2(t_N - t_{N-1})}\right\} dz \\
&= \Pr\{w(t_N) \leq \alpha \mid w_{N-1}\}
\end{aligned} \tag{2.60}$$

となることより, $w(t)$-過程はマルコフ過程である.

したがって, 2), 3) よりウィーナ過程は分布形状からみれば正規型であり, 時間的な視点からみればマルコフ性を有するので, 正規型マルコフ過程 (Gauss-Markov process) である. 図 2.5 にウィーナ過程の確率密度関数の時間的進化の様子を示す.

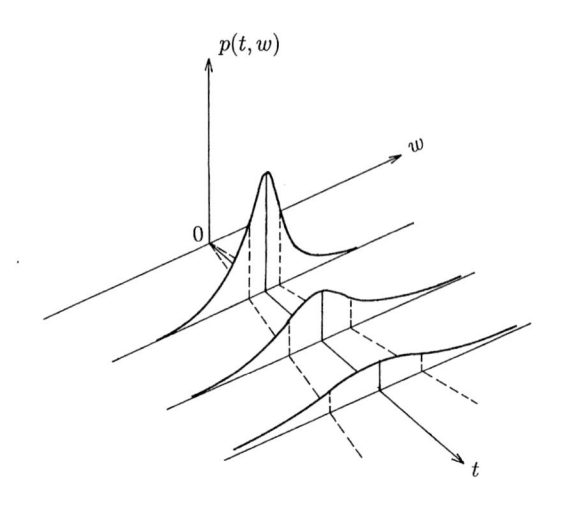

図 2.5 ウィーナ過程の確率密度関数の時間的進化

4) ウィーナ過程はマルチンゲールである.

$s<t$ とするとき, 実現値 $\{w(\tau), 0 \leq \tau \leq s\}$ の条件の下での $w(t)$ の平均値は

$$\mathcal{E}\{w(t)\,|\,\{w(\tau), 0 \leq \tau \leq s\}\}$$
$$= \mathcal{E}\{w(s) + [w(t) - w(s)]\,|\,\{w(\tau), 0 \leq \tau \leq s\}\}$$
$$= w(s) + \mathcal{E}\{w(t) - w(s)\,|\,\{w(\tau), 0 \leq \tau \leq s\}\}$$
$$= w(s) + 0 = w(s) \qquad (2.61)$$

となる. このように将来の時刻 $t\,(>s)$ における平均値が直前の条件に帰する性質を**マルチンゲール** (martingale) という[9].

5) ウィーナ過程は確率連続である.

確率過程 $\{x(t), t \in T\}$ が**確率連続** (continuous in probability) (§3.3) であるとは, 任意の $\varepsilon>0$ に対して

$$\Pr\{|x(t+h) - x(t)| > \varepsilon\} \longrightarrow 0 \quad (h \to 0) \qquad (2.62)$$

---

[9] より厳密には, 条件 $\{w(\tau), 0 \leq \tau \leq s\}$ は $\sigma$-代数で表現しなければならない. マルチンゲールとは, もともと "負ければ賭け金を倍にしてゆく" という賭けの名称 (仏語) であるが, 勝負をする場合には当然 $\mathcal{E}\{w(t)|w(\tau), 0 \leq \tau \leq s\} > w(s)$ (劣マルチンゲール [submartingale]) を期待するが, 相手はそれに対して $\mathcal{E}\{w(t)|w(\tau), 0 \leq \tau \leq s\} < w(s)$ (優マルチンゲール [supermartingale]) を期待するので, (2.61) 式はこの両者の対立する不等式が両立しないという公平な賭けを意味する.

が成り立つことである.

チェビシェフの不等式 (付録 A.3) 参照) により

$$\Pr\{|w(t+h)-w(t)|\geq \varepsilon\} \leq \frac{1}{\varepsilon^2}\,\mathcal{E}\{|w(t+h)-w(t)|^2\}$$
$$= \frac{1}{\varepsilon^2}\,\sigma^2|h| \longrightarrow 0 \quad (h\to 0) \quad (2.63)$$

となるから, (2.62) 式の成立することが示された.

6) ウィーナ過程は確率 1 で連続である. また自乗平均連続でもある.

前者についてはその証明は本書の程度を越えるので示さない. 後者については §3.3 において述べる.

7) ウィーナ過程はいたるところで微分不可能である.

$\varepsilon$ を任意の正定数とすると, $h>0$ に対して

$$\Pr\left\{\left|\frac{w(t+h)-w(t)}{h}\right|>\varepsilon\right\}$$
$$= \Pr\{|\Delta w(t)|>\varepsilon h\} \quad (\Delta w(t)=w(t+h)-w(t))$$
$$= \int_{-\infty}^{-\varepsilon h} p(\Delta w)d(\Delta w) + \int_{\varepsilon h}^{\infty} p(\Delta w)d(\Delta w)$$
$$= 2\int_{-\infty}^{-\varepsilon h} p(\Delta w)d(\Delta w)$$
$$= 2\int_{-\infty}^{-\varepsilon h} \frac{1}{\sqrt{2\pi h}\,\sigma} \exp\left\{-\frac{(\Delta w)^2}{2\sigma^2 h}\right\}d(\Delta w)$$
$$= 2\Phi\left(-\frac{\varepsilon}{\sigma}\sqrt{h}\right) \longrightarrow 1 \quad (h\to 0) \quad (2.64)$$

ここで, $\Phi(\xi)=(1/\sqrt{2\pi})\int_{-\infty}^{\xi}e^{-u^2/2}du$ は標準正規分布の累積分布関数である. したがって, $w(t)$-過程は $dw(t)/dt$ という微分形式をもたない. もっと直観的には, つぎのようにして理解できる. (2.55) 式 (あるいは後に述べる (2.68) 式) からわかるように, $\Delta w(t)=w(t+\Delta t)-w(t)$ は $\sqrt{\Delta t}$ のオーダーであるから, $\Delta w(t)/\Delta t \sim 1/\sqrt{\Delta t} \to \infty$ $(\Delta t \to 0)$ となって, $\Delta w(t)/\Delta t$ は有限確定値をもたない.

8) ウィーナ過程は無相関直交増分をもつ.

ある一つの確率過程 $\{x(t), t \in T\}$ は $\mathcal{E}\{|x(t) - x(s)|^2\} < \infty$ $(t, s \in T)$ で,かつ $s_1 < t_1 \leq s_2 < t_2$ とするとき

$$\mathcal{E}\{[x(t_2) - x(s_2)][x(t_1) - x(s_1)]\}$$
$$= \mathcal{E}\{x(t_2) - x(s_2)\}\mathcal{E}\{x(t_1) - x(s_1)\} \quad (2.65)$$

となるならば, 無相関増分 (uncorrelated increments) をもつといい, また (2.65) 式に代わって

$$\mathcal{E}\{[x(t_2) - x(s_2)][x(t_1) - x(s_1)]\} = 0 \quad (2.66)$$

ならば直交増分 (orthogonal increments) をもつという.

$t_1 < t_2 < t_3$ とすると, ウィーナ過程は独立増分をもつから

$$\mathcal{E}\{[w(t_3) - w(t_2)][w(t_2) - w(t_1)]\}$$
$$= \mathcal{E}\{w(t_3) - w(t_2)\}\mathcal{E}\{w(t_2) - w(t_1)\} = 0$$

あるいは

$$\mathcal{E}\{[w(t_3) - w(t_2)][w(t_2) - w(t_1)]\}$$
$$= \mathcal{E}\{w(t_3)w(t_2)\} - \mathcal{E}\{w^2(t_2)\} - \mathcal{E}\{w(t_3)w(t_1)\} + \mathcal{E}\{w(t_2)w(t_1)\}$$
$$= \sigma^2 t_2 - \sigma^2 t_2 - \sigma^2 t_1 + \sigma^2 t_1 = 0$$

となる. よって, $w(t)$-過程は無相関直交定常増分をもつ.

9) $dw(t) = w(t + dt) - w(t)$ $(dt > 0)$ とすると, (2.54), (2.55) 式は微小増分の形でつぎのように表現される.

$$\mathcal{E}\{dw(t)\} = 0 \quad (2.67)$$
$$\mathcal{E}\{[dw(t)]^2\} = \sigma^2 dt \quad (2.68)$$

一般的には

$$\mathcal{E}\{[dw(t)]^n\} = \begin{cases} 0 & (n = 1, 3, 5, \cdots) \\ 1 \cdot 3 \cdot 5 \cdots (n-1)(\sigma\sqrt{dt})^n & (n = 2, 4, 6, \cdots) \end{cases} \quad (2.69)$$

これらの性質は後にしばしば用いられる.

10) $w(t)$-過程はつぎの性質をもつ.

$$\Pr\left\{\sup_{0\leq s\leq t}|w(s)|>\varepsilon\right\}\leq \frac{t}{\varepsilon^2} \qquad (\varepsilon>0)$$

$$\lim_{t\to\infty}\frac{1}{t}w(t)=0, \qquad \lim_{t\uparrow\infty}\sup\frac{w(t)}{\sqrt{2t\ln\ln t}}=1$$

本節で述べたウィーナ過程は数学的定義に基づく確率過程であるが,これは物理現象としてよく知られている**ブラウン運動** (Brownian movement) を数学的に記述したものである.ブラウン運動過程 (Brownian motion process) というのは,英国の植物学者ブラウン (Robert Brown, 1773-1858) が,顕微鏡下の水中に浮かんだ花粉の運動について観測した結果を 1828 年に報告したことにちなんでつけられた名称である.この不規則現象はその後数多くの研究者によって研究されたが, 20 世紀に入って 1905 年にやっと満足な物理的説明がアインシュタイン (Albert Einstein, 1879-1955) によって得られ,水中の粒子は拡散過程であり,その分布は正規型であることが示された[10].しかしその議論は物理的な考察にとどまり,ブラウン運動の確率過程としての理論はその後のスモルチョフスキー (M. von Smoluchovski, 1872-1917),ランジュヴァン (Paul Langevin, 1872-1946),オルンシュタイン (Leonard S. Ornstein, 1880-1941),ウーレンベック (George E. Uhlenbeck, 1900- ) らにゆだねられたのである.実はアインシュタイン以前に,バシャリエ (Louis Bachelier) が 1900 年に株価の変動理論にブラウン運動をあてて研究していたが,その当時人々の関心を引くことはなかった.ブラウン運動の数学的に厳密な議論は,ウィーナとレヴィ (Paul Lévy, 1886-1971) によってなされ,現在ではブラウン運動過程はウィーナ過程,あるいはウィーナ・レヴィ過程 (Wiener-Lévy process) と呼ばれている[11].

以下では,ブラウン運動過程が (2.58) 式で与えられるような正規型過程であることを,液体中の粒子の運動方程式を考えることによって示そう.

液体中の粒子は質量 $m$ の質点とし,その位置を $w(t)$ (ただし 1 次元),その速度を $u(t)(=dw(t)/dt)$ とすれば,ニュートンの第 2 法則によって

---

[10] アインシュタインは,ブラウン運動に関する研究を発表した 1905 年に,後にノーベル物理学賞受賞対象となった光量子仮説とニュートン力学以来の成果である特殊相対性理論を発表している.この年は "奇跡の年" とも呼ばれている.ブラウン運動に関する研究 "Eine neue Bestimmung der Moleküldimensionen" は,アインシュタインの博士学位論文となった.

[11] このあたりの歴史については, K. Itô and H. P. McKean, Jr.: *Diffusion Processes and Their Sample Paths*, Academic Press, New York, 1965 の前書きに簡潔に述べられている.

$$m\frac{du(t)}{dt} = -\zeta u(t) + \gamma_0(t) \qquad (t \geq 0) \qquad (2.70)$$

が成り立つ．右辺の第 1 項は液体による粘性抵抗力であり，$\zeta$ はその係数，また $\gamma_0(t)$ は粒子に働く外力である．粒子が不規則に動く原因として，外力 $\gamma_0(t)$ が確率的に不規則に働くものと考える．このような運動方程式は**ランジュヴァン方程式** (Langevin equation) と呼ばれ，ブラウン運動の解析モデルとしてウーレンベックとオルンシュタインにより用いられた．粒子が不規則に動くことから，外力 $\gamma_0(t)$ を粒子に衝突する液体の分子による力であるとし，§2.10 で述べる白色雑音 ($\gamma_0(t)$ $\gamma_0(\tau)$ $(t \neq \tau)$ は互いに相関をもたない) とした．

(2.70) 式を書き直すと

$$\frac{du(t)}{dt} + \beta u(t) = \gamma(t) \qquad (2.71)$$

となる．ただし，$\beta = \zeta/m$, $\gamma(t) = \gamma_0(t)/m$ である．$\gamma(t)$ は平均値および相関関数がつぎのように与えられる過程であると仮定する．

$$\mathcal{E}\{\gamma(t)\} = 0, \qquad \mathcal{E}\{\gamma(t)\gamma(s)\} = 2D\delta(t-s) \qquad (2.72)$$

$D$ は正定数で，$\delta(\cdot)$ はディラックのデルタ関数[12] である．これは液体の分子が粒子にでたらめに (不規則に) 衝突し，その相関は $\delta(t-s)$ と仮定するのが適切であるとの考えからきている．

さて，(2.71) 式を解くと ($u(0) = u_0$)

$$u(t) = u_0 e^{-\beta t} + \int_0^t e^{-\beta(t-s)} \gamma(s) ds \qquad (2.73)$$

---

[12] ディラックのデルタ関数 (Dirac's delta function):

$$\delta(x) = \begin{cases} 0 & (x \neq 0) \\ \infty & (x = 0) \end{cases}, \qquad \int_{-\infty}^{\infty} \delta(x) dx = 1$$

で定義され，$f(x)$ $(-\infty < x < \infty)$ が $x = x_0$ で連続であるとすると，つぎの性質をもつ:

$$\int_{-\infty}^{\infty} f(x)\delta(x-x_0)dx = f(x_0) = \int_{-\infty}^{\infty} f(x)\delta(x_0-x)dx$$

$$\int_{x_1}^{x_2} f(x)\delta(x-x_0)dx = \frac{1}{2}f(x_0) \qquad (x_0 = x_1 \text{ or } x_0 = x_2)$$

また $\delta(ax) = \frac{\delta(x)}{|a|}$ $(a \neq 0)$, さらに

$$\int_{-\infty}^{\infty} \delta(x-x_0)dx = 1, \qquad \int_{-\infty}^{x_0} \delta(x-x_0)dx = \int_{x_0}^{\infty} \delta(x-x_0)dx = \frac{1}{2}$$

となるから, $u(t) = dw(t)/dt$, $w(0) = 0$ に留意して (2.73) 式を積分すると, $w(t) = \int_0^t u(s)ds$ より

$$w(t) = \int_0^t \left[ u_0 e^{-\beta s} + \int_0^s e^{-\beta(s-\tau)} \gamma(\tau) d\tau \right] ds \tag{2.74}$$

これより

$$w(t) - u_0 \int_0^t e^{-\beta s} ds = \int_0^t e^{-\beta s} \left[ \int_0^s e^{\beta \tau} \gamma(\tau) d\tau \right] ds \tag{2.75}$$

を得る. (2.75) 式の右辺の部分積分を実行すると

$$w(t) - \frac{1}{\beta} u_0 (1 - e^{-\beta t}) = \frac{1}{\beta} \int_0^t (1 - e^{-\beta(t-s)}) \gamma(s) ds \tag{2.76}$$

が得られる. したがって, $W(t) := w(t) - \frac{1}{\beta} u_0 (1 - e^{-\beta t})$ の平均値と分散を計算すると, それぞれ

$$\mathcal{E}\{W(t)\} = \frac{1}{\beta} \int_0^t (1 - e^{-\beta(t-s)}) \, \mathcal{E}\{\gamma(s)\} ds = 0$$

$$\mathcal{E}\{W^2(t)\} = \frac{1}{\beta^2} \int_0^t \int_0^t (1 - e^{-\beta(t-s_1)})(1 - e^{-\beta(t-s_2)}) \, \mathcal{E}\{\gamma(s_1)\gamma(s_2)\} ds_1 ds_2$$

$$= \frac{2D}{\beta^2} \int_0^t (1 - e^{-\beta(t-s)})^2 ds$$

$$= \frac{D}{\beta^3} (2\beta t - 3 + 4e^{-\beta t} - e^{-2\beta t})$$

となる. ところで, $w(t) = \int_0^t u(s) ds$ であり, $u(t)$ は (2.73) 式のように白色雑音 ($\gamma(t)$ と $\gamma(s)$ ($t \neq s$) は互いに独立) の積分和で与えられるから, $w(t)$ は中心極限定理によって正規分布する[13]. したがって, $w(t)$-過程の分布として

$$p(t, w) = \left[ \frac{\beta^3}{2\pi D (2\beta t - 3 + 4e^{-\beta t} - e^{-2\beta t})} \right]^{\frac{1}{2}}$$
$$\cdot \exp\left\{ -\frac{\beta^3 |w - \frac{1}{\beta} u_0 (1 - e^{-\beta t})|^2}{2D (2\beta t - 3 + 4e^{-\beta t} - e^{-2\beta t})} \right\} \tag{2.77}$$

を得る. $t \gg 1/\beta$ となる十分長い時刻 $t$ においては指数関数 $e^{-\beta t}$, $e^{-2\beta t}$ は微小であり, また定数項は $2\beta t$ に対して無視できる. さらに, 上述の結果より $W(t) \sim \sqrt{t}$,

---

[13] 中心極限定理 (central limit theorem): $\{x_i, i = 1, 2, \cdots\}$ を互いに独立で, それらは同じ分布をもつ確率変数とする. このとき, 確率変数 $x = \sum_i^n x_i$ は $n \to \infty$ で正規分布する.

すなわち $w(t) \sim \sqrt{t}$ と考えられるから, $u_0(1 - e^{-\beta t})/\beta$ も $w(t)$ に比べて無視できる. よって, (2.77) 式は

$$p(t,w) \cong \left(\frac{\beta^2}{4\pi Dt}\right)^{\frac{1}{2}} \exp\left\{-\frac{\beta^2 w^2}{4Dt}\right\} \tag{2.78}$$

と近似できる. ここで, $D_0 = D/\beta^2$ とおくと

$$p(t,w) \cong \left(\frac{1}{4\pi D_0 t}\right)^{\frac{1}{2}} \exp\left\{-\frac{w^2}{4D_0 t}\right\} \tag{2.79}$$

で, $\sigma^2 = 2D_0 \, (= 2D/\beta^2 = 2Dm^2/\zeta^2)$ と考えると, これは (2.58) 式と同じになる.

つぎに, 外力の大きさ $D$ (または $D_0$) を求めてみよう. (2.73) 式より, $U(t) := u(t) - u_0 \, e^{-\beta t}$ の平均と分散は上述の計算と同様にして求めると

$$\mathcal{E}\{U(t)\} = 0, \qquad \mathcal{E}\{U^2(t)\} = \frac{D}{\beta}\left(1 - e^{-2\beta t}\right)$$

となり, その分布もまた正規型となるから

$$p(t,u) = \left(\frac{\beta}{2\pi D\left(1 - e^{-2\beta t}\right)}\right)^{\frac{1}{2}} \exp\left\{-\frac{\beta \left|u - u_0 \, e^{-\beta t}\right|^2}{2D\left(1 - e^{-2\beta t}\right)}\right\} \tag{2.80}$$

となる. よって, 定常状態での分布は

$$\lim_{t \to \infty} p(t,u) = \left(\frac{\beta}{2\pi D}\right)^{\frac{1}{2}} \exp\left\{-\frac{\beta u^2}{2D}\right\} \tag{2.81}$$

となる. ところで, 統計熱力学でよく知られているように, 熱平衡状態における粒子の速度分布はマックスウェル分布 (Maxwellian distribution)

$$p(u) \propto e^{-\frac{mu^2}{2kT}} \tag{2.82}$$

で与えられる. ここで, $k$ はボルツマン定数 (Boltzman const.), $T$ は絶対温度である. したがって, (2.81) 式と (2.82) 式が一致しなければならないことから,

$$D = \frac{\beta kT}{m} = \frac{\zeta kT}{m^2}, \qquad D_0 = \frac{kT}{\beta m} = \frac{kT}{\zeta} \tag{2.83}$$

となる. $\zeta$ は粒子の半径を $a$ とすると, ストークスの法則 (Stokes' law) により粘性抵抗が $-6\pi a \eta u$ ($\eta$: 液体の粘性係数) となることから, $\zeta = 6\pi a \eta$ で与えられ

る.したがって,白色雑音 $\gamma(t)$ の強さを表す係数 $D$ は (2.83) 式のような物理的意味をもつので,実験によって求めることができる.(2.83) 式はアインシュタインの関係式 (Einstein's relation) と呼ばれている.

以上の議論では,外力 $\gamma(t)$ は時間的に相関のない白色雑音であると仮定しただけであって,その分布が正規型であるという仮定は何らしていないことに留意されたい.

## 2.10 白色雑音

前節において,ウィーナ過程を導くために白色雑音の存在を仮定した.すなわち,$\gamma(t)$ を白色雑音とすると,その平均値と相関関数はそれぞれ

$$\mathcal{E}\{\gamma(t)\} = 0, \quad \mathcal{E}\{\gamma(t)\gamma(t+\tau)\} = 2D\delta(\tau) \tag{2.72$_{\text{bis}}$}$$

によって与えられることを述べた.これはどのような物理的な過程であろうか?まずこのことを調べてみよう.

いま,平均値が零で自己相関関数が

$$\begin{aligned}\psi_z(\tau) &= \mathcal{E}\{z(t)z(t+\tau)\} \\ &= \alpha e^{-\beta|\tau|} \quad (\alpha, \beta > 0)\end{aligned} \tag{2.84}$$

で与えられる $z(t)$-過程を考えよう.(2.84) 式は,$z(t)$ と $z(t+\tau)$ との相関は時間差 $|\tau|$ が大きくなればなるほどその大きさは小さくなり,互いに無関係になっていくということを表現しており,正にわれわれが日常体験する「去る者は日々をもって疎し/生ける者は日々をもって親し」(漢・古詩) を数式表現したものといえる.このとき,そのパワースペクトル密度 $S_z(\lambda)$ は (2.35) 式より

$$\begin{aligned}S_z(\lambda) &= \int_{-\infty}^{\infty} \alpha e^{-\beta|\tau|} e^{-j\lambda\tau} d\tau \\ &= \frac{2\alpha\beta}{\beta^2+\lambda^2} = \frac{2\alpha}{\beta}\frac{1}{1+(\lambda/\beta)^2}\end{aligned} \tag{2.85}$$

となる.ここで,$\alpha/\beta$ を一定値に保ちながら $\alpha, \beta \to \infty$ とすると,$\psi_z(\tau)$ はデルタ関数 $\delta(\tau)$ に,また $S_z(\lambda)$ は一定値 $2\alpha/\beta$ に近づく (図 2.6) (P: 2.7).このような究極の過程は,その自己相関関数は時間が異なれば $z(t)$ と $z(t+\tau)$ ($\tau \neq 0$) とは全く相関がなく,$\tau = 0$ に対しては無限大の相関を有することになるから,結局それは (2.72) 式で表現される白色雑音 $\gamma(t)$ であると考えてよい.

ところで，周波数領域でみると，$\gamma(t)$-過程はすべての周波数成分を同じ大きさ $2\alpha/\beta$ ($= 2D$ であることは後に示す) で含むことになる．したがって，$\gamma(t)$-過程のパワースペクトル密度 $S_z(\lambda)$ を全周波数にわたって積分して得られる全パワーは無限大となってしまい，このことからそのような過程は実際には存在しえないことになってしまう．にもかかわらず，以下で明らかなようにこの白色雑音 "過程" は工学的見地からも有用であり，システム工学においても頻繁に用いられている．

白色雑音の "白色" という形容詞は，その過程のスペクトル密度が全周波数にわ

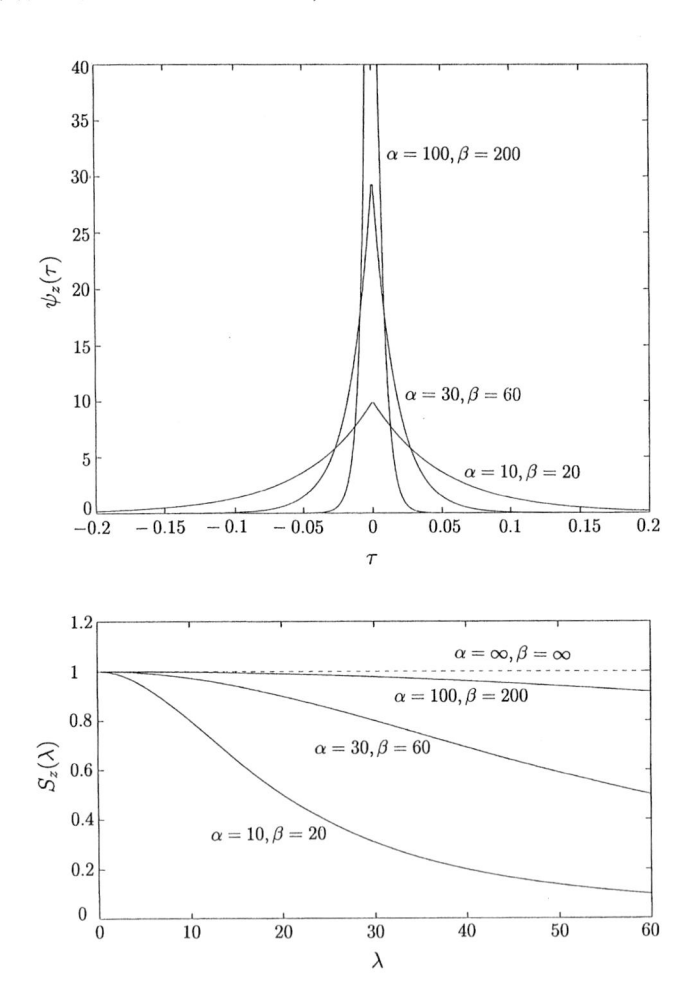

図 **2.6** $z(t)$-過程の自己相関関数 $\psi_z(\tau)$ とそのスペクトル密度関数 $S_z(\lambda)$ $(\alpha/\beta = 1/2)$

たって一定であり，これは光でいえばすべての周波数成分を含んだ太陽光のような白色光に相当するので，その類似から用いられているのである．制御系では，システムあるいは観測過程に介入する雑音は，この白色雑音によってモデル化されるのが普通である．それでは，このように実在しないいわば虚構ともいうべき白色雑音を確率システムの解析や設計において用いるのはなぜであろうか？ それは主として以下の理由による．

(i) $\gamma(t)$ を (スカラ) 白色雑音とすると，その相関関数は $\mathcal{E}\{\gamma(t)\gamma(s)\} = 2D\delta(t-s)$ のように与えられ，$t \neq s$ ならばこれは零となるので，$\gamma(t)$ と $\gamma(s)$ とのつながりを規定するダイナミクス (微分方程式) の導入の必要がない．

(ii) 制御システムでは，不規則外乱の周波数成分は一般には未知である場合が多く，したがって外乱を白色雑音でモデル化しておけば，どのような周波数帯域をもつ不規則外乱に対しても，一種のロバスト性をもつシステム設計ができる．

(iii) $t = s$ のときには，$\mathcal{E}\{\gamma^2(t)\} = 2D\delta(0)$ となるが，このデルタ関数は通常積分演算の中にのみ現れるので，その定義により一連の演算が著しく簡単になる．特に 2 重積分は単一積分に還元される．

(iv) システムの状態量の統計量として平均値と相関関数 (あるいは共分散マトリクス) が与えられたとき，あるいはパワースペクトル密度が与えられたとき，そのような状態量を生み出すダイナミクスを，白色雑音を入力として生成することができる．

例えば，(2.84) 式の統計量をもつ $z(t)$-過程を白色雑音 $\gamma(t)$ から生成してみよう．そこで，スカラ過程

$$\dot{z}(t) = az(t) + b\gamma(t), \qquad 0 \leq t < \infty \qquad (2.86)$$

を考える．$a$, $b$ は定数，初期値 $z(0) = z_0$ は平均値が零で白色雑音 $\gamma(t)$ とは独立，すなわち $\mathcal{E}\{z_0\gamma(t)\} = 0$ である確率変数とする．(2.86) 式の解を求め期待値演算を行うと，$\mathcal{E}\{\gamma(t)\} = 0$ より

$$\mathcal{E}\{z(t)\} = e^{at}\mathcal{E}\{z_0\} + b\int_0^t e^{a(t-s)}\mathcal{E}\{\gamma(s)\}ds = 0 \qquad (2.87)$$

となる．また，$\tau > 0$ とすると

$$\psi_z(t+\tau,\,t) = \mathcal{E}\{z(t+\tau)z(t)\}$$
$$= \mathcal{E}\left\{\left[e^{a(t+\tau)}z_0 + b\int_0^{t+\tau} e^{a(t+\tau-s)}\gamma(s)ds\right]\right.$$
$$\left.\cdot \left[e^{at}z_0 + b\int_0^t e^{a(t-\sigma)}\gamma(\sigma)d\sigma\right]\right\}$$
$$= e^{a(2t+\tau)}\mathcal{E}\{z_0^2\} + be^{a(2t+\tau)}\mathcal{E}\{z_0\}\int_0^{t+\tau} e^{-as}\mathcal{E}\{\gamma(s)\}ds$$
$$+ be^{a(2t+\tau)}\mathcal{E}\{z_0\}\int_0^t e^{-a\sigma}\mathcal{E}\{\gamma(\sigma)\}d\sigma$$
$$+ 2Db^2 e^{a(2t+\tau)}\int_0^{t+\tau}\int_0^t e^{-a(s+\sigma)}\delta(s-\sigma)d\sigma ds$$
$$= e^{a(2t+\tau)}\mathcal{E}\{z_0^2\} + 2Db^2 e^{a(2t+\tau)}\int_0^t e^{-2as}ds$$
$$= e^{a(2t+\tau)}\left[\mathcal{E}\{z_0^2\} + \frac{1}{a}Db^2(1-e^{-2at})\right] \tag{2.88}$$

となるから, $a = -\beta$, $b = \sqrt{\alpha\beta/D}$ とし, かつ $\mathcal{E}\{z_0^2\} = \alpha$ とすれば, $z(t)$-過程の相関関数は (2.84) 式で与えられる. (2.86) 式のようにして生成される $z(t)$-過程を白色雑音に対して**有色雑音** (colored noise) という. また見方を変えれば, (2.86) 式は与えられた相関関数 (2.84), あるいはパワースペクトル密度 (2.85) をもつ出力を生成する線形ダイナミクスであるとみることができる. これを**成形フィルタ** (shaping filter) と呼ぶ.

白色雑音は数学的な虚構であるにもかかわらず取り扱いやすいので, 確率システム理論の初期の発展期においては, 主としてこのモデルがシステムの不規則外乱として用いられてきた. 白色雑音を線形変換した過程が正規型確率過程となるとき, それを**正規性白色雑音** (white Gaussian noise) と呼ぶ.

さて, 正規性白色雑音と §2.9 で述べたウィーナ過程との間には

$$w(t) = \int_0^t \gamma(\tau)\,d\tau \tag{2.89}$$

という関係が成り立つ. 以下これを証明しよう.

$\theta(t)$ を, 平均が零, その相関関数が (2.84) 式で与えられる正規型確率過程, すなわち,

$$\mathcal{E}\{\theta(t)\} = 0, \quad \psi_\theta(\tau) = \alpha e^{-\beta|\tau|} \quad (\alpha,\,\beta > 0) \tag{2.90}$$

とし，これが純粋積分器を通過して得られる過程を

$$\eta(t) = \int_0^t \theta(\tau)\,d\tau \tag{2.91}$$

とする．まず，$2\alpha/\beta = 2D$ であることを示しておく．自己相関関数 $\psi_\theta(\tau)$ に対して

$$\int_{-\infty}^{\infty} \psi_\theta(\tau)\,d\tau = \int_{-\infty}^{\infty} \alpha e^{-\beta|\tau|}d\tau = \frac{2\alpha}{\beta}$$

であるから，$\alpha/\beta$ を一定に保ちつつ $\alpha,\ \beta \to \infty$ とすると $\psi_\theta(\tau)$ は大きさ $2\alpha/\beta$ をもつデルタ関数 $(2\alpha/\beta)\delta(\tau)$ になる．一方，$\gamma(t)$-過程の相関関数は $(2.72)_{\text{bis}}$ 式により与えられることから，$2\alpha/\beta = 2D$，すなわち，

$$D = \frac{\alpha}{\beta} \tag{2.92}$$

の関係が成り立つ．したがって，$\alpha/\beta\ (= D)$ を一定に保ちながら $\alpha,\ \beta \to \infty$ とすると，$\theta(t)$-過程は正規性白色雑音 $\gamma(t)$ になる．それでは，$\eta(t)$-過程はそのような極限操作によって，果たしてウィーナ過程 $w(t)$ になるであろうか？

$\eta(t)$-過程の平均値と相関関数はつぎのようになる．

$$\mathcal{E}\{\eta(t)\} = \int_0^t \mathcal{E}\{\theta(\tau)\}\,d\tau = 0 \tag{2.93}$$

$$\begin{aligned}
\mathcal{E}\{\eta^2(t)\} &= \int_0^t \int_0^t \mathcal{E}\{\theta(\tau_1)\theta(\tau_2)\}\,d\tau_1 d\tau_2 \\
&= \int_0^t \int_0^t \alpha\, e^{-\beta|\tau_1-\tau_2|}\,d\tau_1 d\tau_2 \\
&= 2\int_0^t \int_0^{\tau_1} \alpha\, e^{-\beta|\tau_1-\tau_2|}\,d\tau_2 d\tau_1 \\
&= 2\alpha \int_0^t \frac{1}{\beta}\left(1 - e^{-\beta\tau_1}\right)d\tau_1 \\
&= 2D \left\{ t - \frac{1}{\beta}\left(1 - e^{-\beta t}\right) \right\}
\end{aligned} \tag{2.94}$$

よって

$$\lim_{\substack{\alpha,\beta\to\infty \\ \alpha/\beta=\text{const.}}} \mathcal{E}\{\eta^2(t)\} = 2Dt \tag{2.95}$$

を得る．$\theta(t)$ の分布を正規型と仮定していることから，線形演算を経過した $\eta(t)$-過程も正規型である．また，初期値 $\eta(0)$ は (2.90) 式の定義より確率 1 で零となるこ

とは明らか.これらの考察により,(2.91) 式で与えられる $\eta(t)$-過程は $\alpha,\ \beta \to \infty$ の極限ではウィーナ過程 $w(t)$ に収束することがわかる.すなわち,極限演算の後,(2.91) 式は (2.89) 式になる.

以上により,正規性白色雑音 $\gamma(t)$ とウィーナ過程 $w(t)$ との間には (2.89) 式のような簡単な関係式が成り立ち,$w(t)$ は正規性白色雑音 $\gamma(t)$ の積分により与えられることがわかった.これより

$$\frac{dw(t)}{dt} = \gamma(t) \quad (\text{wrong!!})$$

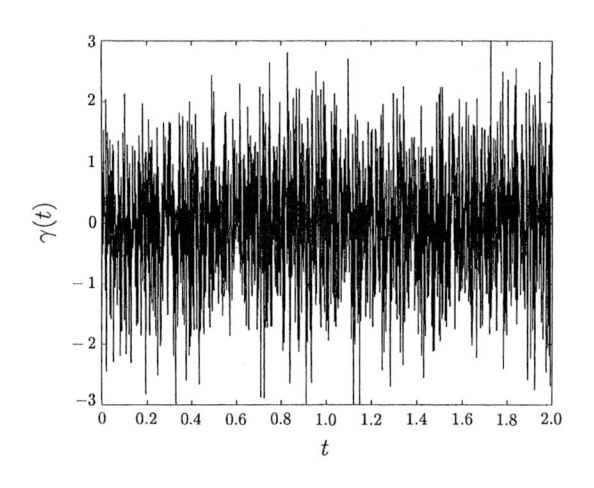

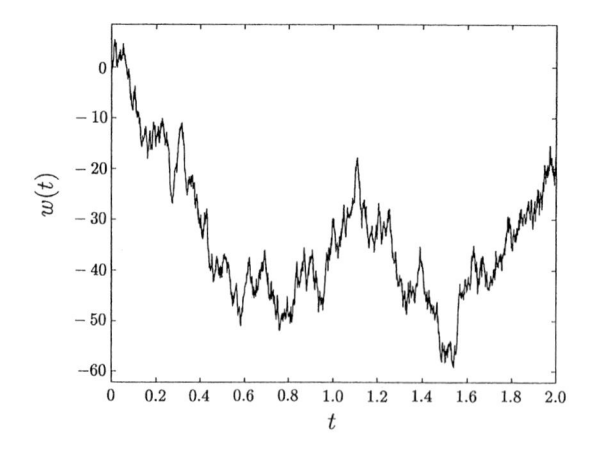

図 **2.7** 正規性白色雑音 $\gamma(t)$ とウィーナ過程 $w(t)$ の見本過程

## 2.10 白色雑音

という微分関係が成り立つように思われるが, §2.9 において述べたように, ウィーナ過程はいたるところで確率 1 で微分不可能であるから, $dw(t)/dt$ という微分値は存在しえない. しかし, $w(t)$ の増分 $dw(t)$ は存在するから, 上式に代わって

$$dw(t) = \gamma(t)dt \tag{2.96}$$

は成り立つので留意されたい.

(2.95) 式より, ウィーナ過程 $w(t)$ の分散パラメータ $\sigma^2$ ((2.57) 式) と白色雑音 $\gamma(t)$ の相関関数の係数 $2D$ との間には

$$\sigma^2 = 2D \tag{2.97}$$

の関係があることがわかる. 係数 $D$ が (2.83) 式で与えられるような物理的意味をもつことから, ウィーナ過程の分散パラメータ $\sigma^2$ の意味が明確になった.

図 2.7 に正規性白色雑音 $\gamma(t)$ とウィーナ過程 $w(t)$ の見本過程を示した.

**例 2.2** 形式的には, ウィーナ過程の微分が白色雑音, すなわち $\dot{w}(t) = \gamma(t)$ であると考えてもよい. このことを示そう.

ウィーナ過程 $\{w(t), 0 \leq t < \infty\}$ の共分散は $r_w(t, \tau) = \sigma^2 \min(t, \tau)$ であり, また形式的な微分 $\{\dot{w}(t), 0 \leq t < \infty\}$ のそれは $r_{\dot{w}}(t, \tau) = \mathcal{E}\{\dot{w}(t)\dot{w}(\tau)\} - \mathcal{E}\{\dot{w}(t)\}\mathcal{E}\{\dot{w}(\tau)\}$ で与えられるが, ここで

$$\begin{aligned}
\mathcal{E}\{\dot{w}(t)\dot{w}(\tau)\} &= \lim_{h,h' \to 0} \mathcal{E}\left\{\frac{w(t+h)-w(t)}{h} \frac{w(\tau+h')-w(\tau)}{h'}\right\} \\
&= \lim_{h,h' \to 0} \frac{1}{hh'}\{[\psi_w(t+h, \tau+h') - \psi_w(t, \tau+h')] \\
&\qquad\qquad\qquad - [\psi_w(t+h, \tau) - \psi_w(t, \tau)]\} \\
&= \frac{\partial^2 \psi_w(t, \tau)}{\partial t \partial \tau} \\
\mathcal{E}\{\dot{w}(t)\} &= \lim_{h \to 0} \mathcal{E}\left\{\frac{w(t+h)-w(t)}{h}\right\} = \frac{\partial}{\partial t}\mathcal{E}\{w(t)\}
\end{aligned}$$

であるから

$$\begin{aligned}
r_{\dot{w}}(t, \tau) &= \frac{\partial^2 \psi_w(t, \tau)}{\partial t \partial \tau} - \frac{\partial^2 \mathcal{E}\{w(t)\}\mathcal{E}\{w(\tau)\}}{\partial t \partial \tau} \\
&= \frac{\partial^2}{\partial t \partial \tau}[\psi_w(t, \tau) - \mathcal{E}\{w(t)\}\mathcal{E}\{w(\tau)\}] \\
&= \frac{\partial^2}{\partial t \partial \tau} r_w(t, \tau) = \sigma^2 \frac{\partial^2}{\partial \tau \partial t} \min(t, \tau)
\end{aligned}$$

となる．ところで，$\min(t,\tau) = \tau\ (\tau < t),\ = t\ (\tau > t)$ であるから

$$\frac{\partial}{\partial t}\min(t,\tau) = \begin{cases} 0 & (\tau < t) \\ 1 & (\tau > t) \end{cases}$$

は ($\tau$ についての) ヘビサイド (Heaviside) の単位階段関数であり，その微分はデルタ関数 $\delta(t-\tau)$ となる．したがって

$$r_{\dot{w}}(t,\tau) = \sigma^2 \delta(t-\tau)$$

すなわち，ウィーナ過程の (形式的) 微分は白色雑音になる．


## 演 習 問 題

**2.1** 二つのベクトル確率過程 $x(t)$ と $y(t)$ とが互いに無相関であれば

$$\mathcal{E}\{x(t)y^T(\tau)\} = m_x(t)m_y^T(\tau)$$

であることを示せ．

**2.2** $a$ と $\lambda$ を一定値とする過程

$$x(t) = a\,\cos(\lambda t + \theta(\omega))$$

において，$\theta(\omega)$ は区間 $[0, 2\pi]$ で一様分布する確率変数である．このとき，この過程は弱定常過程であることを示せ．

**2.3** 平均値が零で自己相関関数が

$$\psi(\tau) = e^{-\alpha|\tau|} \quad (\alpha > 0)$$

で与えられる確率過程は，平均値に関してエルゴード的であるか．

**2.4** $\psi(\tau)$ に関する性質 (ii), (iii) (§ 2.6) が成り立つことを証明せよ．

**2.5** (2.49) 式で定義される特性関数 $\varphi_z(\mu) = \mathcal{E}\{\exp(j\mu z)\}$ に対して
 (i) $\varphi_z(\mu) = \exp\left(j\mu m_z - \frac{1}{2}\mu^2 \sigma_z^2\right)$
 (ii) $|\varphi_z(\mu)| \leq 1$
 (iii) $\mathcal{E}\{z^k\} = \dfrac{1}{j^k}\dfrac{d^k}{d\mu^k}\varphi_z(0) \quad (k = 1, 2, \cdots)$

であることを示せ．

**2.6** 確率過程 $\{x(t)\}$ が独立増分をもつとき，それはマルコフ過程であることを示せ．

**2.7** (2.84), (2.85) 式において，$\alpha, \beta \to \infty$ (ただし，$\alpha/\beta = \text{const.}$) のとき，$\psi_z(\tau) \to 2D\delta(\tau),\ S_z(\lambda) \to 2D$ となることを示せ．

# 3

## 確率過程に対する演算法

> Only mathematicians can read "musical scores" containing many numerical formulae, and play that "music" in their hearts... Stochastic differential equations, called "Itô Formula," are currently in wide use for describing phenomena of random functions over time. When I first set forth stochastic differential equations, however, my paper did not attract attention. It was over ten years after my paper that other mathematicians began reading my "musical scores" and playing "music" with their "instruments." By developing my "original musical scores" into more elaborate "music," these researchers have continued greatly to developing "Itô Formula." In recent years, I find that my "music" is played in various fields, in addition to mathematics.
>
> —— Kiyoshi Itô: My Sixty Years in Studies of Probability Theory, Abstract of the 1998 Kyoto Prize Commemorative Lecture, The Inamori Foundation, 1998.

前章では,主として確率分布という観点から確率過程を述べた.本章では,不規則な挙動を示す確率過程に対する連続性や微分可能性といった性質を調べる,数学的な演算に的を絞ってみてみよう.

### 3.1 数 学 的 準 備

確率変数 $x_1$, $x_2$, $\cdots$ がそれぞれ有限な 2 次モーメント $\mathcal{E}\{x_1{}^2\}$, $\mathcal{E}\{x_2{}^2\}$, $\cdots$ ($\mathcal{E}\{x_i{}^2\} < \infty$, $i = 1, 2, \cdots$) をもつならば,それらは **2 次確率変数**(second-order random variables) と呼ぶ.シュヴァルツの不等式 (付録 A. 4) 参照) より

$$[\mathcal{E}\{|\,x_1 x_2\,|\}]^2 \leq \mathcal{E}\{x_1{}^2\}\,\mathcal{E}\{x_2{}^2\} < \infty \tag{3.1}$$

であるから,

$$\mathcal{E}\{(x_1 + x_2)^2\} < \infty, \quad \mathcal{E}\{(cx_1)^2\} = c^2\,\mathcal{E}\{x_1{}^2\} < \infty \tag{3.2}$$

が成り立つ ($c$ は実定数). したがって, 2 次確率変数は確率空間上で線形ベクトル空間 (linear vector space) を構成する.

確率過程 $\{x(t), t \in T\}$ は, $\mathcal{E}\{|x(t)|^2\} < \infty\ (t \in T)$ であるなら, **2 次確率過程** (second-order stochastic process) と呼ばれる. したがって, §2.10 で述べた白色雑音過程は無限大の分散をもつから, 2 次確率過程ではない.

## 3.2 確率変数列の収束

$\{x_n(\omega), n = 1, 2, \cdots\}$ を (スカラ) 確率変数列とする. このとき, $x_n$ がある値 $x$ に収束する仕方には主としてつぎの三つがある.

(i) 変数列 $\{x_n(\omega)\}$ は, もしすべての $\omega \in \Omega$ に対して

$$\lim_{n \to \infty} x_n(\omega) = x \tag{3.3}$$

となるならば, 確率 1 で (with probability one, w.p.1) $x$ に収束するといい,

$$\lim_{n \to \infty} x_n = x \quad \text{(w.p.1)} \tag{3.4}$$

と表記する.

(ii) $\{x_n(\omega)\}$ は, もしすべての $\varepsilon > 0$ に対して

$$\lim_{n \to \infty} \Pr\{|x_n(\omega) - x| \geq \varepsilon\} = 0 \tag{3.5}$$

となるならば, 確率的に (in probability) $x$ に収束するといい,

$$p\text{-}\lim_{n \to \infty} x_n = x \tag{3.6}$$

と表記する.

(iii) $\{x_n(\omega)\}$ は, もしすべての $n$ に対して $\mathcal{E}\{|x_n|^2\} < \infty$ であり, また $\mathcal{E}\{|x|^2\} < \infty$ で

$$\lim_{n \to \infty} \mathcal{E}\{|x_n - x|^2\} = 0 \tag{3.7}$$

となるならば, 自乗平均で (in mean square) $x$ に収束するといい,

$$\underset{n \to \infty}{\text{l.i.m.}}\, x_n = x \tag{3.8}$$

と表記する. 収束値 $x$ を $\{x_n\}$ の自乗平均収束値 (limit in the mean, mean square limit) と呼ぶ.

(i), (ii) および (iii) はそれぞれ, **概収束** (almost sure covergence) あるいは**確率 1 での収束** (convergence w.p.1), **確率収束** (convergence in probability), **自乗平均収束** (mean square convergence) という. (3.8) 式の l.i.m. は limit in the mean(-square) を意味する演算記号である. これらの間の成立関係については, (i) ⇒ (ii) あるいは (iii) ⇒ (ii) はいえるが, (i) と (iii) との間の関係については, 一般的には何もいえない.

(iii) ⇒ (ii) はつぎのようにして証明できる. チェビシェフの不等式 (付録 A. 3) 参照) を用いると

$$\Pr\{|x_n(\omega) - x| \geq \varepsilon\} \leq \frac{1}{\varepsilon^2}\mathcal{E}\{|x_n(\omega) - x|^2\} \longrightarrow 0 \quad (n \to \infty) \qquad (3.9)$$

となるから, (iii) が成り立てば (ii) が成り立つ.

概収束と確率収束は, 自乗平均収束に比べると一般にそれらの証明は難しい. 本書では主として自乗平均収束を用いる. 変数列 $\{x_n(\omega)\}$ の自乗平均収束に対する必要十分条件は, コーシーの収束判定条件 (Cauchy criterion)

$$\lim_{n,\,m \to \infty} \mathcal{E}\{|x_n - x_m|^2\} = 0 \qquad (3.10)$$

が成り立つことである. 必要性は

$$|x_n - x_m|^2 = |(x_n - x) + (x - x_m)|^2$$
$$\leq 2|x_n - x|^2 + 2|x - x_m|^2$$

より容易に証明できるが, 十分性についての厳密な証明は本書の程度を越えるので述べない.

### 自乗平均収束に関する性質

以下では, $\{x_n(\omega)\}$, $\{y_n(\omega)\}$, $\{z_n(\omega)\}$ $(\omega \in \Omega)$ は確率変数列であり, $x = \text{l.i.m.}_{n \to \infty} x_n$, $y = \text{l.i.m.}_{n \to \infty} y_n$, $z = \text{l.i.m.}_{n \to \infty} z_n$ とし $a, b$ は定数である.

1) $\displaystyle \lim_{n \to \infty}\,(ax_n + by_n) = ax + by$ 　　(l.i.m. は線形演算)

2) $\displaystyle \lim_{n \to \infty} \mathcal{E}\{x_n\} = \mathcal{E}\left\{\lim_{n \to \infty} x_n\right\} = \mathcal{E}\{x\}$
 　　($\mathcal{E}$ と l.i.m. の演算は互いに交換可能)

3) $\displaystyle \lim_{n,\,m \to \infty} \mathcal{E}\{x_n y_m\} = \mathcal{E}\{xy\}$

特別な場合として,
$$\lim_{n\to\infty} \mathcal{E}\{x_n{}^2\} = \mathcal{E}\{x^2\}$$

4) $\mathcal{E}\{x_n y_n\} = \mathcal{E}\{z_n\}$ ならば, $\mathcal{E}\{xy\} = \mathcal{E}\{z\}$

証明はそれぞれつぎのように行える.

1) $\mathcal{E}\{|ax_n + by_n - ax - by|^2\} = \mathcal{E}\{|a(x_n - x) + b(y_n - y)|^2\}$
$\leq 4a^2 \mathcal{E}\{|x_n - x|^2\} + 4b^2 \mathcal{E}\{|y_n - y|^2\} \longrightarrow 0 \ (n \to \infty)$
(不等式については付録 (A.1) 式参照)

2) $\mathcal{E}\{x_n - x\} \to 0 \ (n \to \infty)$ となることを示せばよい. ところで, シュヴァルツの不等式 (付録 A. 4) 参照) より
$$|\mathcal{E}\{x_n - x\}|^2 \leq \mathcal{E}\{|x_n - x|^2\} \longrightarrow 0 \ (n \to \infty)$$
が得られる.

3) $|\mathcal{E}\{x_n y_m\} - \mathcal{E}\{xy\}|$
$= |\mathcal{E}\{(y_m - y)x + (x_n - x)y + (x_n - x)(y_m - y)\}|$
$\leq |\mathcal{E}\{(y_m - y)x\}| + |\mathcal{E}\{(x_n - x)y\}| + |\mathcal{E}\{(x_n - x)(y_m - y)\}|$

最右辺のそれぞれの項にシュヴァルツの不等式を適用して $n, m \to \infty$ とすれば, 3) が証明される.

4) 2) と 3) を用いることによって
$$\mathcal{E}\{z\} = \lim_{n\to\infty} \mathcal{E}\{z_n\} = \lim_{n\to\infty} \mathcal{E}\{x_n y_n\} = \mathcal{E}\{xy\}$$
を得る.

自乗平均の極限値は唯一である. すなわち, $\{x_n\}$ が $y$ または $z$ に自乗平均収束するものとすると, $y$ と $z$ とは確率的に等価, すなわち $\Pr\{y = z\} = 1$ である. $y = \text{l.i.m.} \ x_n, z = \text{l.i.m.} \ x_n$ であるから

$\mathcal{E}\{|y - z|^2\} = \mathcal{E}\{|(y - x_n) + (x_n - z)|^2\}$
$\leq 2\mathcal{E}\{|y - x_n|^2\} + 2\mathcal{E}\{|x_n - z|^2\} \longrightarrow 0 \ (n \to \infty)$

すなわち, $\mathcal{E}\{|y-z|^2\} = 0$ を得る. よってチェビシェフの不等式を用いることにより

$$\Pr\{|y-z| > \varepsilon\} \leq \frac{1}{\varepsilon^2}\mathcal{E}\{|y-z|^2\} = 0$$

が任意の $\varepsilon\,(>0)$ に対して成り立つから, $\Pr\{y=z\} = 1$ がいえる.

**例 3.1** $\{y_k, k = 1, 2, \cdots\}$ はすべての $k$ に対して互いに独立で平均値が零, 分散が $\sigma^2$ である同一分布をもつ (independently and identically distributed, i.i.d.) 確率変数とする. このとき

$$x_N = \frac{1}{N}\sum_{k=1}^{N} y_k$$

は零に自乗平均収束する.

まず, $\{x_N\}$ が何らかの値に自乗平均収束することを示す. このことについては (3.10) 式が成り立つことをいえばよい. $\mathcal{E}\{(\sum_k^N y_k)(\sum_i^M y_i)\} = \sum_k^{\min(N,M)}\mathcal{E}\{y_k^2\} = \sigma^2 \min(N, M)$ であるから,

$$\mathcal{E}\{|x_N - x_M|^2\} = \mathcal{E}\{x_N{}^2 - 2x_N x_M + x_M{}^2\}$$
$$= \sigma^2\left\{\frac{1}{N} + \frac{1}{M} - 2\frac{1}{\max(N,M)}\right\} \longrightarrow 0 \ (N, M \to \infty)$$

つぎに収束値が零, すなわち $\mathrm{l.i.m.}\,x_N = 0$ となることを示す.

$$\mathcal{E}\{x_N{}^2\} = \frac{1}{N}\sigma^2 \longrightarrow 0 \ (N \to \infty)$$

であるから, $\mathcal{E}\{|x_N - 0|^2\} = \mathcal{E}\{x_N{}^2\} \to 0\ (N \to \infty)$ がいえる.

## 3.3 確率過程の連続性

前節で述べた確率変数列の収束の概念は, 確率過程に対しても当然拡張できる. 本節ではそれらの概念に基づいた確率過程の連続性について述べる.

$\{x(t,\omega),\, t \in T,\, \omega \in \Omega\}$ をスカラ 2 次確率過程とする. このとき, シュヴァルツの不等式により, $\mathcal{E}\{|x|\} \leq [\mathcal{E}\{|x|^2\}]^{\frac{1}{2}} < \infty$ であるから, 平均値 $m(t) = \mathcal{E}\{x(t,\omega)\}$ の存在は保証される. さらに, 同様にして自己相関関数 $\psi(t,\tau) = \mathcal{E}\{x(t,\omega)x(\tau,\omega)\}$ の存在も保証される.

さて, 確率過程 $\{x(t)\}$ は

(a) もし, すべての $t$ に対して

$$\lim_{h \to 0} \mathcal{E}\{|\,x(t+h) - x(t)\,|^2\} = 0 \tag{3.11}$$

ならば, **自乗平均連続** (continuous in mean square) である.

(b) もし, すべての $t$ と $\varepsilon > 0$ に対して

$$\lim_{h \to 0} \Pr\{|\,x(t+h) - x(t)\,| > \varepsilon\} = 0 \tag{3.12}$$

ならば, **確率連続** (continuous in probability) である.

(c) もし, すべての $t$ に対して

$$\Pr\left\{\lim_{h \to 0} x(t+h) = x(t)\right\} = 1 \tag{3.13}$$

ならば, **確率 1 で連続** (continuous w.p.1, continuous almost surely [a.s.]) である.

という. (b) の確率連続性については, すでに §2.9 のウィーナ過程の性質のところで述べている. (3.11) 式は

$$\underset{h \to 0}{\text{l.i.m.}}\, x(t+h) = x(t) \tag{3.14}$$

とも表記される.

チェビシェフの不等式を用いると $(\varepsilon > 0)$

$$\Pr\{|\,x(t+h) - x(t)\,| > \varepsilon\} \leq \frac{1}{\varepsilon^2} \mathcal{E}\{|\,x(t+h) - x(t)\,|^2\} \tag{3.15}$$

が成り立つから, 自乗平均連続ならば確率連続であることが必然的にいえる. ウィーナ過程 $\{w(t)\}$ が自乗平均連続であることは,

$$\mathcal{E}\{|\,w(t+h) - w(t)\,|^2\} = \sigma^2 h \longrightarrow 0 \quad (h \to 0) \tag{3.16}$$

となることから容易にわかる.

自乗平均連続かどうかの判定については, つぎの定理が成り立つ.

**定理 3.1** (自乗平均連続の判定定理)
2 次確率過程 $\{x(t),\, t \in T\}$ は, その自己相関関数 $\psi(t, \tau)$ が $(t, t)$ において連続であるとき, かつそのときに限り $t$ において自乗平均連続である. ◁

証明: $\psi(t,\tau)$ が $(t,t)$ において連続ならば, そのとき

$$\mathcal{E}\{|x(t+h)-x(t)|^2\}$$
$$= \psi(t+h,t+h) - \psi(t+h,t) - \psi(t,t+h) + \psi(t,t)$$
$$= [\psi(t+h,t+h) - \psi(t,t)] - [\psi(t+h,t) - \psi(t,t)]$$
$$\quad - [\psi(t,t+h) - \psi(t,t)] \longrightarrow 0 \quad (h \to 0)$$

となる. 逆に, $x(t)$ が $t$ において自乗平均連続ならば

$$\psi(t+h, t+h') - \psi(t,t) = \mathcal{E}\{x(t+h)x(t+h')\} - \mathcal{E}\{x^2(t)\}$$
$$= \mathcal{E}\{[x(t+h) - x(t)]x(t+h')\} + \mathcal{E}\{x(t)[x(t+h') - x(t)]\}$$

であるから, シュヴァルツの不等式を適用すると

$$|\psi(t+h, t+h') - \psi(t,t)|$$
$$\leq [\mathcal{E}\{|x(t+h) - x(t)|^2\}\mathcal{E}\{|x(t+h')|^2\}]^{\frac{1}{2}}$$
$$\quad + [\mathcal{E}\{|x(t)|^2\}\mathcal{E}\{|x(t+h') - x(t)|^2\}]^{\frac{1}{2}} \longrightarrow 0 \quad (h, h' \to 0)$$

となるから, $\psi(t,\tau)$ は $(t,t)$ において連続である. (Q.E.D.)

2次確率過程 $\{x(t)\}$ が弱定常ならば,

$$\psi(\tau) = \psi(t,s) = \psi(t-s) \qquad (\tau = |t-s|)$$

が $\tau = 0$ で連続であるとき, かつそのときに限り $x(t)$ は自乗平均連続である (P: 3.1).

## 3.4 自乗平均微分

前節で述べた自乗平均連続の概念から, 確率過程の微分に関する概念が得られる. 2次確率過程 $\{x(t), t \in T\}$ は, $t$ において極限値

$$\underset{h \to 0}{\text{l.i.m.}} \frac{x(t+h) - x(t)}{h} = \frac{dx(t)}{dt} = \dot{x}(t) \tag{3.17}$$

が存在するならば, 自乗平均微分可能 (mean square differentiable) であるといい, その極限値 $\dot{x}(t)$ を自乗平均微分値 (mean square derivative) という.

自乗平均微分可能ならば自乗平均連続であるが, その逆は必ずしも成り立たない.

**定理 3.2** (自乗平均微分可能性の判定定理)

$x(t)$ が $t \in T$ において自乗平均微分可能であるための必要十分条件は,自己相関関数 $\psi(t,\tau)$ の 2 階偏微分値 $\partial^2 \psi(t,\tau)/\partial t \partial \tau$ が $(t,t)$ において存在することである. ◁

証明: コーシーの収束判定規範 (§3.2) より

$$\mathcal{E}\left\{\left|\frac{x(t+h)-x(t)}{h} - \frac{x(t+h')-x(t)}{h'}\right|^2\right\} \longrightarrow 0 \quad (h, h' \to 0) \quad (3.18)$$

がいえればよい. ところで

$$\mathcal{E}\left\{\frac{x(t+h)-x(t)}{h}\frac{x(t+h')-x(t)}{h'}\right\}$$
$$= \frac{1}{hh'}\{[\psi(t+h,t+h') - \psi(t+h,t)] - [\psi(t,t+h') - \psi(t,t)]\}$$
$$\longrightarrow \frac{\partial^2 \psi(t,t)}{\partial t \partial \tau} \quad (3.19)$$

であるから, $\partial^2\psi(t,t)/\partial t \partial \tau$ が存在すれば, (3.18) 式左辺は $h, h' \to 0$ のとき零に収束する. (3.19) 式の極限値の存在は $x(t)$ の自乗平均微分可能性により保証される. すなわち, §3.2 の 3) の性質を用いることにより

$$\lim_{h,h' \to 0} \mathcal{E}\left\{\frac{x(t+h)-x(t)}{h}\frac{x(t+h')-x(t)}{h'}\right\} = \mathcal{E}\{\dot{x}(t)\dot{x}(t)\} \quad (3.20)$$

であるから, (3.19), (3.20) 式より $\partial^2\psi(t,t)/\partial t \partial \tau$ の存在は明らか. (Q.E.D.)

自乗平均微分に関するいくつかの性質を以下に述べる.

1) $x(t)$ が $t \in T$ において自乗平均微分可能ならば, $t$ において自乗平均連続である (P: 3.2).

2) 自乗平均微分値 $\dot{x}(t)$ は $t \in T$ において存在するならば, それは唯一である. これは自乗平均収束の唯一性 (§3.2) から明らかである.

3) $x(t), y(t)$ がそれぞれ $t \in T$ において自乗平均微分可能ならば, その線形和 $ax(t) + by(t)$ の自乗平均微分値も $t$ において存在し, それは

$$\frac{d}{dt}[ax(t) + by(t)] = a\dot{x}(t) + b\dot{y}(t) \quad (3.21)$$

($a, b$ は定数) である (P: 3.3).

4) $a(t)$ を確定関数, $x(t)$ を自乗平均微分可能な 2 次確率過程とすると, $a(t)x(t)$ は自乗平均微分可能でその値は

$$\frac{d}{dt}[a(t)x(t)] = \dot{a}(t)x(t) + a(t)\dot{x}(t) \tag{3.22}$$

で与えられる.

5) $x(t)$ が $t \in T$ において $n$ 回自乗平均微分可能ならば, これらの自乗平均微分値の期待値は存在し, それは

$$\mathcal{E}\left\{\frac{d^n x(t)}{dt^n}\right\} = \frac{d^n}{dt^n}\mathcal{E}\{x(t)\} \tag{3.23}$$

によって与えられる.

まず, $n = 1$ の場合には

$$\begin{aligned}\mathcal{E}\{\dot{x}(t)\} &= \mathcal{E}\left\{\underset{h\to 0}{\text{l.i.m.}} \frac{x(t+h) - x(t)}{h}\right\} \\ &= \lim_{h\to 0} \mathcal{E}\left\{\frac{x(t+h) - x(t)}{h}\right\} \\ &= \lim_{h\to 0} \frac{\mathcal{E}\{x(t+h)\} - \mathcal{E}\{x(t)\}}{h} - \frac{d}{dt}\mathcal{E}\{x(t)\} \end{aligned} \tag{3.24}$$

ここで, "$\mathcal{E}$" と "l.i.m." の演算の可換性 (§3.2 の 2)) を用いた. したがって, 高階微分に関する (3.23) 式は (3.24) 式の計算を繰り返すことにより得られる.

$x(t)$ が弱定常の場合には, 平均値 $\mathcal{E}\{x(t)\}$ が定数であることから, $\mathcal{E}\{d^n x(t)/dt^n\} = 0$ であることに留意されたい.

6) $x(t)$ が $t \in T$ において $n$ 回自乗平均微分可能ならば,

$$\mathcal{E}\{x^{(n)}(t)\, x^{(m)}(s)\} = \frac{\partial^{n+m}\psi(t,s)}{\partial t^n\, \partial s^m} \tag{3.25}$$

ただし, $x^{(n)}(t) := d^n x(t)/dt^n$.

$n = m = 1$ の場合のみ証明する. このとき,

$$\begin{aligned}
\mathcal{E}\{\dot{x}(t)\dot{x}(s)\} &= \mathcal{E}\left\{\underset{h,\,h'\to 0}{\text{l.i.m.}} \frac{x(t+h)-x(t)}{h} \frac{x(s+h')-x(s)}{h'}\right\} \\
&= \lim_{h,\,h'\to 0} \frac{1}{h} \mathcal{E}\left\{\frac{x(t+h)x(s+h')-x(t+h)x(s)}{h'}\right. \\
&\qquad\qquad\qquad \left. - \frac{x(t)x(s+h')-x(t)x(s)}{h'}\right\} \\
&= \lim_{h\to 0} \frac{1}{h} \lim_{h'\to 0} \left\{\frac{\psi(t+h,s+h')-\psi(t+h,s)}{h'}\right. \\
&\qquad\qquad\qquad \left. - \frac{\psi(t,s+h')-\psi(t,s)}{h'}\right\} \\
&= \lim_{h\to 0} \frac{1}{h}\left[\frac{\partial \psi(t+h,s)}{\partial s} - \frac{\partial \psi(t,s)}{\partial s}\right] = \frac{\partial^2 \psi(t,s)}{\partial t\,\partial s} \qquad (3.26)
\end{aligned}$$

となる.

## 3.5 自乗平均積分

時間区間 $[0,t]$ を $N$ 分割し, $0 = t_0 < t_1 < t_2 < \cdots < t_N = t$, $\delta_N = \max_k (t_k - t_{k-1})$ とする. $x(t)$ を2次確率過程, $g(\cdot)$ を確定関数とすると積分和

$$S_N = \sum_{k=1}^{N} g(\tau_k) x(\tau_k)(t_k - t_{k-1}), \qquad \tau_k \in [t_{k-1}, t_k] \qquad (3.27)$$

はその自乗平均収束値

$$\underset{\substack{N\to\infty\\\delta_N\to 0}}{\text{l.i.m.}} S_N = y(t) \qquad (3.28)$$

が存在するとき, $y(t)$ は $g(\tau)x(\tau)$ の自乗平均リーマン積分 (mean square Riemann integral) といい, それを

$$y(t) = \int_0^t g(\tau) x(\tau) d\tau \qquad (3.29)$$

と表記する.

**定理 3.3** (自乗平均積分値の存在)

(3.29) 式で定義される確率過程 $y(t)$ は, つぎのリーマン2重積分

$$\int_0^t \int_0^t g(\tau_1) g(\tau_2) \psi(\tau_1, \tau_2) d\tau_1 d\tau_2 \qquad (3.30)$$

が存在するとき,かつそのときに限り存在する. ◁

**例 3.2** 分散パラメータ $\sigma^2$ をもつウィーナ過程 $\{w(t), t \geq 0\}$ の積分

$$y(t) = \int_0^t w(s)ds$$

は自乗平均の意味で存在するかどうか調べてみよう.

$$\int_0^t \int_0^t \mathcal{E}\{w(\tau_1)w(\tau_2)\}d\tau_1 d\tau_2 = \int_0^t \int_0^t \sigma^2 \min(\tau_1, \tau_2) d\tau_1 d\tau_2$$
$$= \sigma^2 \int_0^t \left[\int_0^{\tau_2} \tau_1 d\tau_1 + \int_{\tau_2}^t \tau_2 d\tau_1\right] d\tau_2$$
$$= \sigma^2 \int_0^t \left(\tau_2 t - \frac{1}{2}\tau_2^2\right) d\tau_2$$
$$= \frac{1}{3}\sigma^2 t^3 < \infty$$

であるから,定理 3.3 により $y(t)$ はすべての $t\ (<\infty)$ に対して存在する.

### 演 習 問 題

**3.1** 弱定常2次確率過程 $\{x(t), t \in T\}$ が,$t$ において自乗平均連続であるための必要十分条件は,自己相関関数 $\psi(\tau)$ が $\tau = 0$ で連続であることである.このことを示せ.

**3.2** 2次確率過程 $\{x(t), t \in T\}$ は,$t \in T$ において自乗平均微分可能ならば,そのとき自乗平均連続であることを示せ.

**3.3** 2次確率過程 $x(t), y(t)$ がそれぞれ自乗平均微分可能ならば,$ax(t) + by(t)$ の自乗平均微分値も存在し,それは $a\dot{x}(t) + b\dot{y}(t)$ で与えられることを示せ ($a, b$ は定数).

# 4

# 確率微分方程式

" ...What do you think you would see?"
"Evolution is a stochastic process. There are just too many possibilities to make reasonable predictions about what life elsewhere might be like."

—— Carl Sagan: *Contact*, Part II, Chap.14, 1985.

## 4.1 確率微分方程式とは？

有限次元のシステムが不規則雑音によって記述される外乱をうけているとき，そのシステムの方程式は，$x(t,\omega)$ を $n$ 次元状態量ベクトル，$\gamma(t,\omega)$ を $d$ 次元のベクトル不規則雑音過程とすると，一般的に

$$\frac{dx(t,\omega)}{dt} = f[t, x(t,\omega), \gamma(t,\omega)] \quad (t \geq t_0) \tag{4.1}$$

と表される．ここで，$f(\cdot,\cdot,\cdot)$ は $n$ 次元ベクトル値 (非線形) 関数である．このようなシステムは不規則雑音 $\gamma(t,\omega)$ をその式中に含むことから，**動的確率システム** (stochastic dynamical system) と呼ばれ，$\gamma(t,\omega)$ を不規則外力あるいは入力 (random forcing [input] function) という．(4.1) 式の初期値は固定された値，あるいはある分布をもつ確率変数 $x_0(\omega)$ であってもよい．関数 $f$ と $\{\gamma(t,\omega)\}$ が適当な条件を満たすならば，積分 $\int_0^t \dot{x}(\tau,\omega)d\tau$ は存在し，(4.1) 式より

$$x(t,\omega) - x(t_0,\omega) = \int_{t_0}^{t} f[\tau, x(\tau,\omega), \gamma(\tau,\omega)]d\tau \tag{4.2}$$

を得る．

(4.1) 式の特別な場合として，つぎのような微分方程式を工学上よく見受ける．

$$\frac{dx(t,\omega)}{dt} = f[t, x(t,\omega)] + G[t, x(t,\omega)]\gamma(t,\omega), \quad x(t_0,\omega) = x_0(\omega) \tag{4.3}$$

これは,動的システム $\dot{x}(t) = f[t, x(t)]$ に不規則雑音が加法的に加わった場合のシステムモデルの表現である.本書では主として (4.3) 式で表されるシステムを対象とする.以下では,$\gamma(t,\omega)$ を加法的正規性白色雑音 (additive white Gaussian noise) とし,$G(\cdot,\cdot)$ は $n \times d$-次元マトリクス値関数,また初期値 $x_0(\omega)$ は $\{\gamma(t,\omega)\}$ とは独立であるとする.

(4.3) 式のような微分方程式は §2.9 で現れており,そのような式をランジュヴァン方程式と呼ぶことはすでに述べた.$\gamma(t,\omega)$-過程は $(2.72)_{\text{bis}}$ (§2.10) で与えられるように,その自己相関関数は相対時間差 $\tau$ が $\tau = 0$ のとき無限大となって,もはやその積分値は通常の意味では存在しない.したがって,(4.3) 式の右辺第 2 項は (確率 1 で) 積分可能ではない.このことは,(4.3) 式の表現そのものがもはや何ら数学的な意味をもたないことを意味している.

ところが,形式的にではあるが白色雑音とウィーナ過程との関係 (§2.10)

$$\gamma(t,\omega) \sim \frac{dw(t,\omega)}{dt}$$

を思い出すと,(4.3) 式は

$$dx(t,\omega) = f[t, x(t,\omega)]dt + G[t, x(t,\omega)]dw(t,\omega) \tag{4.4}$$

と等価な表現とみることができる.(4.4) 式は差分表現による式であるから,これは

$$x(t,\omega) - x(t_0,\omega) = \int_{t_0}^{t} f[\tau, x(\tau,\omega)]d\tau + \int_{t_0}^{t} G[\tau, x(\tau,\omega)]dw(\tau,\omega) \tag{4.5}$$

という積分表現が数学的に定義できて初めて意味をもつ.

それでは,(4.5) 式の右辺第 2 項の積分をどのように定義すればよいのであろうか?

## 4.2 確 率 積 分

(4.5) 式に現れる

$$\int_{a}^{b} g(\tau,\omega)dw(t,\omega)$$

という形の積分は,$w(t,\omega)$ が有界変動でないウィーナ過程であることから,通常のリーマン・スティルチェス積分 (Riemann-Stieltjes integral) ではない.被積分

関数 $g(\cdot)$ が確定関数の場合には，1930 年にウィーナによって定義されウィーナ積分 (Wiener integral) と呼ばれる．しかし前節でみたように，実際には $g(\cdot)$ を確率関数と考えた方がより一般的であり，現実的でもある．そのような積分は，1944 年伊藤 清 (1915-)[1]によって厳密に定義され，伊藤確率積分と呼ばれている．本節では伊藤積分の定義とその性質について述べる．

$T = [a,b]$ とし，$\{w(t,\omega)\}$ を分散パラメータ $\sigma^2$ をもつ (スカラ) ウィーナ過程とする．確率関数 $g(t,\omega)$ は $T \times \Omega$ 上で定義されるものとし，$a = t_0 < t_1 < \cdots < t_N = b$ と分割する．

まず，階段関数

$$g(t,\omega) = \begin{cases} g_i(\omega) & t_i \leq t < t_{i+1} \\ 0 & \text{otherwise} \end{cases} \tag{4.6}$$

を考える．ただし，$g_i(\omega)$ はウィーナ過程の増分 $\{w(\tau,\omega) - w(t_{i+1},\omega)\}$ $(t_{i+1} \leq \tau \leq b)$ とは独立で，かつ $\mathcal{E}\{|g_i(\omega)|^2\} < \infty$ とする．このとき，伊藤積分は

$$\int_a^b g(t,\omega) dw(t,\omega) := \sum_{i=0}^{N-1} g_i(\omega)[w(t_{i+1},\omega) - w(t_i,\omega)] \tag{4.7}$$

によって定義される．

つぎに，$\{g^{(N)}(t,\omega)\}$ を $\int_a^b \mathcal{E}\{|g(t,\omega) - g^{(N)}(t,\omega)|^2\}dt \to 0$ $(N \to \infty)$ の意味で確率関数 $g(t,\omega)$ に自乗平均収束する階段関数列と考えると

$$\mathcal{E}\left\{\left|\int_a^b g(t,\omega)dw(t,\omega) - \int_a^b g^{(N)}(t,\omega)dw(t,\omega)\right|^2\right\}$$

$$= \mathcal{E}\left\{\left|\int_a^b \left[g(t,\omega) - g^{(N)}(t,\omega)\right] dw(t,\omega)\right|^2\right\}$$

$$= \mathcal{E}\left\{\left|\sum_{i=0}^{N-1} \left[g(t_i,\omega) - g_i^{(N)}(\omega)\right][w(t_{i+1},\omega) - w(t_i,\omega)]\right|^2\right\}$$

$$= \sigma^2 \sum_{i=0}^{N-1} \mathcal{E}\left\{\left|g(t_i,\omega) - g_i^{(N)}(\omega)\right|^2\right\}(t_{i+1} - t_i)$$

---

1 数学者．東京帝国大学卒業後，内閣統計局，名古屋帝国大学，京都大学，米国プリンストン高等研究所，デンマーク国オルフス大学，米国コーネル大学，京都大学数理解析研究所，学習院大学の教授等歴任．確率微分方程式の研究業績により，恩賜賞，学士院賞 (1978 年)，ウォルフ賞 (イスラエル政府，1987 年)，京都賞 (基礎科学部門，1998 年) 受賞．2003 年文化勲章受章．

## 4.2 確率積分

$$= \sigma^2 \int_a^b \mathcal{E}\left\{\left|\,g(t,\omega) - g^{(N)}(t,\omega)\,\right|^2\right\} dt \longrightarrow 0 \quad (N \to \infty) \tag{4.8}$$

すなわち,

$$\int_a^b g(t,\omega) dw(t,\omega) = \underset{N \to \infty}{\text{l.i.m.}} \int_a^b g^{(N)}(t,\omega) dw(t,\omega) \tag{4.9}$$

が成り立つ. これより, 自乗平均収束するような階段関数によって近似できる被積分関数 $g(t,\omega)$ をもつ (確率) 積分は, (4.9) 式のように自乗平均収束値として定義できる. ところで, $g(t,\omega)$ が $\int_a^b \mathcal{E}\{|g(t,\omega)|^2\} dt < \infty$ で, かつ $\{w(\tau,\omega) - w(t,\omega)\}$ ($t \leq \tau \leq b$) と独立であれば, それは一般に階段関数によって近似できることが示されている. そのような関数 $g(t,\omega)$ を被積分関数としてもつ積分 (4.9) を, **伊藤確率積分** (Itô stochastic integral) と呼ぶ.

上述の定義では, 自乗平均する階段関数によって確率積分が定義されたが, もう少し一般的にリーマン・スティルチェス和の自乗平均極限値として定義できる.

すべての $t \in T$ に対して, $g(t,\omega)$ は $\mathcal{E}\{|g(t,\omega)|^2\} < \infty$ を満たし, ウィーナ過程の増分 $\{w(\tau,\omega) - w(t_{i+1},\omega)\}$ ($t_{i+1} \leq \tau \leq b$) とは独立, さらに $T$ で自乗平均連続であるとすると, 伊藤確率積分はつぎのような自乗平均極限値に等しい. すなわち,

$$\underset{\substack{N \to \infty \\ \rho \to 0}}{\text{l.i.m.}} \sum_{i=0}^{N-1} g(t_i,\omega) [w(t_{i+1},\omega) - w(t_i,\omega)] = \int_a^b g(t,\omega) dw(t,\omega) \tag{4.10}$$

ただし, $\rho := \max_i (t_{i+1} - t_i)$ である.

証明はつぎのようにしてできる.

$$I = \int_a^b g(t,\omega) dw(t,\omega) - \sum_{i=0}^{N-1} g(t_i,\omega) [w(t_{i+1},\omega) - w(t_i,\omega)]$$

とおき, $\tau(t) = t_i$ ($t_i \leq t < t_{i+1}$) とすると, $I = \int_a^b [g(t,\omega) - g(\tau(t),\omega)] \, dw(t,\omega)$ であるから, (4.8) 式と同様の計算を行うことにより次式を得る.

$$\mathcal{E}\{|I|^2\} = \sigma^2 \int_a^b \mathcal{E}\{|\,g(t,\omega) - g(\tau(t),\omega)\,|^2\} dt$$

$g(t,\omega)$ は自乗平均連続と仮定していることから, 定理 3.1 により $\mathcal{E}\{|g(t,\omega)|^2\}$ は $T$ で連続, したがって $T$ で有界である. よって, $\mathcal{E}\{|g(t,\omega) - g(\tau(t),\omega)|^2\}$ は $T$ で一様有界である. さらに, $\rho \to 0$ のとき $\tau(t) \to t$ で

$$\mathcal{E}\{|\,g(t,\omega) - g(\tau(t),\omega)\,|^2\} \longrightarrow 0 \quad (\rho \to 0)$$

となり, $\mathcal{E}\{|I|^2\} \to 0$ ($\rho \to 0$) が得られる.

本書では，確率微分方程式を動的システムのモデルとすることから,

$$x(t,\omega) = \int_{t_0}^t g(\tau,\omega)dw(\tau,\omega) \quad (t \in T) \tag{4.11}$$

のように積分の上限 $t$ の関数として伊藤積分を考える．以下 (4.11) 式で定義される伊藤確率積分の性質を述べる.

1) $g(t,\omega), f(t,\omega)$ を $\{w(\tau,\omega) - w(t,\omega)\}$ $(t \leq \tau)$ とは独立で, $\int_{t_0}^t \mathcal{E}\{|g(\tau,\omega)|^2\}d\tau < \infty$, $\int_{t_0}^t \mathcal{E}\{|f(\tau,\omega)|^2\}d\tau < \infty$ を満たす関数とすれば，次式が成り立つ (P: 4.1).

$$\mathcal{E}\left\{\int_{t_0}^t g(\tau,\omega)dw(\tau,\omega)\right\} = 0 \tag{4.12}$$

$$\mathcal{E}\left\{\left[\int_{t_0}^t g(\tau,\omega)dw(\tau,\omega)\right]\left[\int_{t_0}^t f(\tau,\omega)dw(\tau,\omega)\right]\right\}$$
$$= \sigma^2 \int_{t_0}^t \mathcal{E}\{g(\tau,\omega)f(\tau,\omega)\}dt \tag{4.13}$$

特に

$$\mathcal{E}\left\{\left|\int_{t_0}^t g(\tau,\omega)dw(\tau,\omega)\right|^2\right\} = \sigma^2 \int_{t_0}^t \mathcal{E}\{|g(\tau,\omega)|^2\}d\tau \tag{4.14}$$

2) $\int_{t_0}^t [ag(\tau,\omega) + bf(\tau,\omega)]dw(\tau,\omega)$

$$= a\int_{t_0}^t g(\tau,\omega)dw(\tau,\omega) + b\int_{t_0}^t f(\tau,\omega)dw(\tau,\omega) \tag{4.15}$$
$$(a, b: \text{スカラ定数})$$

3) $\alpha, \beta > 0$ とすると

$$\Pr\left[\left|\int_{t_0}^t g(\tau,\omega)dw(\tau,\omega)\right| > \alpha\right] \leq \Pr\left[\int_{t_0}^t |g(\tau,\omega)|^2 d\tau > \beta\right] + \frac{\beta}{\alpha^2} \tag{4.16}$$

4) (4.11) 式で定義される $x(t,\omega)$-過程は, $T$ で自乗平均連続である．すなわち,

$$\underset{h \to 0}{\text{l.i.m.}} \; x(t+h,\omega) = x(t,\omega)$$

## 4.2 確率積分

証明: (4.14) 式の性質を用いることにより

$$\mathcal{E}\{|x(t+h,\omega)-x(t,\omega)|^2\} = \mathcal{E}\left\{\left|\int_t^{t+h} g(\tau,\omega)dw(\tau,\omega)\right|^2\right\}$$

$$= \sigma^2 \int_t^{t+h} \mathcal{E}\{|g(\tau,\omega)|^2\}d\tau \longrightarrow 0 \quad (h\to 0)$$

を得る.

5) $x(t,\omega)$-過程は $T$ において確率 1 で連続である.

6) $x(t,\omega)$-過程はマルチンゲールである.
なぜなら, 関数 $g(\cdot,\omega)$ が階段関数であるとすると

$$x(t,\omega) - x(s,\omega) = \int_s^t g(\tau,\omega)dw(\tau,\omega)$$
$$= g_0(\omega)[w(t_1,\omega) - w(s,\omega)] + g_1(\omega)[w(t_2,\omega) - w(t_1,\omega)]$$
$$+ \cdots + g_N(\omega)[w(t,\omega) - w(t_{N-1},\omega)]$$

であるから, $\mathscr{F}_{t_k}$ を $\{x(\tau,\omega), s \leq \tau \leq t_k\}$ によって生成される $\sigma$-代数として順次平均演算を行うことによって

$$\mathcal{E}\{x(t,\omega) - x(s,\omega) \mid \mathscr{F}_s\}$$
$$= \mathcal{E}\{\mathcal{E}\{\cdots\mathcal{E}\{x(t,\omega) - x(s,\omega) \mid \mathscr{F}_{t_{N-1}}\}\cdots \mid \mathscr{F}_{t_1}\} \mid \mathscr{F}_s\} = 0$$

これより, $\mathcal{E}\{x(t,\omega) \mid \mathscr{F}_s\} = \mathcal{E}\{x(s,\omega) \mid \mathscr{F}_s\} = x(s,\omega)$ を得るからである.

**例 4.1** つぎの伊藤積分を計算してみよう.

$$\int_{t_0}^t w(\tau,\omega)dw(\tau,\omega)$$

(4.10) 式より

$$\int_{t_0}^t w(\tau,\omega)dw(\tau,\omega) = \underset{N\to\infty}{\text{l.i.m.}} \sum_{i=0}^{N-1} w(\tau_i,\omega)[w(\tau_{i+1},\omega) - w(\tau_i,\omega)]$$

$$= \underset{N\to\infty}{\text{l.i.m.}} \sum_{i=0}^{N-1}\left(\frac{w_i + w_{i+1}}{2} + \frac{w_i - w_{i+1}}{2}\right)(w_{i+1} - w_i)$$

$$= \underset{N\to\infty}{\text{l.i.m.}} \left[\frac{1}{2}\sum_{i=0}^{N-1}(w_{i+1}^2 - w_i^2) - \frac{1}{2}\sum_{i=0}^{N-1}(w_{i+1}-w_i)^2\right]$$

$$= \frac{1}{2}(w_N^2 - w_0^2) - \frac{1}{2}\underset{N\to\infty}{\text{l.i.m.}} \sum_{i=0}^{N-1}(w_{i+1}-w_i)^2$$

ここで、$w_i = w(\tau_i, \omega)$ $(\tau_N = t)$ である。$\mathcal{E}\{[dw(\tau,\omega)]^2\} = \sigma^2 d\tau$ であることに留意すると、最終項は $\sigma^2(t-t_0)$ となる。実際

$$\mathcal{E}\left\{\left|\sum_{i=0}^{N-1}(w_{i+1}-w_i)^2 - \sigma^2(t-t_0)\right|^2\right\}$$

$$= \mathcal{E}\left\{\left|\sum_{i=0}^{N-1}[(w_{i+1}-w_i)^2 - \sigma^2(\tau_{i+1}-\tau_i)]\right|^2\right\}$$

$$= \mathcal{E}\left\{\sum_{i=0}^{N-1}\left[(w_{i+1}-w_i)^2 - \sigma^2(\tau_{i+1}-\tau_i)\right]^2\right\}$$

$$+ 2\mathcal{E}\left\{\sum_{i<j}\left[(w_{i+1}-w_i)^2 - \sigma^2(\tau_{i+1}-\tau_i)\right]\left[(w_{j+1}-w_j)^2 - \sigma^2(\tau_{j+1}-\tau_j)\right]\right\}$$

において、第2項はウィーナ過程の独立増分の性質より零となり

$$= \mathcal{E}\left\{\sum_{i=0}^{N-1}\left[(w_{i+1}-w_i)^2 - \sigma^2(\tau_{i+1}-\tau_i)\right]^2\right\}$$

$$= \mathcal{E}\left\{\sum_{i=0}^{N-1}\left[(w_{i+1}-w_i)^4 - 2\sigma^2(w_{i+1}-w_i)^2(\tau_{i+1}-\tau_i) + \sigma^4(\tau_{i+1}-\tau_i)^2\right]\right\}$$

$$= 3\sigma^4 \sum_{i=0}^{N-1}(\tau_{i+1}-\tau_i)^2 - 2\sigma^2 \sum_{i=0}^{N-1}\sigma^2(\tau_{i+1}-\tau_i)^2 + \sigma^4 \sum_{i=0}^{N-1}(\tau_{i+1}-\tau_i)^2$$

$$((2.69) 式使用)$$

$$= 2\sigma^4 \sum_{i=0}^{N-1}(\tau_{i+1}-\tau_i)^2 \leq 2\sigma^4 \rho\,(t-t_0) \to 0 \quad (\rho \to 0)$$

となるからである。結局

$$\int_{t_0}^{t} w(\tau,\omega)dw(\tau,\omega) = \frac{1}{2}\left[w^2(t,\omega) - w^2(t_0,\omega)\right] - \frac{1}{2}\sigma^2(t-t_0) \tag{4.17}$$

が得られる。これがマルチンゲールの性質をもつことは容易に示せる (P: 4.2)。

## 4.3 確率微分方程式

前節で伊藤確率積分が定義されたので、(4.5) 式は数学的に意味をもつ。すでに述べたように、(4.5) 式とその差分形表示の (4.4) 式は等価である。ダイナミクスの数学的表現は微分方程式であるので、(4.4) 式を以後システムのダイナミクスと

する．そこで，本節においてはまず

$$\left.\begin{array}{l}dx(t,\omega) = f[t,x(t,\omega)]dt + G[t,x(t,\omega)]dw(t,\omega) \\ x(t_0) = x_0 \quad (t_0 \leq t \leq T)\end{array}\right\} \quad (4.18)$$

($x \in R^n, w \in R^d$) について考察しよう．これを**伊藤確率微分方程式** (Itô stochastic differential equation, Itô SDE) と呼ぶ．

(4.18) 式の解の存在と一意性はつぎの定理によって示される (記号 $\|\cdot\|$ はベクトルまたはマトリクスのノルムである).

**定理 4.1** 関数 $f, G$ と初期値 $x(t_0, \omega)$ はつぎの仮定を満たすものとする．ただし，$K_i$ ($i = 1, 2, \cdots, 6$) は定数である．

(H.1) $f, G$ は $x$ に関する増大条件 (growth condition) を満たす．

$$\|f(t,x)\| \leq K_1 \left(1 + \|x\|^2\right)^{\frac{1}{2}}, \quad \|G(t,x)\| \leq K_2 \left(1 + \|x\|^2\right)^{\frac{1}{2}}$$

(H.2) $f, G$ はリプシッツ条件 (Lipschitz condition) を満たす．

$$\|f(t,x_1) - f(t,x_2)\| \leq K_3 \|x_1 - x_2\|$$
$$\|G(t,x_1) - G(t,x_2)\| \leq K_4 \|x_1 - x_2\| \quad (x_1, x_2 \in R^n)$$

(H.3) $f, G$ は $t$ に関して，$\alpha$ 次のヘルダー条件 (Hölder condition of exponent $\alpha$) を満たす ($\alpha \in (0, \frac{1}{2}]$)

$$\|f(t_1,x) - f(t_2,x)\| \leq K_5 |t_1 - t_2|^\alpha$$
$$\|G(t_1,x) - G(t_2,x)\| \leq K_6 |t_1 - t_2|^\alpha$$

(H.4) 初期値 $x(t_0, \omega)$ は $\mathcal{E}\{\|x(t_0,\omega)\|^2\} < \infty$ を満たす確率変数であり，$\{dw(t,\omega), t \in [t_0, T]\}$ とは独立とする．

このとき，(4.18) 式は $[t_0, T]$ において自乗平均の意味で解をもち，その解は (確率 1 で) 一意である．この解は以下の性質をもつ．

(P.1) $\{x(t,\omega)\}$ は $[t_0, T]$ で確率 1 で連続である．

(P.2) $\mathcal{E}\left\{\|x(t,\omega)\|^2\right\} < M$ (const.)

(P.3) $\int_{t_0}^{T} \mathcal{E}\left\{\|x(t,\omega)\|^2\right\} dt < \infty$

(P.4) $\{x(t,\omega)\}$-過程はマルコフ過程である. ◁

証明: 簡単のため,ウィーナ過程の分散パラメータを $\sigma^2 = 1$ とする. (4.18)式を積分表現すると

$$x(t,\omega) = x(t_0,\omega) + \int_{t_0}^{t} f[\tau,x(\tau,\omega)]d\tau + \int_{t_0}^{t} G[\tau,x(\tau,\omega)]dw(\tau,\omega) \quad (4.19)$$

であるから, 不等式 $(\sum_{i=1}^{n} |a_i|)^2 \leq n \left(\sum_{i=1}^{n} |a_i|^2\right)$ より

$$\|x(t,\omega)\|^2 \leq 3 \left[ \|x(t_0,\omega)\|^2 + \left\| \int_{t_0}^{t} f[\tau,x(\tau,\omega)]d\tau \right\|^2 + \left\| \int_{t_0}^{t} G[\tau,x(\tau,\omega)]dw(\tau,\omega) \right\|^2 \right]$$

を得る. シュヴァルツの不等式 (付録 A. 4) 参照) を用いると

$$\left\| \int_{t_0}^{t} f(\tau,x_\tau)d\tau \right\|^2 \leq (T-t_0) \int_{t_0}^{t} \|f(\tau,x_\tau)\|^2 d\tau$$

また

$$\mathcal{E}\left\{ \left\| \int_{t_0}^{t} G(\tau,x_\tau)dw_\tau \right\|^2 \right\} = \int_{t_0}^{t} \mathcal{E}\left\{ \|G(\tau,x_\tau)\|^2 \right\} d\tau$$

となるから, (H.1) より

$$\mathcal{E}\left\{\|x(t,\omega)\|^2\right\} \leq 3\,\mathcal{E}\left\{\|x(t_0,\omega)\|^2\right\}$$
$$+ 3(T-t_0)\int_{t_0}^{t}\mathcal{E}\left\{\|f(\tau,x_\tau)\|^2\right\}d\tau + 3\int_{t_0}^{t}\mathcal{E}\left\{\|G(\tau,x_\tau)\|^2\right\}d\tau$$
$$\leq 3\,\mathcal{E}\left\{\|x_0\|^2\right\} + 3\left[(T-t_0)K_1^2 + K_2^2\right]\int_{t_0}^{t}\left[1 + \mathcal{E}\left\{\|x_\tau\|^2\right\}\right]d\tau$$
$$\leq 3\,\mathcal{E}\left\{\|x_0\|^2\right\} + 3\left[(T-t_0)K_1^2 + K_2^2\right](T-t_0)$$
$$+ 3\left[(T-t_0)K_1^2 + K_2^2\right]\int_{t_0}^{t}\mathcal{E}\left\{\|x_\tau\|^2\right\}d\tau \quad (4.20)$$

を得る. ここで, (H.4) に留意すると (4.20) 式はつぎのように表現できる (定数 $c_1, c_2 (> 0)$ は明らか).

$$\mathcal{E}\left\{\|x(t,\omega)\|^2\right\} \leq c_1 + c_2 \int_{t_0}^{t} \mathcal{E}\left\{\|x(\tau,\omega)\|^2\right\} d\tau \tag{4.21}$$

グロンウォール・ベルマン不等式 (付録 B. 参照) を適用すると

$$\begin{aligned}\mathcal{E}\left\{\|x(t,\omega)\|^2\right\} &\leq c_1 e^{c_2(t-t_0)} \\ &\leq c_1 e^{c_2(T-t_0)} < M < \infty\end{aligned} \tag{4.22}$$

よって, 自乗平均の意味で解の存在と (P.2) が証明された.

つぎに, 解の一意性を示そう. $x_1(t), x_2(t)$ を (4.18) 式を満たす二つの解, すなわちそれぞれ次式の解とする ($\omega$ の記述を省く).

$$dx_i(t) = f[t, x_i(t)]dt + G[t, x_i(t)]dw(t), \ x_i(t_0) = x_{0i} \ (i = 1, 2) \tag{4.23}$$

ここで, ノルム $\|x_1(t) - x_2(t)\|$ を考え, (H.2) を用いて前述の計算と同様にして

$$\begin{aligned}\mathcal{E}\left\{\|x_1(t) - x_2(t)\|^2\right\} &\leq 3\,\mathcal{E}\left\{\|x_{01} - x_{02}\|^2\right\} \\ &\quad + 3(T - t_0)\int_{t_0}^{t} \mathcal{E}\left\{\|f(\tau,x_1) - f(\tau,x_2)\|^2\right\} d\tau \\ &\quad + 3\int_{t_0}^{t} \mathcal{E}\left\{\|G(\tau,x_1) - G(\tau,x_2)\|^2\right\} d\tau \\ &\leq 3\,\mathcal{E}\left\{\|x_{01} - x_{02}\|^2\right\} + 3(T - t_0)K_3^2 \int_{t_0}^{t} \mathcal{E}\left\{\|x_1(\tau) - x_2(\tau)\|^2\right\} d\tau \\ &\quad + 3K_4^2 \int_{t_0}^{t} \mathcal{E}\left\{\|x_1(\tau) - x_2(\tau)\|^2\right\} d\tau \\ &= 3\,\mathcal{E}\left\{\|x_{01} - x_{02}\|^2\right\} \\ &\quad + 3\left[(T - t_0)K_3^2 + K_4^2\right] \int_{t_0}^{t} \mathcal{E}\left\{\|x_1(\tau) - x_2(\tau)\|^2\right\} d\tau\end{aligned}$$

を得る. $\|x_{01} - x_{02}\| = \delta$ (w.p.1) とすれば, 上式は

$$\mathcal{E}\left\{\|x_1(t) - x_2(t)\|^2\right\} \leq 3\delta^2 + c_3 \int_{t_0}^{t} \mathcal{E}\left\{\|x_1(\tau) - x_2(\tau)\|^2\right\} d\tau \tag{4.24}$$

と表現できるから, 再びグロンウォール・ベルマン不等式を用いて

$$\mathcal{E}\left\{\|x_1(t) - x_2(t)\|^2\right\} \leq 3\,\delta^2 \, e^{c_3(T-t_0)} \tag{4.25}$$

を得る.任意の微小な $\varepsilon > 0$ に対してチェビシェフの不等式 (付録 A. 3) 参照) により

$$\Pr\{\|x_1(t) - x_2(t)\| \geq \varepsilon\} \leq \frac{1}{\varepsilon^2} \mathcal{E}\left\{\|x_1(t) - x_2(t)\|^2\right\} \quad (4.26)$$

が得られるが,もし $x_{01} = x_{02}$ (w.p.1) (すなわち $\delta = 0$) ならば,(4.25) 式により (4.26) 式の右辺は零となるから,結局 $x_1(t,\omega) = x_2(t,\omega)$ (w.p.1) がいえる.

解過程 $\{x(t,\omega), t_0 \leq t \leq T\}$ がマルコフ過程であることは容易にわかる.(4.19) 式を用いると

$$x(t) = x(s) + \int_s^t f(\tau, x_\tau) d\tau + \int_s^t G(\tau, x_\tau) dw(\tau) \quad (4.27)$$

と書け,これは $x(s) = x_s$ という初期値をもつ (確率) 積分方程式とみなすことができる.$x(s)$ が増分 $\{dw(\tau), s \leq \tau < t\}$ とは独立であることから,$x(t)$ は $x(s)$ のみによってその確率法則が決定される.すなわち,$p(x_t \mid x_\sigma, t_0 \leq \sigma \leq s) = p(x_t \mid x_s)$ となるから,$x(t)$-過程はマルコフ過程であることがわかる.

定理 4.1 は自乗平均の意味での解の存在を述べており,実は確率 1 での存在も証明できるが,本書ではこれ以上述べない.

### 4.4 伊藤の確率微分演算

$\{x(t,\omega)\}$ が (4.18) 式によって与えられるシステム方程式の解であるとき,それによって構成されるスカラ関数 $V(t, x(t,\omega))$ (例えば,安定解析におけるリヤプノフ関数など) の時間増分はどのようになるのであろうか? 本節ではこれを調べてみよう.$V(t,x)$ は $t$ に関して微分可能で,$x$ に関して 2 階微分可能な (実) スカラ関数とする.

$V(t,x)$ をテイラー展開することによって

$$dV(t,x) = \frac{\partial V(t,x)}{\partial t} dt + \left(\frac{\partial V(t,x)}{\partial x}\right)^T dx$$
$$+ \left(\frac{\partial^2 V(t,x)}{\partial t \partial x}\right)^T dx\, dt + \frac{1}{2}(dx)^T \frac{\partial}{\partial x}\left(\frac{\partial V(t,x)}{\partial x}\right)^T dx + \cdots$$

を得るが,ここで $a^T M a = \text{tr}(M a a^T)$ であり,$(dx)(dx)^T \sim G(dw)(dw)^T G^T$ に

留意して $dw$ の2次項まで保持すると

$$dV(t,x) = \frac{\partial V}{\partial t}dt + \left(\frac{\partial V}{\partial x}\right)^T dx$$
$$+ \frac{1}{2}\text{tr}\left\{\frac{\partial}{\partial x}\left(\frac{\partial V}{\partial x}\right)^T G\,dw(dw)^T G^T\right\} + \cdots$$

となる. $(dx)(dt) \sim (dw)(dt) \sim (dt)^{\frac{3}{2}}$ であり, $w(t)$-過程の共分散マトリクスを $\mathcal{E}\{(dw)(dw)^T\} = Q(t)dt\ (Q(t)>0)$ とすると,

$$dV(t,x) = \frac{\partial V}{\partial t}dt + \left(\frac{\partial V}{\partial x}\right)^T dx$$
$$+ \frac{1}{2}\text{tr}\left\{\frac{\partial}{\partial x}\left(\frac{\partial V}{\partial x}\right)^T GQG^T\right\} dt + o(dt)$$

(ここで, $o(dt)$ は $(dt)^{\frac{3}{2}}$ 以上の微小項[2]) となるから, 結局

$$dV(t,x) = \left[\frac{\partial V(t,x)}{\partial t} + \left(\frac{\partial V(t,x)}{\partial x}\right)^T f(t,x)\right.$$
$$\left. + \frac{1}{2}\text{tr}\left\{\frac{\partial}{\partial x}\left(\frac{\partial V(t,x)}{\partial x}\right)^T G(t,x)Q(t)G^T(t,x)\right\}\right] dt$$
$$+ \left(\frac{\partial V(t,x)}{\partial x}\right)^T G(t,x)dw(t) \qquad (4.28)$$

を得る. これを汎関数 $V(t,x)$ の**確率微分** (stochastic differential) という. ここで,

$$\frac{\partial V}{\partial x} = \left[\frac{\partial V}{\partial x_1},\cdots,\frac{\partial V}{\partial x_n}\right]^T,\quad \frac{\partial}{\partial x}\left(\frac{\partial V}{\partial x}\right)^T = \left[\frac{\partial^2 V}{\partial x_i\,\partial x_j}\right]_{i,j=1,2,\cdots,n}$$

はそれぞれグラジェントおよびヘッシアン行列である. (4.28) 式は通常の微分演算により得られる結果とは異なり, ウィーナ過程の増分の自乗が $dt$ のオーダーとなることから, 右辺第1項の括弧内の第3項が現れることに留意しなければならない. (4.28) 式を**伊藤の公式** (Itô formula), あるいは**伊藤の連鎖則** (Itô chain rule) と呼ぶ.

---

2 $o(h)$ は $o(h)/h \to 0\ (h \to 0)$ を, また $O(h)$ は $O(h)/h \to M\ (h \to 0)\ (0 < M < \infty)$ を意味するランダウの記号 (Landau's symbol) である.

ここで, 確率過程 (4.18) 式に対する**微分生成作用素** (differential generator)

$$\mathcal{L}_x(\cdot) := \left(\frac{\partial(\cdot)}{\partial x}\right)^T f(t,x) + \frac{1}{2}\operatorname{tr}\left\{\frac{\partial}{\partial x}\left(\frac{\partial(\cdot)}{\partial x}\right)^T G(t,x)Q(t)G^T(t,x)\right\}$$

$$= \sum_{i=1}^n f_i(t,x)\frac{\partial(\cdot)}{\partial x_i} + \frac{1}{2}\sum_{i,j=1}^n [G(t,x)Q(t)G^T(t,x)]_{ij}\frac{\partial^2(\cdot)}{\partial x_i \partial x_j} \quad (4.29)$$

を定義すると, (4.28) 式はつぎのように表現できる.

$$dV(t,x) = \left[\frac{\partial V(t,x)}{\partial t} + \mathcal{L}_x V(t,x)\right]dt + \left(\frac{\partial V(t,x)}{\partial x}\right)^T G(t,x)dw(t) \quad (4.30)$$

これより, 汎関数 $V(t,x)$ は, $x(t)$-過程が経てきた道筋の積分としてつぎのように表現できることになる.

$$V(t,x) = V(t_0, x_0) + \int_{t_0}^t \left[\frac{\partial V(\tau, x_\tau)}{\partial \tau} + \mathcal{L}_x V(\tau, x_\tau)\right]d\tau$$

$$+ \int_{t_0}^t \left(\frac{\partial V(\tau, x_\tau)}{\partial x}\right)^T G(\tau, x_\tau)dw(\tau) \quad (4.31)$$

これを伊藤の公式と呼ぶこともある.

**例 4.2** (スカラ) ウィーナ過程 $w(t)$ についての積分

$$\int_{t_0}^t w^n(\tau)dw(\tau) \quad (n: \text{正整数})$$

を計算してみよう. $dx(t) = dw(t)$ (すなわち, $f(t,x) = 0$, $G(t,x) = 1$), $\mathcal{E}\{(dw)^2\} = \sigma^2 dt$ と考えることによって, (4.28) 式は ($V_w = \partial V/\partial w$, $V_{ww} = \partial^2 V/\partial w^2$)

$$dV(w) = \frac{1}{2}\sigma^2 V_{ww}(w)dt + V_w(w)dw$$

となるから, これを積分して

$$V(w_t) = V(w_0) + \frac{1}{2}\sigma^2\int_{t_0}^t V_{ww}(w_\tau)d\tau + \int_{t_0}^t V_w(w_\tau)dw_\tau$$

となる ($w_t = w(t), w_0 = w(t_0)$). ここで, $V(w) = w^{n+1}/(n+1)$ とおけば, $V_w(w) = w^n$, $V_{ww}(w) = nw^{n-1}$ であるから, 上式より

$$\int_{t_0}^t w_\tau^n\, dw_\tau = \frac{1}{n+1}\left(w_t^{n+1} - w_0^{n+1}\right) - \frac{n}{2}\sigma^2 \int_{t_0}^t w_\tau^{n-1}\, d\tau$$

を得る.これより

$$\int_{t_0}^t w_\tau\, dw_\tau = \frac{1}{2}\left(w_t^2 - w_0^2\right) - \frac{1}{2}\sigma^2(t-t_0)$$

$$\int_{t_0}^t w_\tau^2\, dw_\tau = \frac{1}{3}\left(w_t^3 - w_0^3\right) - \frac{\sigma^2}{2}\left(w_t^2 - w_0^2\right) + 2\left(\frac{\sigma^2}{2}\right)^2 (t-t_0)$$

一般に

$$\int_{t_0}^t w_\tau^n\, dw_\tau = \frac{1}{n+1}\left(w_t^{n+1} - w_0^{n+1}\right)$$
$$+ \sum_{k=2}^n (-1)^{n-k+1}\left(\frac{n!}{k!}\right)\left(\frac{\sigma^2}{2}\right)^{n-k+1}\left(w_t^k - w_0^k\right) + (-1)^n n!\left(\frac{\sigma^2}{2}\right)^n (t-t_0) \quad (4.32)$$

となる.

**例 4.3** スカラ微分方程式

$$dx(t) = ax(t)dt + bx(t)dw(t), \quad x(t_0) = x_0 \quad (4.33)$$

の解を求めてみよう.ただし,$\mathcal{E}\{(dw)^2\} = \sigma^2 dt$ とする.$V(x) = \ln x$ とおくと, $\partial V/\partial t = 0$, $\partial V/\partial x = 1/x$, $\partial^2 V/\partial x^2 = -1/x^2$ であるから, (4.28) 式より

$$d[\ln x] = \frac{1}{x}(axdt + bxdw) + \frac{1}{2}\left(-\frac{1}{x^2}\right)\sigma^2 b^2 x^2 dt$$
$$= \left(a - \frac{1}{2}\sigma^2 b^2\right) dt + b\, dw$$

を得る.これを積分して

$$\ln x_t = \ln x_0 + \int_{t_0}^t \left(a - \frac{1}{2}\sigma^2 b^2\right) dt + \int_{t_0}^t b\, dw$$

となるから,これより

$$x(t) = x_0 \exp\left\{\left(a - \frac{1}{2}\sigma^2 b^2\right)(t-t_0) + b[w(t) - w(t_0)]\right\} \quad (4.34)$$

を得る.(4.33) 式で表される過程を,金融工学ではブラック・ショールズ過程 (Black-Scholes process)[3] と呼び,株価の変動を表すモデルとして用いられている (P: 4.8). 金融工学 (数理ファイナンス) への応用についてはエピローグ D. に詳しく述べる.

---

[3] Myron S. Scholes や Robert C. Metron らは,伊藤確率微分方程式をファイナンス工学に持ち込み,株価変動などを論じ,1997 年度ノーベル経済賞を受賞した.

## 4.5 拡 散 過 程

現実の多くの不規則過程は，その状態量 $x(t)$ が時間の経過とともに空間的に不規則に拡がっていくので，拡散過程 (diffusion process) と呼ばれることが多い．本節ではこの拡散過程について述べる．

$\{x(t,\omega)\}$ を遷移確率密度関数 $p(t,y\mid s,x)$ $(s<t)$ をもつ（スカラ）マルコフ過程とする．任意の $\varepsilon>0$ に対して

$$\lim_{t\to s}\frac{1}{t-s}\int_{|y-x|>\varepsilon}p(t,y\mid s,x)dy=0 \tag{4.35}$$

が成り立つものとする．簡単にいえば，この条件は上式の積分が確率 $\Pr\{|x(t,\omega)-x(s,\omega)|>\varepsilon\mid x(s,\omega)=x\}$ に等しいから，その現象の起こる確率が $t-s$ の時間のオーダーよりも小さい，すなわち微小時間内では $x(t,\omega)$ は $x(s,\omega)=x$ から大きな変化を起こさないことを意味している．さらに，その微小時間内の変動の平均値と分散値が存在するとき，すなわち極限値

$$\lim_{t\to s}\frac{1}{t-s}\int_{-\infty}^{\infty}(y-x)p(t,y\mid s,x)dy=m(s,x) \tag{4.36}$$

$$\lim_{t\to s}\frac{1}{t-s}\int_{-\infty}^{\infty}(y-x)^2 p(t,y\mid s,x)dy=\sigma^2(s,x) \tag{4.37}$$

が存在するとき，$\{x(t,\omega)\}$ 過程を**マルコフ拡散過程** (Markov diffusion process) と呼び，関数 $m(s,x), \sigma(s,x)$ をそれぞれ偏位係数 (drift coefficient), 拡散係数 (diffusion coefficient) と呼ぶ．

さて，$x(t,\omega)$ の微小時間における進化を考えてみよう．

$$\Delta_h x(t):=x(t+h)-x(t)\ \ (h>0)$$

とすれば，(4.36), (4.37) 式はそれぞれ

$$\mathcal{E}\{\Delta_h x(t)\mid x(t)=x\}=m(t,x)h+o(h) \tag{4.38}$$

$$\mathcal{E}\{[\Delta_h x(t)]^2\mid x(t)=x\}=\sigma^2(t,x)h+o(h) \tag{4.39}$$

と書けるから，$x(t)$ の時間変化は $o(h)$ の項を無視すれば

$$\Delta_h x(t)\cong m(t,x(t))h+\sigma(t,x(t))\zeta(t)$$

のように表記できる．ただし，$\zeta(t)$ は分散が 1 の確率変数で，$[\sigma(t,x)\zeta(t)]^2$ が時間 $h$ のオーダーに等しく，また平均が零でなければならないことから，ウィーナ過程 $\Delta w(t)$ と同じ確率的性質をもつ．そこで，この $\zeta(t)$ を $\Delta w(t)$ で置き換えると

$$\Delta_h x(t) \cong m(t,x(t))h + \sigma(t,x(t))\Delta w(t) \tag{4.40}$$

となる．これより，$h \to 0$ とすれば §4.1 で述べた確率微分方程式が得られる．

(4.40) 式の $x(t)$ が拡散過程であることは明らかであろうが，(4.35) 式の条件を満たすことを示しておこう．(4.35) 式はつぎのようにも表現できる．

$$\lim_{h \to 0} \frac{1}{h} \Pr\{|\Delta_h x(t)| > \varepsilon \mid x(t) = x\} = 0 \tag{4.41}$$

この式は $x(t)$ が拡散過程になるかどうかを調べるための条件式となり，**ディンキン条件** (Dynkin condition)[4] と呼ばれる．マルコフの不等式 (付録 A. 3) 参照) により

$$\frac{1}{h} \Pr\{|\Delta_h x(t)| > \varepsilon \mid x(t) = x\} \leq \frac{1}{h\varepsilon^p} \mathcal{E}\{|\Delta_h x(t)|^p \mid x(t) = x\}$$

が成り立つから，(4.41) 式に代わって

$$\lim_{h \to 0} \frac{1}{h} \mathcal{E}\{|\Delta_h x(t)|^p \mid x(t) = x\} = 0 \quad (p > 2) \tag{4.42}$$

がいえるかどうかでチェックしよう．$p = 4$ とすれば，

$$\frac{1}{h} \mathcal{E}\{|\Delta_h x(t)|^4 \mid x(t) = x\}$$
$$= \frac{1}{h} \mathcal{E}\{|m(t,x)h + \sigma(t,x)\Delta w|^4 \mid x(t) = x\}$$
$$= \frac{1}{h} o(h^2) = o(h) \longrightarrow 0 \quad (h \to 0)$$

となるので，(4.42) 式が確かに成り立つ．

## 4.6 確率密度関数の時間進化—コルモゴロフ方程式

前節において，マルコフ拡散過程はその増分の平均と分散が定義され，増分過程が (4.40) 式のように与えられることがわかった．本節では，(4.40) 式のような極

---

[4] Evgeniĭ B. Dynkin (1924- )．ロシアの数学者．"Markov Processes, Vols.1, 2," Springer-Verlag, Berlin, 1965 は名著である．

限の過程としてつぎの (スカラ) 伊藤確率微分方程式

$$dx(t) = f[t, x(t)]dt + g[t, x(t)]dw(t) \tag{4.43}$$

の確率法則について調べてみよう ($\sigma^2 = 1$ とする).

(4.43) 式の $\{x(t, \omega)\}$ はマルコフ過程であるから, その確率法則は 1 次元および 2 次元確率密度関数によって表される. そこで, それらを $p(x_t) = p(t, x)$, $p(x_t \,|\, x_s) = p(s, y; t, x)$ $(s < t)$ と表記する.

まず, 遷移確率密度関数 $p(s, y; t, x)$ について考える. そこで, $\varphi(x)$ を 2 回微分可能な関数とし, 積分

$$\int_{-\infty}^{\infty} \varphi(x) p(s, y; t, x) dx$$

の時間進化を求めてみよう.

$$\frac{\partial}{\partial t} \int_{-\infty}^{\infty} \varphi(x) p(s, y; t, x) dx = \int_{-\infty}^{\infty} \varphi(x) \frac{\partial p(s, y; t, x)}{\partial t} dx$$
$$= \lim_{h \to 0} \int_{-\infty}^{\infty} \varphi(x) \frac{1}{h} [p(s, y; t+h, x) - p(s, y; t, x)] dx \tag{4.44}$$

ここで, チャップマン・コルモゴロフ方程式 (2.46) を用いると

$$p(s, y; t+h, x) = \int_{-\infty}^{\infty} p(s, y; t, z) p(t, z; t+h, x) dz \tag{4.45}$$

であるから, (4.44) 式はつぎのようになる.

$$\int_{-\infty}^{\infty} \frac{\partial p(s, y; t, x)}{\partial t} \varphi(x) dx$$
$$= \lim_{h \to 0} \frac{1}{h} \left[ \int_{-\infty}^{\infty} \int_{-\infty}^{\infty} \varphi(x) p(s, y; t, z) p(t, z; t+h, x) dz dx \right.$$
$$\left. - \int_{-\infty}^{\infty} \varphi(x) p(s, y; t, x) dx \right]$$
$$= \lim_{h \to 0} \frac{1}{h} \left[ \int_{-\infty}^{\infty} \int_{-\infty}^{\infty} \varphi(z) p(s, y; t, x) p(t, x; t+h, z) dx dz \right.$$
$$\left. - \int_{-\infty}^{\infty} \varphi(x) p(s, y; t, x) dx \right]$$
$$= \int_{-\infty}^{\infty} p(s, y; t, x) \lim_{h \to 0} \frac{1}{h} \left[ \int_{-\infty}^{\infty} \varphi(z) p(t, x; t+h, z) dz - \varphi(x) \right] dx \tag{4.46}$$

## 4.6 確率密度関数の時間進化—コルモゴロフ方程式

さて,ここで $\varphi(z)$ を $\varphi(x)$ のまわりでテイラー展開すると

$$\varphi(z) = \varphi(x) + \varphi'(x)(z-x) + \frac{1}{2}\varphi''(x)(z-x)^2 + o((z-x)^2)$$

(ただし,$'$ は微分を表す) であるから,(4.46) 式最終項の括弧の項はつぎのようになる.

$$\int_{-\infty}^{\infty} \varphi(z) p(t,x;t+h,z) dz - \varphi(x)$$

$$= \varphi(x) \int_{-\infty}^{\infty} p(t,x;t+h,z) dz + \varphi'(x) \int_{-\infty}^{\infty} (z-x)\, p(t,x;t+h,z) dz$$

$$+ \frac{1}{2} \varphi''(x) \int_{-\infty}^{\infty} (z-x)^2\, p(t,x;t+h,z) dz$$

$$+ \int_{-\infty}^{\infty} o((z-x)^2)\, p(t,x;t+h,z) dz - \varphi(x)$$

$$= \varphi'(x) \int_{-\infty}^{\infty} (z-x)\, p(t,x;t+h,z) dz$$

$$+ \frac{1}{2} \varphi''(x) \int_{-\infty}^{\infty} (z-x)^2\, p(t,x;t+h,z) dz$$

$$+ \int_{-\infty}^{\infty} o((z-x)^2)\, p(t,x;t+h,z) dz \tag{4.47}$$

ここで,$\int_{-\infty}^{\infty} p\, dz = 1$ を用いた.さらに,(4.36), (4.37) 式を思い起こすと

$$\lim_{h \to 0} \frac{1}{h} \int_{-\infty}^{\infty} (z-x)\, p(t,x;t+h,z) dz = f(t,x)$$

$$\lim_{h \to 0} \frac{1}{h} \int_{-\infty}^{\infty} (z-x)^2\, p(t,x;t+h,z) dz = g^2(t,x)$$

$$\lim_{h \to 0} \frac{1}{h} \int_{-\infty}^{\infty} o((z-x)^2)\, p(t,x;t+h,z) dz = 0$$

であるから,(4.46) 式はつぎのようになる.

$$\int_{-\infty}^{\infty} \frac{\partial p(s,y;t,x)}{\partial t} \varphi(x) dx$$

$$= \int_{-\infty}^{\infty} p(s,y;t,x) \left[ \varphi'(x) f(t,x) + \frac{1}{2} \varphi''(x) g^2(t,x) \right] dx$$

$$= \int_{-\infty}^{\infty} p(s,y;t,x) f(t,x) \varphi'(x) dx$$

$$+ \frac{1}{2} \int_{-\infty}^{\infty} p(s,y;t,x) g^2(t,x) \varphi''(x) dx \tag{4.48}$$

右辺の各項が $x \to \pm\infty$ のとき, $p \to 0$ となることに留意してそれぞれ部分積分することによって,

$$\int_{-\infty}^{\infty} \left[ \frac{\partial p}{\partial t} + \frac{\partial (pf)}{\partial x} - \frac{1}{2} \frac{\partial^2 (pg^2)}{\partial x^2} \right] \varphi(x) dx = 0 \tag{4.49}$$

を得る. 仮定により関数 $\varphi(x)$ は任意であるから, 上式の括弧内は恒等的に零でなければならない. よって

$$\frac{\partial p(s,y;t,x)}{\partial t} = -\frac{\partial [p(s,y;t,x)f(t,x)]}{\partial x} + \frac{1}{2} \frac{\partial^2 [p(s,y;t,x)g^2(t,x)]}{\partial x^2} \tag{4.50}$$

を得る. これは, 伊藤確率微分方程式 (4.43) で記述されるマルコフ過程の遷移確率密度が時間とともにどのように変化していくかを記述する式であり, **コルモゴロフの前向き方程式** (Kolmogorov's forward equation), あるいは**フォッカー・プランク方程式** (Fokker-Planck equation)[5]と呼ぶ. 逆にいえば, (4.50) 式を満足する遷移確率密度関数をもつマルコフ過程は, (4.43) 式で表現される拡散過程の解である. (4.50) 式の初期条件は

$$\lim_{t \to s} p(s,y;t,x) = \delta(x-y) \tag{4.51}$$

で与えられる.

ベクトル過程 (4.18) 式に対しては, コルモゴロフの前向き方程式はつぎのようになる.

$$\frac{\partial p}{\partial t} = -\sum_{i=1}^{n} \frac{\partial (pf_i)}{\partial x_i} + \frac{1}{2} \sum_{i,j=1}^{n} \frac{\partial^2 (p[GQG^T]_{ij})}{\partial x_i \partial x_j} \tag{4.52}$$

ここで, 新しく線形作用素

$$\mathcal{L}_x^*(\cdot) := -\sum_{i=1}^{n} \frac{\partial (\cdot f_i)}{\partial x_i} + \frac{1}{2} \sum_{i,j=1}^{n} \frac{\partial^2 (\cdot [GQG^T]_{ij})}{\partial x_i \partial x_j} \tag{4.53}$$

を定義すれば, (4.52) 式はつぎのように簡潔に記述できる.

$$\frac{\partial p(s,y;t,x)}{\partial t} = \mathcal{L}_x^* p(s,y;t,x) \tag{4.54}$$

ここで, 作用素 $\mathcal{L}_x^*(\cdot)$ を**前向き拡散作用素** (forward diffusion operator) と呼ぶ.

---

[5] Max Planck (1858-1947). ドイツの理論物理学者. エネルギー量子仮説を導入し, 量子論の端緒を開いた. 1918 年ノーベル物理学賞受賞.

## 4.6 確率密度関数の時間進化—コルモゴロフ方程式

さて,

$$p(t,x) = \int_{-\infty}^{\infty} p(s,y;t,x)dy$$

に留意すると, (4.50) 式 (または (4.52) 式) から 1 次元確率密度関数に対して

$$\frac{\partial p(t,x)}{\partial t} = -\frac{\partial [p(t,x)f(t,x)]}{\partial x} + \frac{1}{2}\frac{\partial^2 [p(t,x)g^2(t,x)]}{\partial x^2} \quad (4.55)$$

を得るから, $p(t,x)$ もコルモゴロフの前向き方程式を満たすことがわかる.

遷移確率密度関数 $p(s,y;t,x)$ は, つぎの**コルモゴロフの後向き方程式** (Kolmogorov's backward equation) も満たす. $\mathcal{L}_x$ は (4.29) 式で定義される微分生成作用素である.

$$-\frac{\partial p(s,y;t,x)}{\partial s} = \mathcal{L}_x\, p(s,y;t,x) \quad (4.56)$$

このことを以下に示してみよう. 再びチャップマン・コルモゴロフの方程式 (2.46) より $(h>0)$

$$p(s,y;t,x) = \int_{-\infty}^{\infty} p(s,y;s+h,z)p(s+h,z;t,x)dz \quad (4.57)$$

が成り立ち, $p(s+h,z;t,x)$ を $(s+h,y)$ のまわりにテイラー展開すると

$$p(s+h,z;t,x) = p(s+h,y;t,x) + \frac{\partial p(s+h,y;t,x)}{\partial y}(z-y)$$
$$+ \frac{1}{2}\frac{\partial^2 p(s+h,y;t,x)}{\partial y^2}(z-y)^2 + o((z-y)^2) \quad (4.58)$$

であるから, (4.57) 式はつぎのようになる.

$$p(s,y;t,x) = \int_{-\infty}^{\infty} p(s,y;s+h,z)\bigg[p(s+h,y;t,x)$$
$$+ \frac{\partial p(s+h,y;t,x)}{\partial y}(z-y) + \frac{1}{2}\frac{\partial^2 p(s+h,y;t,x)}{\partial y^2}(z-y)^2$$
$$+ o((z-y)^2)\bigg]dz$$
$$= \int_{-\infty}^{\infty} p(s,y;s+h,z)dz \cdot p(s+h,y;t,x)$$

$$+ \frac{\partial p(s+h,y;t,x)}{\partial y} \int_{-\infty}^{\infty} (z-y)\, p(s,y;s+h,z)dz$$

$$+ \frac{1}{2}\frac{\partial^2 p(s+h,y;t,x)}{\partial y^2} \int_{-\infty}^{\infty} (z-y)^2\, p(s,y;s+h,z)dz$$

$$+ \int_{-\infty}^{\infty} o((z-y)^2)\, p(s,y;s+h,x)dz \tag{4.59}$$

ここで, $\int_{-\infty}^{\infty} p(s,y;s+h,z)dz = 1$ と (4.38), (4.39) 式に留意すると (4.59) 式より

$$\frac{p(s,y;t,x) - p(s+h,y;t,x)}{h} = f(s,y)\frac{\partial p(s+h,y;t,x)}{\partial y}$$

$$+ \frac{1}{2}g^2(s,y)\frac{\partial^2 p(s+h,y;t,x)}{\partial y^2}$$

$$+ \frac{1}{h}\int_{-\infty}^{\infty} o((z-y)^2)\, p(s,y;s+h,x)dz \tag{4.60}$$

を得るから, $h \to 0$ として (4.56) 式を得る.

さて, コルモゴロフの方程式に付随して出てきた微分作用素 $\mathcal{L}_x$ と $\mathcal{L}_x^*$ は, 互いに形式的な随伴作用素 (formal adjoint operator) になっている. 互いに随伴関係にあるというのは, 関数 $\phi(x)$, $\varphi(x)$ に対して内積に関して成り立つ関係

$$\langle \phi, \mathcal{L}_x \varphi \rangle = \langle \mathcal{L}_x^* \phi, \varphi \rangle \tag{4.61}$$

が形式的に成り立っていることをいう. ここで "形式的" というのは, 例えば内積として, $\langle \phi, \varphi \rangle = \int \phi(x)\varphi(x)dx$ と定義したとき, 内積 $\langle \phi, \mathcal{L}_x \varphi \rangle$, $\langle \mathcal{L}_x^* \phi, \varphi \rangle$ をそれぞれ部分積分により計算すると境界条件による項が出てくるが, それらを無視したとき, 積分間に (4.61) 式の関係が成り立つことをいう.

**例 4.4** コルモゴロフの前向き方程式 (4.50) は, 伊藤の公式を用いても導出することができる. $\phi(x)$ を (4.43) 式の確率過程 $x(t)$ の任意の関数とすると, 伊藤の公式 (4.28) より ($\mathcal{E}\{g(t,x)\phi_x(x)dw(t)\} = 0$ に留意して)

$$\frac{d}{dt}\mathcal{E}\{\phi[x(t)]\} = \mathcal{E}\left\{\frac{d\phi(x)}{dt}\right\}$$

$$= \mathcal{E}\left\{f(t,x)\frac{\partial \phi(x)}{\partial x} + \frac{1}{2}g^2(t,x)\frac{\partial^2 \phi(x)}{\partial x^2}\right\}$$

## 4.6 確率密度関数の時間進化—コルモゴロフ方程式

すなわち,

$$\frac{d}{dt}\int_{-\infty}^{\infty}\phi(x)p(s,y;t,x)dx$$
$$=\int_{-\infty}^{\infty}\left[f(t,x)\frac{\partial\phi(x)}{\partial x}+\frac{1}{2}g^2(t,x)\frac{\partial^2\phi(x)}{\partial x^2}\right]p(s,y;t,x)dx$$

が得られるから, 右辺を部分積分することによって

$$\int_{-\infty}^{\infty}\frac{\partial p}{\partial t}\phi(x)dx=\int_{-\infty}^{\infty}\left\{-\frac{\partial}{\partial x}[f(t,x)p]+\frac{1}{2}\frac{\partial^2}{\partial x^2}[g^2(t,x)p]\right\}\phi(x)dx$$

を得る. これは (4.49) 式と同じである.

### コルモゴロフの前向き方程式の解

まず, スカラ過程に対する (4.55) 式の定常解を求めてみよう. (4.55) 式において $\partial p/\partial t=0$ とおくと,

$$\frac{d}{dx}(pf)-\frac{1}{2}\frac{d^2}{dx^2}(pg^2)=0 \tag{4.62}$$

となる. ただし, $p$ は $x$ のみの関数 $p=p(x)$ であり, $f,g$ も $x$ のみの関数とする. (4.62) 式を積分することによって

$$pf-\frac{1}{2}\frac{d}{dx}(pg^2)=\text{const.}$$

となるが, $x\to\pm\infty$ では $p(x)\to 0, dp(x)/dx\to 0$ であることを考慮すると, この定数は零となる. そこで, $h(x)=pg^2, \xi=f/g^2$ とおくと

$$\frac{dh(x)}{dx}-2\xi(x)h(x)=0$$

となり, その一般解は

$$h(x)=c\exp\left\{2\int_0^x\xi(\eta)d\eta\right\}$$

すなわち

$$p(x)=c\frac{1}{g^2(x)}\exp\left\{2\int_0^x\frac{f(\eta)}{g^2(\eta)}d\eta\right\} \tag{4.63}$$

で与えられる. 定数 $c$ は, $\int_{-\infty}^{\infty}p(x)dx=1$ の正規化により決定される (P: 4.5).

つぎに, $n$ 次元線形確率過程

$$dx(t)=Ax(t)dt+Gdw(t),\quad x(0)=x_0 \tag{4.64}$$

に対するコルモゴロフの前向き方程式 (4.52) を解いてみよう．ただし，$A$ は $\{a_i\}$ を主対角要素とする対角マトリクスとし，$\mathcal{E}\{dw(dw)^T\} = Idt$ とする．このとき，$f_i = a_i x_i$ であるから，(4.52) 式はつぎのようになる．

$$\frac{\partial p}{\partial t} = -\sum_{i=1}^{n} a_i \frac{\partial}{\partial x_i}(x_i p) + \frac{1}{2} \sum_{i,k=1}^{n} g_{0ik} \frac{\partial^2 p}{\partial x_i \partial x_k} \tag{4.65}$$

ただし，$g_{0ik} = [GG^T]_{ik}$, $p = p(0, x_0; t, x)$ である．

$p(0, x_0; t, x)$ のフーリエ変換を $\varphi(t, \mu)$ とすると

$$\begin{aligned}\varphi(t, \mu) &= \int_{-\infty}^{\infty} e^{j\mu^T x} p(0, x_0; t, x) dx \\ &= \mathcal{E}\left\{\exp\left\{j\mu^T x(t)\right\} \mid x(0) = x_0\right\}\end{aligned} \tag{4.66}$$

これは §2.8 で述べたように，$x(0) = x_0$ を条件にもつ $x(t)$-過程の特性関数である．

(4.65) 式の両辺をフーリエ変換し，密度関数 $p(0, x_0; t, x)$ が $x_i \to \pm\infty$ で零となることから

$$\int_{-\infty}^{\infty} \frac{\partial p}{\partial t} e^{j\mu^T x} dx = \frac{\partial \varphi(t,\mu)}{\partial t}, \quad \int_{-\infty}^{\infty} \frac{\partial^2 p}{\partial x_i \partial x_k} e^{j\mu^T x} dx = -\mu_i \mu_k \varphi(t, \mu)$$

$$\int_{-\infty}^{\infty} \frac{\partial}{\partial x_i}(x_i p) e^{j\mu^T x} dx = -\mu_i \frac{\partial \varphi(t, \mu_i)}{\partial \mu_i}$$

であることに留意すると，$\varphi(t, \mu)$ に関する1階偏微分方程式を得る．

$$\frac{\partial \varphi(t,\mu)}{\partial t} = \sum_{i=1}^{n} a_i \mu_i \frac{\partial \varphi(t,\mu)}{\partial \mu_i} - \frac{1}{2} \sum_{i,k=1}^{n} g_{0ik} \mu_i \mu_k \varphi(t,\mu) \tag{4.67}$$

この方程式の力線の方程式は

$$\frac{dt}{1} = -\frac{d\mu_1}{a_1 \mu_1} = \cdots = -\frac{d\mu_n}{a_n \mu_n} = -\frac{d\varphi}{\frac{1}{2}\varphi \sum_{i,k}^{n} g_{0ik} \mu_i \mu_k} \tag{4.68}$$

で与えられるから，$d\mu_i = -a_i \mu_i dt$ より

$$\mu_i(t) = c_i e^{-a_i t} \quad (c_i: \text{const.}) \tag{4.69}$$

を得る．さらに，(4.68) 式の最後の式

$$dt = -\frac{2d\varphi}{\varphi \sum_{i,k}^{n} g_{0ik} \mu_i \mu_k} \tag{4.70}$$

## 4.6 確率密度関数の時間進化—コルモゴロフ方程式

に (4.69) 式を代入し，$\varphi$ について解くと

$$\varphi = c_0 \exp\left\{-\frac{1}{2}\sum_{i,k}^n g_{0ik}\, c_i c_k \int_0^t e^{-(a_i+a_k)\tau} d\tau\right\}$$

$$= c_0 \exp\left\{\frac{1}{2}\sum_{i,k}^n g_{0ik} \frac{\mu_i \mu_k}{a_i+a_k}\left[1 - e^{(a_i+a_k)t}\right]\right\} \quad (4.71)$$

が得られる．定数 $c_0$ は

$$c_0 = \varphi(0,\mu_0) = \mathcal{E}\left\{e^{j\mu^T x(t)} \mid x(0) = x_0\right\}\Big|_{t=0}$$

$$= \exp\left\{j\sum_i^n \mu_{i0}\, x_{0i}\right\} \quad (x_{0i} = x_i(0))$$

であり，また (4.69) 式より $\mu_{i0} = c_i = \mu_i(t)\, e^{a_i t}$ であるから，結局 $\varphi(t,\mu)$ はつぎのようになる．

$$\varphi(t,\mu) = \exp\left\{j\sum_i^n \mu_i x_{0i}\, e^{a_i t} + \frac{1}{2}\sum_{i,k}^n g_{0ik}\frac{\mu_i \mu_k}{a_i+a_k}\left[1 - e^{(a_i+a_k)t}\right]\right\}$$

$$= \exp\left\{j\sum_i^n \mu_i m_i(t) - \frac{1}{2}\sum_{i,k}^n [\Gamma(t)]_{ik}\, \mu_i \mu_k\right\}$$

$$= \exp\left\{j\mu^T m(t) - \frac{1}{2}\mu^T \Gamma(t)\mu\right\} \quad (4.72)$$

ここで

$$m_i(t) = x_{0i}\, e^{a_i t},$$

$$[\Gamma(t)]_{ik} = -\frac{g_{0ik}}{a_i + a_k}\left\{1 - e^{(a_i+a_k)t}\right\} \quad (4.73)$$

である．(4.72) 式より，$p(0,x_0;t,x)$ は $n$ 次元正規型関数となる（§2.8）(P: 4.6)．

$$p(0,x_0;t,x) = (2\pi)^{-\frac{n}{2}} |\Gamma(t)|^{-\frac{1}{2}}$$
$$\cdot \exp\left\{-\frac{1}{2}[x-m(t)]^T\, \Gamma^{-1}(t)[x-m(t)]\right\} \quad (4.74)$$

**例 4.5** スカラ確率過程

$$dx(t) = -\alpha x(t)dt + dw_0(t) \quad (\alpha > 0)$$

の確率密度関数を求めてみよう. ただし, $w_0(t)$ は $\mathcal{E}\{(dw_0)^2\} = 2\alpha dt$ であるウィーナ過程である. これは, オルンシュタインとウーレンベックが, ブラウン運動過程の解析に用いたモデル (2.71) 式を伊藤確率微分方程式に書き直したものに他ならない. これをオルンシュタイン・ウーレンベック過程 (Ornstein-Uhlenbeck process) と呼ぶ. 標準ウィーナ過程を $w(t)$ とすれば, $dw_0(t) = \sqrt{2\alpha}\, dw(t)$ の関係があるから, その密度関数 $p(0, x_0; t, x)$ は (4.73), (4.74) 式より

$$p(0, x_0; t, x) = \frac{1}{\sqrt{2\pi(1-e^{-2\alpha t})}} \exp\left\{-\frac{1}{2}\frac{(x-x_0 e^{-\alpha t})^2}{(1-e^{-2\alpha t})}\right\} \quad (4.75)$$

と得られる. これは (2.80) 式と同じである. また, これより定常確率密度関数は

$$p(0, x_0; t, x) = \frac{1}{\sqrt{2\pi}} \exp\left\{-\frac{x^2}{2}\right\} \quad (4.76)$$

で与えられることがわかる ((P: 4.5) 参照).

## 4.7 対称型確率積分―ストラトノヴィッチ確率積分

§4.2 および §4.3 において, 伊藤確率積分の定義とそれに基づく確率微分方程式について述べてきたが, 被積分関数がウィーナ過程 $\{w(t,\omega)\}$ の陽な関数の場合には, 伊藤型に代わって別の確率積分がストラトノヴィッチ (Ruslan L. Stratonovich, 1930-)[6] によって提案されている. これは被積分関数 $g(t,\omega)$ が $w(t,\omega)$ の陽な関数で, $w$ による偏微分 $\partial g/\partial w$ をもつとすると, (4.10) 式に代わって

$$\underset{\substack{N\to\infty\\ \rho\to 0}}{\text{l.i.m.}} \sum_{i=0}^{N-1} g\left(t_i, \frac{w(t_i,\omega)+w(t_{i+1},\omega)}{2}\right)[w(t_{i+1},\omega)-w(t_i,\omega)]$$

$$= \int_a^b g(t, w(t,\omega)) \circ dw(t,\omega) \quad (4.77)$$

によって定義される. 伊藤確率積分と区別するため, 積分表記に (伊藤による) ○演算を用いた. このように定義される確率積分を**ストラトノヴィッチ確率積分** (Stratonovich stochastic integral) と呼ぶ. 伊藤確率積分とは, つぎのような関係にある.

$$\int_a^b g(t, w(t,\omega)) \circ dw(t,\omega) = \int_a^b g(t, w(t,\omega))dw(t,\omega) + \frac{\sigma^2}{2}\int_a^b \frac{\partial g(t,w(t,\omega))}{\partial w}dt \quad (4.78)$$

---

6 ロシアの数学者, 情報工学者.

(ただし, $\mathcal{E}\{(dw)^2\} = \sigma^2 dt$). この関係式の導出は, 微分における平均値の定理を用いることによって容易に行えるので, 演習問題 (P: 4.7) として残しておく.

ここで注意しておきたいのは, ストラトノヴィッチ確率積分は $w(t)$ の陽な関数に対してのみ定義されるが, 伊藤のそれは, 例えば $\{w(\tau), a \leq \tau \leq t\}$ の関数として被積分関数が $w(t)$ に陽ではなく, より一般的な確率関数として定義されるので, 伊藤型の方がより適用範囲が広いといえよう. しかし, ストラトノヴィッチ確率積分は, (4.77) 式に示されるようにウィーナ過程の $w(t_i, \omega)$ と $w(t_{i+1}, \omega)$ の中心の値を用いていることから対称型積分ともいわれ, このことによって通常の積分演算と同様に行えることが長所として出てくる. つぎの二つの例をみてみよう.

**例 4.6** 例 4.1 に対応する確率積分を計算してみよう. 定義より

$$\int_{t_0}^{t} w(\tau, \omega) \circ dw(\tau, \omega) = \underset{N \to \infty}{\mathrm{l.i.m.}} \sum_{i=0}^{N-1} \frac{w_i + w_{i+1}}{2} (w_{i+1} - w_i)$$

$$= \frac{1}{2} \underset{N \to \infty}{\mathrm{l.i.m.}} \sum_{i=0}^{N-1} (w_{i+1}^2 - w_i^2)$$

$$= \frac{1}{2} [w^2(t, \omega) - w^2(t_0, \omega)] \tag{4.79}$$

となる. これを例 4.1 の結果 (4.17) 式と比べてみよ.

**例 4.7** $x(t) = e^{w(t)}$ は, 伊藤確率微分方程式

$$dx(t) = \frac{1}{2} \sigma^2 x(t) dt + x(t) dw(t), \quad x(0) = 1$$

の解であるが (このことは例 4.3 と同様にして示せる), これはまたストラトノヴィッチ確率微分方程式

$$dx(t) = x(t) \circ dw(t), \quad x(0) = 1$$

の解でもある. なぜならば, 上の伊藤確率微分方程式は

$$\int_0^t dx(\tau) = \frac{1}{2} \sigma^2 \int_0^t x(\tau) d\tau + \int_0^t x(\tau) dw(\tau)$$

と等価であるから, 右辺第 2 項を (4.78) 式の関係を用いて書き直すと

$$\int_0^t dx(\tau) = \frac{1}{2} \sigma^2 \int_0^t x(\tau) d\tau + \int_0^t e^{w(\tau)} \circ dw(\tau) - \frac{1}{2} \sigma^2 \int_0^t e^{w(\tau)} d\tau$$

$$= \int_0^t e^{w(\tau)} \circ dw(\tau)$$

となるからである.

この二つの例からもわかるように, ストラトノヴィッチ確率積分は, 通常の積分演算を形式的に行って得られることがわかる. このことから, ストラトノヴィッチ積分を用いると, 各種演算が伊藤型のそれに比べてはなはだ簡単になる. それではいったい, 伊藤型かあるいはストラトノヴィッチ型のいずれが "正しい" のかという疑問がわくであろうが, どちらが正しくて, どちらが間違っているとはいえない. それらの違いは単に定義の違いからくるだけのことである. しかし数学的な議論展開の可能性からいえば, マルチンゲールなどの性質を有する伊藤確率積分の方が優れているが, 本書ではその有用性についてまでは立ち入らない.

さて, §2.9 で定義したウィーナ過程は, 実在のブラウン運動の数学モデルであった. §2.9 で示したように, ウィーナ過程はいたるところで微分不可能であるが, つぎのような $w(t)$ に対する多角形近似 $w_\rho(t)$ を考えてみよう.

$$w_\rho(t) = w(t_i) + \frac{w(t_{i+1}) - w(t_i)}{t_{i+1} - t_i}(t - t_i) \qquad (t_i \leq t \leq t_{i+1}) \tag{4.80}$$

これは, $\rho(=\max_i(t_{i+1} - t_i)) \to 0$ に対して $w(t)$ に収束する. そこでこの過程に対して (スカラ) 微分方程式

$$dx_\rho(t) = f[t, x_\rho(t)]dt + g[t, x_\rho(t)]dw_\rho(t), \ \ x_\rho(t_0) = x(t_0) \tag{4.81}$$

を考えると, これは $w_\rho(t)$ が区分的に微分可能であることから, 見本過程に対する常微分方程式である. 証明は繁雑になるので省略するが, この解 $x_\rho(t)$ はストラトノヴィッチ確率微分方程式

$$dx(t) = f[t, x(t)]dt + g[t, x(t)] \circ dw(t) \tag{4.82}$$

あるいは伊藤確率微分方程式

$$dx(t) = \left\{ f[t, x(t)] + \frac{1}{2}g[t, x(t)]\frac{\partial g[t, x(t)]}{\partial x} \right\} dt + g[t, x(t)]dw(t) \tag{4.83}$$

の解に自乗平均収束する. すなわち, $\mathrm{l.i.m.}_{\rho \to 0} x_\rho(t) = x(t)$ となる.

## 4.8 ウィーナ過程の数値計算

コンピュータによって確率システムの挙動をシミュレーションしようとすれば, ウィーナ過程 $\{w(t)\}$ の生成が必要となる. その生成法について述べる.

## 4.8 ウィーナ過程の数値計算

$\{w(t), t_0 \le t < \infty\}$ を標準 (スカラ) ウィーナ過程とする ($\sigma^2 = 1$). 時間区間 $[t_0, \infty)$ を

$$t_0 < t_1 < t_2 < \cdots < t_i < \cdots$$

と離散化し, $\delta t_i = t_{i+1} - t_i$ $(i = 0, 1, 2, \cdots)$ を微小時間間隔とする. $\{\gamma(t)\}$ を, ウィーナ過程 $w(t)$ と (2.89) あるいは (2.96) 式の関係が成り立つ正規性白色雑音とする. このとき, $\delta w_i = w(t_{i+1}) - w(t_i)$ とすると

$$\delta t_i = \mathcal{E}\{(\delta w_i)^2\} = \mathcal{E}\{\gamma^2(t_i)\}(\delta t_i)^2$$

の関係が得られるから, これより

$$\mathcal{E}\{\gamma^2(t_i)\} = \frac{1}{\delta t_i}$$

を得る. すなわち, $\gamma(t_i)$ は $N[0, 1/\delta t_i]$ の正規性確率変数列となる.

まず, この確率変数列をコンピュータによって生成される $N[0,1]$ の正規乱数 $\{n_i, i = 0, 1, 2, \cdots\}$ から生成してみよう.

$$1 = \mathcal{E}\{n_i^2\} = \int_{-\infty}^{\infty} n^2 \frac{1}{\sqrt{2\pi \cdot 1^2}} \exp\left\{-\frac{n^2}{2 \cdot 1^2}\right\} dn$$

が成り立つ. 他方, $\gamma(t_i)$ については

$$\int_{-\infty}^{\infty} \gamma^2 \frac{1}{\sqrt{2\pi \cdot (1/\delta t_i)}} \exp\left\{-\frac{\gamma^2}{2(1/\delta t_i)}\right\} d\gamma = \frac{1}{\delta t_i}$$

となるから, これより

$$1 = (\delta t_i) \frac{1}{\delta t_i} = (\delta t_i) \int_{-\infty}^{\infty} \gamma^2 \frac{1}{\sqrt{2\pi/\delta t_i}} \exp\left\{-\frac{\gamma^2}{2/\delta t_i}\right\} d\gamma$$

$$= \int_{-\infty}^{\infty} (\gamma\sqrt{\delta t_i})^2 \frac{1}{\sqrt{2\pi \cdot 1^2}} \exp\left\{-\frac{(\gamma\sqrt{\delta t_i})^2}{2 \cdot 1^2}\right\} \sqrt{\delta t_i}\, d\gamma$$

と書けるから, $n_i$ と $\gamma(t_i)$ との間には

$$n_i = \gamma(t_i)\sqrt{\delta t_i}$$

の関係が成り立つ. したがって, これより

$$\delta w_i = \gamma(t_i)\, \delta t_i = n_i\sqrt{\delta t_i} \tag{4.84}$$

を得る．互いに独立で平均が零，分散が1の正規性乱数をコンピュータのサブルーチンで発生させることにより，ウィーナ過程の増分が (4.84) 式で生成できる．

(4.18) 式のような確率微分方程式で記述される確率システムのシミュレーションについては，用いる差分法により種々の離散表現があるが，本書では数値計算についてはこれ以上立ち入らない．

演 習 問 題

**4.1** 伊藤確率積分の性質 (4.12), (4.13) 式が成り立つことを示せ．

**4.2** (4.17) 式で表される伊藤積分がマルチンゲールであることを示せ．

**4.3** 二つの $n$ 次元ベクトル過程 $x(t), y(t)$ がそれぞれ

$$dx(t) = f_1(t,x)dt + G_1(t,x)dw(t)$$
$$dy(t) = f_2(t,y)dt + G_2(t,x)dw(t)$$

の解であるとき，スカラ関数 $\varphi_1(t,x), \varphi_2(t,y)$ の積の確率微分 $d(\varphi_1\varphi_2)$ はつぎのように与えられることを示せ．

$$d(\varphi_1\varphi_2) = \varphi_1\,d\varphi_2 + \varphi_2\,d\varphi_1 + \text{tr}\left\{\left(\frac{\partial\varphi_2}{\partial y}\right)\left(\frac{\partial\varphi_1}{\partial x}\right)^T G_1 Q G_2^T\right\}dt$$

**4.4** スカラ確率過程 $x(t), y(t)$ がそれぞれ

$$dx(t) = -\sin\alpha(t)dw(t), \quad dy(t) = \cos\alpha(t)dw(t)$$

を満たすとき，次式が成り立つことを示せ．ただし，$x(0) \neq 0$，$\alpha(t) = \tan^{-1} y(t)/x(t)$ であり，$\mathcal{E}\{(dw)^2\} = \sigma^2 dt$ とする．

$$x^2(t) + y^2(t) = x^2(0) + y^2(0) + \sigma^2 t$$

**4.5** $f(x) = -\alpha x$, $g(x) = \sqrt{2\alpha}$ であるオルンシュタイン・ウーレンベック過程に対する確率密度関数は正規形で

$$p(x) = \frac{1}{\sqrt{2\pi}}\exp\left\{-\frac{x^2}{2}\right\}$$

で与えられることを示せ．

**4.6** (4.73) 式の $m(t)$ および $\Gamma(t)$ がつぎの方程式を満足することを示せ．

$$\dot{m}(t) = Am(t), \quad m(0) = x_0$$
$$\dot{\Gamma}(t) = A\Gamma(t) + \Gamma(t)A^T + GG^T$$

**4.7** 伊藤確率積分とストラトノヴィッチ確率積分との関係を与える (4.78) 式が成り立つことを示せ．

**4.8** 金融工学で話題となっているブラック・ショールズ方程式を導出しよう．オプション価格 $V$ はブラック・ショールズ過程 ((4.33) 式参照)

$$dS(t) = \mu S(t)dt + \sigma S(t)dw(t)$$

でモデル化される株価 $S(t)$ の関数として与えられる．ここで，$\mu$ は $S(t)$ の平均収益率，$\sigma$ はボラティリティ (volatility) と呼ばれる分散パラメータ，$w(t)$ は標準ウィーナ過程である．

ポートフォリオの価値 $\Pi(t)$ は，$S(t)$ と

$$\dot{\beta}(t) = r\beta(t)$$

によって与えられる安定資産の価値 $\beta(t)$ ($r$ は債券の利子率) に依存し，次式によって与えられる．

$$\Pi(t) = a(t)S(t) + b(t)\beta(t)$$

$a(t), b(t)$ は任意の正または負の値をとる係数である．資本自己調達的という仮定のもとで

$$d\Pi(t) = a(t)dS(t) + b(t)d\beta(t)$$

が成り立ち，さらに裁定機会がすべての時刻においてなくなる，すなわち

$$\Pi(t) = V(t, S(t))$$

という二つの仮定のもとで，つぎのブラック・ショールズ方程式 (Black-Scholes equation) を導出せよ．

$$\frac{\partial V(t,S)}{\partial t} + \frac{1}{2}\sigma^2 S^2 \frac{\partial^2 V(t,S)}{\partial S^2} + rS\frac{\partial V(t,S)}{\partial S} - rV(t,S) = 0$$

[ヒント: まず $\Pi(t)$ を積分方程式によって表し，ついでこれと伊藤公式により求めた $V(t,S)$ とを等値せよ．詳しくはエピローグ D. において述べる．]

**4.9** 例 4.3 の (4.33) 式の解に対する 2 次モーメントが $\mathcal{E}\{x^2(t)\} = x_0^2 \exp\{(2a + \sigma^2 b^2)t\}$ となることを，伊藤の公式を用いて示せ．

**4.10** $F(x)$ を 2 階微分可能な連続関数とし，$f(x), f_x(x)$ をそれぞれ微分 $f(x) = \partial F(x)/\partial x, f_x(x) = \partial^2 F(x)/\partial x^2$ とする．このとき，伊藤確率積分 $\int_0^T f(w)dw(t)$ は

$$\int_0^T f[w(t)]dw(t) = F[w(T)] - F(0) - \frac{1}{2}\sigma^2 \int_0^T f_w[w(t)]dt$$

で与えられることを示せ.

また,
$$\int_0^T \cos w(t)\,dw(t)$$

を求めよ.

**4.11** $x(t) = \sin w(t)$, $y(t) = \cos w(t)$ は連立伊藤確率微分方程式

$$dx(t) = -\frac{1}{2}x(t)dt + y(t)dw(t),\quad dy(t) = -\frac{1}{2}y(t)dt - x(t)dw(t)$$

の解であることを示せ. ただし, $w(t)$ は標準ウィーナ過程とする.

# 5

## 確率システムの安定性

> Stability, under its many definitions, appears to be a qualitative property basic to all systems natural as well as man made.
>
> —— Frank Kozin: A Survey of Stability of Stochastic Systems, *Automatica*, 1969.

制御システムを構築するにあたって, その安定性を設計段階で解析しておくことは必要不可欠な事項であるのはいうまでもないことであろう. たとえ安定に設計されたシステムであっても, 不規則外乱が持続的に介在するならば, そのシステムは果たして安定でありうるだろうか？ 本章では, 不規則外乱をうけるシステムの安定性について考察してみよう.

## 5.1 確率システムの安定性の定義

§3.2 で述べたように, 確率変数列の収束の定義には大別して三つあることを知った. システムの安定性はいうまでもなく, 解の平衡状態への収束の概念を必要とすることから, 確率システムの安定性についても, 確定システムのそれに比して, 大まかにいっても 3 倍の定義が可能である. 実際, 確率システムの安定性の定義は多岐, 繊細にわたるが, まず主だった定義を述べ, ついで例題を与えることによってそれらの意味するところの概念を把握しよう.

本章では, つぎの $n$ 次元確率システム

$$dx(t) = f[t, x(t)]dt + G[t, x(t)]dw(t), \quad x(t_0) = x_0 \tag{5.1}$$

を念頭において議論する ($x \in R^n$, $w \in R^d$). 非線形関数 $f(t,x)$, $G(t,x)$ は

$$f(t,0) \equiv 0, \qquad G(t,0) \equiv 0 \tag{5.2}$$

を満たすものとし, $x(t) \equiv 0$ を平衡解 (equilibrium solution, null solution) とする. 当然 (5.1) 式は唯一解をもち, その解が $(t_0, x_0)$ を出発したことを明記するために, 本章では以後 $x(t) = x(t; t_0, x_0)$ のように記述する. ノルム $\|\cdot\|$ はユークリッドノルム, すなわち $\|x\| = (x^T x)^{1/2}$ を用いる.

さて, システムの安定性解析というのは, 初期値 $x(t_0)$ のわずかの変動に対してその後, 解 $x(t; t_0, x_0)$ がどのような挙動をするか？ ということを調べることであるから, 当然解の不規則な挙動をどのような見方で捉えようとするのかによって, 種々の安定性の定義が可能である. それらの主だったものについてのみ本節で述べる.

**定義 5.1** (確率安定)

もしすべての $\varepsilon, \delta > 0$ に対して, $\|x_0\| < r(\varepsilon, \delta)$ ならば

$$\Pr\left\{ \sup_{t \geq t_0} \|x(t; t_0, x_0)\| > \varepsilon \right\} < \delta \tag{5.3}$$

となるような実数 $r = r(\varepsilon, \delta)$ が存在するとき, (5.1) 式の平衡解は**確率安定** (stable in probability) であるという.

また, もし (5.3) 式が成り立ち, さらにすべての $\varepsilon > 0$ に対して,

$$\lim_{T \to \infty} \Pr\left\{ \sup_{t \geq T} \|x(t; t_0, x_0)\| > \varepsilon \right\} = 0 \tag{5.4}$$

となるならば, 平衡解は**確率漸近安定** (asymptotically stable in probability) という. ◁

**定義 5.2** ($p$ 乗モーメント安定)

もし解過程 $x(t; t_0, x_0)$ の $p$ 乗モーメントが存在し, すべての $\varepsilon > 0$ に対して, $\|x_0\| < r(\varepsilon)$ ならば

$$\mathcal{E}\left\{ \sup_{t \geq t_0} \|x(t; t_0, x_0)\|^p \right\} \leq \varepsilon \tag{5.5}$$

となるような実数 $r = r(\varepsilon)$ が存在するとき, (5.1) 式の平衡解は $p$ **乗モーメント安定** (stable in the $p$th moment) であるという.

また, もし (5.5) 式が成り立ち, さらに

$$\lim_{T \to \infty} \mathcal{E}\left\{ \sup_{t \geq T} \|x(t; t_0, x_0)\|^p \right\} = 0 \tag{5.6}$$

が成り立つならば,平衡解は $p$ 乗モーメント漸近安定 (asymptotically stable in the $p$th moment) であるという.  ◁

**定義 5.3** ($p$ 乗モーメント指数安定)

もし $p$ 乗モーメントが存在し,すべての $r > 0$ に対して,$\|x_0\| < r$ ならば

$$\mathcal{E}\{\|x(t;t_0,x_0)\|^p\} \leq \alpha\|x_0\|^p \exp\{-\beta(t-t_0)\} \tag{5.7}$$

となるような定数 $\alpha, \beta > 0$ が存在するとき,(5.1) 式の平衡解は $p$ 乗モーメント指数安定 (exponentially stable in the $p$th mean) であるという.  ◁

**定義 5.4** (確率 1 での安定)

(5.1) 式の平衡解は,もし

$$\Pr\left\{\lim_{\|x_0\|\to 0}\sup_{t\geq t_0}\|x(t;t_0,x_0)\| = 0\right\} = 1 \tag{5.8}$$

が成り立つならば,**確率 1 で安定** (stable with probability (w.p.) 1, almost surely stable) であるという.(5.8) 式はつぎのようにも表現される.

$$\lim_{r\to 0}\Pr\left\{\sup_{\|x_0\|<r}\sup_{t\geq t_0}\|x(t;t_0,x_0)\| > \varepsilon\right\} = 0 \tag{5.9}$$

また,(5.8) 式が成り立ち,さらに任意の $\varepsilon > 0$ に対して,$\|x_0\| < r$ ならば

$$\lim_{T\to\infty}\Pr\left\{\sup_{t\geq T}\|x(t;t_0,x_0)\| > \varepsilon\right\} = 0 \tag{5.10}$$

となるような実数 $r > 0$ が存在するとき,平衡解は**確率 1 で漸近安定** (asymptotically stable w.p.1, almost surely asymptotically stable) であるという.  ◁

$0 < q < p$ に対して,ヘルダーの不等式 (付録 A.5) 参照) より

$$\mathcal{E}\{\|x(t;t_0,x_0)\|^q\} \leq [\mathcal{E}\{\|x(t;t_0,x_0)\|^p\}]^{\frac{q}{p}} \tag{5.11}$$

が成り立つことから,平衡解が $p$ 乗モーメント (漸近) 安定ならば $q$ 乗モーメント (漸近) 安定性が必然的にいえる (P: 5.1).

モーメント安定と確率安定との間には, §3.2 で述べたのと同様な関係がある. $V(t,x)$ を任意の非負値スカラ関数とすると, 不等式 (一般化されたチェビシェフの不等式)

$$\Pr\{\|x(t;t_0,x_0)\| > \varepsilon\} \leq \left[\inf_{\substack{t \geq t_0 \\ \|x_0\| > \varepsilon}} V(t,x)\right]^{-1} \mathcal{E}\{V(t;x(t;t_0,x_0))\} \quad (5.12)$$

が成り立つから (P: 5.2), $V(t,x) = \|x\|^p$ とすれば, 任意の $p > 0$ に対して

$$\Pr\{\|x(t;t_0,x_0)\| > \varepsilon\} \leq \frac{1}{\varepsilon^p}\mathcal{E}\{\|x(t;t_0,x_0)\|^p\} \quad (5.13)$$

がいえるので, $p$ 乗モーメント (漸近) 安定がいえれば確率 (漸近) 安定がいえる. 不等式 (5.13) をマルコフの不等式と呼び, また (5.12) 式をチェビシェフの不等式と呼ぶこともある (付録 A. 3) 参照).

さて, 確率システムに対しては, いったいどの安定性の概念が最も有用であり, また最も重要なのか, という疑問が当然わいてくるであろう. しかし, この疑問に簡単に答えることは難しい. 安定性をどのような意味で解析するのか, いいかえれば, 解の見本過程ごとに調べたいのか, それとも解の集まり (モーメント) として調べたいのか, あるいはどの程度の割合で (確率的に) 安定性がいえるのかによって回答がその立場に依存するからである. しかし, 確率システムの安定性といえども, 確定システムのそれにできるだけ近いような意味でいえば, それに越したことはないであろう. この観点からすれば, 確率 1 の (漸近) 安定性がいえることがわれわれとしては望ましいことになるが, 一般的に非線形システムに対してはこれは非常に難しい. しかし, モーメント安定についてはわれわれに馴染み深い平均値や分散などによって評価でき, また計算により求めることができるので利用しやすい.

## 5.2 安 定 性 解 析

確定システムの安定性は, リヤプノフ関数による解析が威力を発揮することはすでにわれわれはよく知っている. それでは, 確率システムに対してもリヤプノフ関数法は適用できるのであろうか? ——答えは可である.

$V(t,x)$ を $t$, $x$ に関してそれぞれ 1 階および 2 階微分可能な非負値スカラ関数 ($V(t,0) \equiv 0$) とする. このとき, 以下の定理が成り立つ.

**定理 5.1** $V(t,x)$ を (5.1) 式の解過程 $x(t;t_0,x_0)$ により構成される非負値スカラ関数とする. このとき, 不等式

$$\frac{\partial V(t,x)}{\partial t} + \mathcal{L}_x V(t,x) \leq 0 \tag{5.14}$$

が成り立つならば, (5.1) 式の平衡解は確率安定である. $\mathcal{L}_x$ は $x(t)$-過程に対する微分生成作用素 ((4.29) 式) である. ◁

証明: $\forall \varepsilon > 0$ に対して, $\|x(t;t_0,x_0)\| = \varepsilon$ となる最初の時刻を $\tau_\varepsilon$ とする (もちろん解過程がすべての時刻に対して $\|x\| < \varepsilon$ を満たしているならば, $\tau_\varepsilon = \infty$ である). そこで, $\tau_\varepsilon(t) = \min(\tau_\varepsilon, t)$ とすれば, 伊藤の公式 (4.31) を用いて

$$\mathcal{E}\{V[\tau_\varepsilon(t), x(\tau_\varepsilon(t);t_0,x_0)] - V(t_0,x_0)\}$$
$$= \mathcal{E}\left\{\int_{t_0}^{\tau_\varepsilon(t)} \left(\frac{\partial}{\partial s} + \mathcal{L}_x\right) V[s, x(s;t_0,x_0)]\,ds\right\} \leq 0 \tag{5.15}$$

を得, 結局

$$\mathcal{E}\{V[\tau_\varepsilon(t), x(\tau_\varepsilon(t);t_0,x_0)]\} \leq V(t_0,x_0) \tag{5.16}$$

を得る. ここで, $V_\varepsilon := \inf_{t \geq t_0,\ \varepsilon \leq \|x\|} V(t,x)$ とおけば, 不等式 (5.12) より

$$\Pr\left\{\sup_{t_0 \leq s \leq t} \|x(s;t_0,x_0)\| > \varepsilon\right\} \leq \frac{1}{V_\varepsilon} \mathcal{E}\{V[\tau_\varepsilon(t), x(\tau_\varepsilon(t);t_0,x_0)]\}$$

を得るから, (5.16) 式を適用して

$$\Pr\left\{\sup_{t \geq t_0} \|x(t;t_0,x_0)\| > \varepsilon\right\} \leq \frac{1}{V_\varepsilon} V(t_0,x_0) \tag{5.17}$$

となる. したがって, $V(t_0,x_0)/V_\varepsilon \leq \delta$ となるような十分小さな $\|x_0\|$ に対して, $\|x_0\| < r$ となる $r$ がとれる. (Q.E.D.)

条件式 (5.14) は, 確定システムに対するリヤプノフ関数の条件 $\dot{V}(t,x) \leq 0$ に対応することに留意されたい.

**定理 5.2** 非負値スカラ関数 $V(t,x)$ が

$$k_0 \|x\|^p \leq V(t,x) \leq k_1 \|x\|^p \tag{5.18}$$

$$\left(\frac{\partial}{\partial t} + \mathcal{L}_x\right) V(t,x) \leq -k_2 \|x\|^p \tag{5.19}$$

$(k_0, k_1, k_2 > 0,\ p > 0)$ を満たすならば, (5.1) 式の平衡解は $p$ 乗モーメント指数安定である. ◁

証明: 伊藤の公式 (4.31) より

$$\begin{aligned}
&\mathcal{E}\{V(t, x(t; t_0, x_0))\} - V(t_0, x_0) \\
&= \int_{t_0}^t \mathcal{E}\left\{\left(\frac{\partial}{\partial s} + \mathcal{L}_x\right) V(s, x(s; t_0, x_0))\right\} ds
\end{aligned}$$

両辺を $t$ で微分し, (5.19), (5.18) 式を順次適用すると

$$\begin{aligned}
\frac{d}{dt} \mathcal{E}\{V(t, x(t; t_0, x_0))\} &= \mathcal{E}\left\{\left(\frac{\partial}{\partial t} + \mathcal{L}_x\right) V(t, x(t; t_0, x_0))\right\} \\
&\leq -k_2 \mathcal{E}\{\|x(t; t_0, x_0)\|^p\} \leq -\frac{k_2}{k_1} \mathcal{E}\{V(t, x(t; t_0, x_0))\}
\end{aligned} \tag{5.20}$$

よって

$$\mathcal{E}\{V(t, x(t; t_0, x_0))\} \leq V(t_0, x_0) \exp\left\{-\frac{k_2}{k_1}(t - t_0)\right\} \tag{5.21}$$

これに再び (5.18) 式を適用することによって

$$\mathcal{E}\{\|x(t; t_0, x_0)\|^p\} \leq \frac{k_1}{k_0} \|x_0\|^p \exp\left\{-\frac{k_2}{k_1}(t - t_0)\right\} \tag{5.22}$$

を得る. (Q.E.D.)

**例 5.1** スカラ確率過程

$$dx(t) = ax(t)dt + x(t)dw(t),\quad x(0) = x_0$$

の安定性を調べてみよう. 例 4.3 より, その解は

$$x(t) = x_0 \, e^{(a - \frac{1}{2}\sigma^2)t + w(t)}$$

で与えられる. これは,

$$\frac{\ln x(t) - \ln x_0}{t} = \left(a - \frac{1}{2}\sigma^2\right) + \frac{w(t)}{t}$$

と表現すれば, ウィーナ過程の性質 (§2.9) より $t \to \infty$ のとき $w(t)/t \to 0$ であるから, $a < \sigma^2/2$ が確率 1 で漸近安定となる必要十分条件であることがわかる.

つぎに，モーメントについて調べてみよう．与式の両辺を積分し，その結果得られる式に期待値演算を行うと，$\mathcal{E}\{x(t)\} = \mathcal{E}\{x_0\} + \int_0^t a\mathcal{E}\{x(\tau)\}d\tau$ を得るから，これより

$$\mathcal{E}\{x(t)\} = \mathcal{E}\{x_0\} e^{at}$$

を得る．$a < 0$ であれば，平均過程は指数安定である．

$p$ 乗モーメントの安定性をみるために，$V(x) = |x|^p \ (p > 0)$ とおけば，

$$\mathcal{L}_x V(x) = ax\frac{\partial}{\partial x}|x|^p + \frac{1}{2}\sigma^2 x^2 \frac{\partial^2}{\partial x^2}|x|^p$$

$$= p|x|^p \left\{a + \frac{1}{2}\sigma^2 (p-1)\right\}$$

となるから，定理 5.2 より

$$a < -(p-1)\frac{1}{2}\sigma^2$$

が $p$ 乗モーメント指数安定のための条件となる．$p = 2$ に対しては，$a < -\sigma^2/2$ が条件となる．

これらの結果より，$0 < a < \sigma^2/2$ の条件のもとでは，見本過程は確率 1 で漸近安定であっても，その平均過程は発散することがあり，また $-\sigma^2/2 < a < 0$ では見本過程は確率 1 で漸近安定で，しかも平均過程が指数安定であっても，自乗モーメントの指数安定性は保証されない．これは一見奇妙なことのように思われるが，1 本 1 本の見本過程よりもそれらが "束"（モーメント）となって収束する条件の方がより厳しいことを思えば納得がいく．この例のように，簡単なスカラ線形システムにおいてもその解の収束の仕方が一通りでないことがわかる．

## 5.3　線形システムの自乗平均安定

$n$ 次元ベクトル線形システム $(x \in R^n, w_i \in R^1)$

$$dx(t) = A(t)x(t)dt + \sum_{i=1}^m G_i(t)x(t)dw_i(t) \tag{5.23}$$

の自乗平均の指数安定性の条件を調べてみよう（$w_i(t)$ は標準ウィーナ過程）．つぎの定理はその必要十分条件を与える．ただし，$A(t), G_i(t)$ は有界なマトリクスとする．

**定理 5.3** (5.23) 式の線形システムが自乗平均指数安定であるための必要十分条件は，$p = 2$ に対する条件式 (5.18) および (5.19) の両方を満たす非負値スカラ関数 $V(t,x)$ が存在することである． ◁

証明: 十分性は定理 5.2 より明らか．以下必要性について証明を行う．すなわち，システムが指数安定であるならば，(5.18), (5.19) 式の条件を満たす $V(t,x)$ が存在することを示そう．

$V(t,x)$ として

$$V(t,x) = \int_t^{t+\tau} \mathcal{E}\{\|x(s;t,x)\|^2\} ds \tag{5.24}$$

を定義する．ただし，$x = x(t)$ であり，$\tau > 0$ は定数とする．システムが自乗平均指数安定であることから，$(t,x)$ を出発した解 $x(s;t,x)$ は

$$\mathcal{E}\{\|x(s;t,x)\|^2\} \leq \alpha \|x\|^2 \exp\{-\beta(s-t)\} \quad (t \leq s) \tag{5.25}$$

を満たす ($\alpha, \beta > 0$)．したがって，(5.24), (5.25) 式より

$$V(t,x) \leq \alpha \|x\|^2 \int_t^{t+\tau} e^{-\beta(s-t)} ds \equiv k_1 \|x\|^2 \tag{5.26}$$

がいえる．

つぎに，$\xi(s) = x(s;t,x)$, $v(\xi) = \|x(s;t,x)\|^2$ とおくと，伊藤の公式 (4.28) より次式を得る．

$$dv(\xi) = \mathcal{L}_\xi v(\xi) ds + \sum_{i=1}^m \left(\frac{\partial v(\xi)}{\partial \xi}\right)^T G_i(s)\xi \, dw_i(s) \tag{5.27}$$

ここで，$\partial v/\partial \xi = \partial \|\xi\|^2/\partial \xi = 2\xi$, $(\partial/\partial \xi)(\partial v/\partial \xi)^T = 2I$ であることから，上式はつぎのようになる．

$$dv(\xi) = \mathcal{L}_\xi(\|\xi\|^2) ds + 2\sum_{i=1}^m \xi^T G_i(s)\xi dw_i(s) \tag{5.28}$$

$$\mathcal{L}_\xi(\|\xi\|^2) = 2\xi^T A(s)\xi + \sum_{i=1}^m \text{tr}\{G_i(s)\xi\xi^T G_i(s)\} \tag{5.29}$$

$A(s), G_i(s)$ は有界であるから

$$|\mathcal{L}_\xi(\|\xi\|^2)| \leq \frac{1}{2k_0}\|\xi\|^2 \tag{5.30}$$

## 5.3 線形システムの自乗平均安定

となる正定数 $k_0$ が存在する．(5.28) 式の両辺を $s=t$ から $s=t+\tau$ まで積分し，さらに期待値演算を施すと，$v(\xi)|_{s=t} = \|x\|^2$ に留意して

$$\begin{aligned}
\mathcal{E}\{\|x(t+\tau;t,x)\|^2\} &- \|x\|^2 \\
&= \mathcal{E}\left\{\int_t^{t+\tau} \mathcal{L}_\xi(\|x(s;t,x)\|^2)ds\right\} \\
&\geq -\frac{1}{2k_0}\int_t^{t+\tau} \mathcal{E}\{\|x(s;t,x)\|^2\}ds = -\frac{1}{2k_0}V(t,x) \quad (5.31)
\end{aligned}$$

を得る．ここで，(5.30) 式を用いた．

(5.25) 式より，パラメータ $\tau \ (>0)$ をすべての $t$ に対して

$$\mathcal{E}\{\|x(t+\tau;t,x)\|^2\} \leq \frac{1}{2}\|x\|^2 \quad (5.32)$$

が成り立つようにとることができる．よって，(5.31), (5.32) 式より

$$V(t,x) \geq k_0\|x\|^2 \quad (5.33)$$

がいえる．よって，(5.26), (5.33) 式より, $p=2$ に対する (5.18) 式の成立がいえた．

つぎに (5.19) 式が成り立つことを示そう．

$$\begin{aligned}
\left(\frac{\partial}{\partial t} + \mathcal{L}_x\right)V(t,x) &= \frac{\partial}{\partial t}\int_t^{t+\tau}\mathcal{E}\{\|x(s;t,x)\|^2\}ds \\
&\quad + \mathcal{L}_x\left(\int_t^{t+\tau}\mathcal{E}\{\|x(s;t,x)\|^2\}ds\right) \\
&= \mathcal{E}\{\|x(t+\tau;t,x)\|^2\} - \|x\|^2 \\
&\quad + \int_t^{t+\tau}\mathcal{L}_x\mathcal{E}\{\|x(s;t,x)\|^2\}ds \quad (5.34)
\end{aligned}$$

となるが，ここで証明は省略するが最右辺の被積分関数は，初期値 $x$ に関する微分であり, $x$ はすでに固定されているから

$$\mathcal{L}_x\mathcal{E}\{\|x(s;t,x)\|^2\} = 0 \quad (s \geq t) \quad (5.35)$$

となるので, (5.32) 式を用いると

$$\left(\frac{\partial}{\partial t} + \mathcal{L}_x\right)V(t,x) = \mathcal{E}\{\|x(t+\tau;t,x)\|^2\} - \|x\|^2 \leq -\frac{1}{2}\|x\|^2 \quad (5.36)$$

を得る．よって, $p=2$ に対する (5.19) 式が示された．(Q.E.D.)

線形システム (5.23) の 1 次および 2 次モーメント安定性については，もう少し直接的に議論することが可能である．

$$\left.\begin{array}{l} m(t) := \mathcal{E}\{x(t)\} \\ P(t) := \mathcal{E}\{x(t)x^T(t)\} \end{array}\right\} \quad (5.37)$$

とすれば，これらはそれぞれつぎの微分方程式を満たす．

$$\dot{m}(t) = A(t)m(t), \quad m(t_0) = \mathcal{E}\{x(t_0)\} \quad (5.38)$$

$$\dot{P}(t) = A(t)P(t) + P(t)A^T(t) + \sum_{i=1}^{m} G_i(t)P(t)G_i^T(t),$$

$$P(t_0) = \mathcal{E}\{x(t_0)x^T(t_0)\} \quad (5.39)$$

したがって，$x(t)$ の 1 次および 2 次モーメント安定性は，それぞれ確定方程式 (5.38) あるいは (5.39) 式の安定性と等価になる．マトリクス $P(t)$ は対称 ($P_{ij}(t) = P_{ji}(t)$) であるから，$n \times n$ 個の要素のうち $n(n+1)/2$ 個の方程式についてのみ考察すればよいことになる．そこで，$P_{ij}(t)$ ($i \geq j$) を要素にもつ列ベクトル $p(t)$ を定義することによって，(5.39) 式は

$$\dot{p}(t) = A_0(t)p(t), \quad p(t_0) = [P_{ij}(t_0)] \quad (5.40)$$

と書き改められる．

**例 5.2** 不規則に変動する係数をもつ 2 次系

$$\ddot{x}(t) + (b_0 + b\gamma_1(t))\,\dot{x}(t) + (a_0 + a\gamma_2(t))\,x(t) = 0$$

の平衡解 $x(t) = 0$ が 1 次および 2 次モーメント安定となるためのそれぞれの条件を求めよ．ただし，$\gamma_1(t), \gamma_2(t)$ は互いに独立な正規性白色雑音である．

$w_1(t), w_2(t)$ をそれぞれ $\gamma_1(t), \gamma_2(t)$ に対応するウィーナ過程とし，状態空間表現すると

$$dx(t) = \begin{bmatrix} 0 & 1 \\ -a_0 & -b_0 \end{bmatrix} x(t)dt + \begin{bmatrix} 0 & 0 \\ 0 & -b \end{bmatrix} x(t)dw_1(t) + \begin{bmatrix} 0 & 0 \\ -a & 0 \end{bmatrix} x(t)dw_2(t)$$

となるから，これより

$$\dot{m}(t) = \begin{bmatrix} 0 & 1 \\ -a_0 & -b_0 \end{bmatrix} m(t)$$

## 5.3 線形システムの自乗平均安定

を得る.したがって, $a_0$, $b_0$ ともに正となることが1次モーメントが漸近安定となるための必要十分条件となる.

つぎに,(5.39) 式を要素別に求めると

$$\begin{cases} \dot{P}_{11}(t) = 2P_{12}(t) \\ \dot{P}_{12}(t) = -a_0 P_{11}(t) - b_0 P_{12}(t) + P_{22}(t) \\ \dot{P}_{22}(t) = a^2 P_{11}(t) - 2a_0 P_{12}(t) + (b^2 - 2b_0) P_{22}(t) \end{cases}$$

となるから, 3次元ベクトル $p(t) = [P_{11}(t), P_{12}(t), P_{22}(t)]^T$ を定義すると, (5.40) 式のマトリクス $A_0$ は

$$A_0 = \begin{bmatrix} 0 & 2 & 0 \\ -a_0 & -b_0 & 1 \\ a^2 & -2a_0 & b^2 - 2b_0 \end{bmatrix}$$

となり,その特性方程式はつぎのようになる.

$$\begin{aligned} 0 &= |\lambda I - A_0| \\ &= \lambda^3 + (3b_0 - b^2)\lambda^2 + \{4a_0 + b_0(2b_0 - b^2)\}\lambda + 2\{a_0(2b_0 - b^2) - a^2\} \end{aligned}$$

よって,ラウス・フルヴィッツの判定法により

$$b^2 < 2b_0, \quad a^2 < (2b_0 - b^2)a_0$$

が, 2次モーメントが漸近安定になるための必要十分条件となる.

**定理 5.4** (5.23) 式の線形システムは, $x^T C(t) x \geq k_1 ||x||^2$ $(k_1 > 0)$ となる任意の実正定対称 $n \times n$-マトリクス $C(t)$ に対して, $n$ 次元線形マトリクス微分方程式

$$\dot{D}(t) + A^T(t)D(t) + D(t)A(t) + \sum_{i=1}^{m} G_i^T(t) D(t) G_i(t) = -C(t) \quad (5.41)$$

が実正定対称な解をもつとき,かつそのときに限り,自乗平均指数安定である. ◁

十分性の証明についてはつぎのように行える. $V(t, x) = x^T D(t) x > 0$ $(x \neq 0)$ ととると

$$\left( \frac{\partial}{\partial t} + \mathcal{L}_x \right) V(t, x) = x^T \dot{D}(t) x + x^T A^T(t) D(t) x + x^T D(t) A(t) x$$

$$+ \sum_{i=1}^{m} x^T G_i^T(t) D(t) G_i(t) x$$

$$= x^T \left[ \dot{D}(t) + A^T(t)D(t) + D(t)A(t) + \sum_{i=1}^{m} G_i^T(t)D(t)G_i(t) \right] x$$
$$= -x^T C(t)x \leq -k_2 \|x\|^2$$

よって,定理 5.2 により証明は完結する.必要性の証明については各自試みられたい.

このような汎関数 $V(t,x)$ を確率システムにおけるリヤプノフ関数 (Lyapunov function) と呼んでいる.$A(t) \equiv A$, $G_i(t) \equiv G_i$ の場合には (5.41) 式は

$$A^T D + DA + \sum_{i=1}^{m} G_i^T D G_i = -C \tag{5.42}$$

に帰着される.$C$, $D$ はそれぞれ正定対称な定数マトリクスである.

## 演習問題

**5.1** $0 < q < p$ に対して,$p$ 乗モーメント安定ならば,$q$ 乗モーメント安定がいえることを示せ.

**5.2** 一般化されたチェビシェフの不等式 (5.12) が成り立つことを示せ.

**5.3** スカラシステム

$$dx(t) = ax(t)dt + \sigma \sin x(t)\, dw(t)$$

は,$a + \sigma^2/2 < 0$ のとき自乗平均指数安定であることを示せ.$w(t)$ は標準ウィーナ過程である.[ヒント: $V(x) = x^2$ とおき,$\mathcal{L}_x V(x) \leq -kV(x)$ $(k > 0)$ を示せ.]

**5.4** スカラシステム

$$dx(t) = -ax(t)dt + g(t)\, dw(t), \quad x(0) = x_0$$

の自乗平均 $\mathcal{E}\{|x(t)|^2\}$ は,$t \to \infty$ のとき零となることを示せ.ただし,$a > 0$,$\int_0^\infty g^2(t)dt < \infty$ とする.

# 6

# 状態推定—カルマンフィルタ

> The Kalman Filter! The term evokes many and varied responses among engineers, scientists, and managers who hear it.
>
> —— Harold W. Sorenson: *Kalman Filtering: Theory and Application*, 1985.

　不規則雑音に埋もれた信号を抽出するフィルタリング問題は，第二次世界大戦中ウィーナによって定式化され，有名なウィーナ・ホッフ積分方程式を解く問題に帰着されていたが，それを一般的に解く方法は見出されていなかった．1960〜61年にカルマンは状態空間と直交射影の概念を用いることにより，ウィーナの定式化よりもシステムダイナミクスをからませたより一般的な定式化を行い，フィルタリング理論を完成した．今日これをカルマンフィルタ (Kalman filter) と呼ぶ．

　カルマンフィルタは，1950年代後半のコンピュータの発展と歩調を合わせ，米国の月面着陸を目指したアポロ計画や惑星探査機の軌道推定などの宇宙開発をはじめとして，制御工学のみならず通信工学，土木工学，経済学，生物学など様々な分野で広く用いられている．本章では，確率微分方程式に立脚した数学モデルに対して推定理論を考察し，カルマンフィルタを導く．

## 6.1　動的システムの推定とは？

動的システム (ダイナミカルシステム)

$$dx(t) = f[t, x(t)]dt + G[t, x(t)]dw(t), \quad x(t_0) = x_0 \tag{6.1}$$

が与えられているとしよう．通常われわれはこのシステムの状態量 $x(t) \in R^n$ を直接観測 (測定) することはできず，何らかの観測機構を通して $x(t)$ についての情報を得ている．そこで，観測機構には常に雑音などの外乱が混入していると考え，

そのモデルとして

$$y_0(t) = h[t, x(t)] + R(t)\theta(t)$$

を考えてみよう．ここで，$y_0(t) \in R^m$ ($m \leq n$) は観測量ベクトルであり，$\theta(t)$ は正規性白色雑音である．どのような周波数成分をもつ雑音が介入するかわからないという理由で，白色雑音とするのが妥当であろう．しかし，このモデルは第2章で述べたように，白色雑音が現実的に実在しえない確率過程であることから，上式に代わって

$$dy(t) = h[t, x(t)]dt + R(t)dv(t) \qquad (6.2)$$

という確率微分方程式によってモデルとしよう．ここで，$v(t)$-過程は $v(t) = \int^t \theta(\tau)d\tau$ によって導入された (標準) ウィーナ過程であり，新しく表現された観測過程 $y(t)$ は，$y_0(t)$ とは $y(t) = \int^t y_0(\tau)d\tau$ (あるいは形式的に $\dot{y}(t) = y_0(t)$) の関係にある．

時間区間 $[t_0, t]$ で得られる観測データ $\{y(\tau), t_0 \leq \tau \leq t\}$ は不規則であるから，それに基づいて何らかの方法により，システムの真の値 $x(t)$ を時々刻々求めなければならない．この問題を動的システムの**状態推定問題** (state estimation problem) と呼ぶ．

さて，それでは状態量 $x(t)$ の推定値はどのようにすれば最適なものが得られるのであろうか？　観測データ $Y_t = \{y(\tau), t_0 \leq \tau \leq t\}$ に基づいて真値 $x(t)$ に "できるだけ近い" 値，すなわち $\hat{x}(t) \cong x(t, \omega)$ となる $\hat{x}(t)$ を求めればよいのであるが，$x(t, \omega)$ が確率過程であることから，どのような意味で "できるだけ近ければ" よいのだろうか？　そのためには，推定誤差ベクトルを何らかの意味で最小にするような $\hat{x}(t)$ を求めなければならないが，真値 $x(t)$ を直接知ることができないので推定誤差自体も知ることはできない．そこで，ガウスの時代より用いられている自乗規範に立脚して[1]

$$\mathcal{E}\{||x(t) - \hat{x}(t)||_M^2\} = \mathcal{E}\{[x(t) - \hat{x}(t)]^T M[x(t) - \hat{x}(t)]\} \qquad (6.3)$$

---

1　最小自乗 (least-squares) の考え方は，ガウス (Karl Friedrich Gauss, 1777-1855) が 1795 年に発見したと 1809 年の自著 "Theoria Motus Corporum Coelestium (天体の運動理論)" において述べているが，それに先立ってルジャンドル (Adrien M. Legendre, 1752-1833) は，1806 年に最小自乗法を用いた彗星の軌道決定について著書を出版している．このことから，2人の間で最小自乗法の発見について論争が起こった．今日では第一発見者はガウスであると認められているようである．

という規範を用いる．$M$ は $n \times n$-次元正定対称マトリクスである．この規範の最小化は観測データ $Y_t$ に基づいてなされなければならないので，その結果得られる最適な推定値は，当然観測データの関数となる．

さて，取得される観測データが $Y_s = \{y(\tau), t_0 \leq \tau \leq s\}$ であるとき，推定値を得たい時刻 $t$ と観測データが得られている時刻 $s$ の大小関係によって，上述の推定問題は

(i) $t > s$ のとき，**予測問題** (prediction problem)

(ii) $t = s$ のとき，**フィルタリング問題** (filtering problem)

(iii) $t < s$ のとき，**平滑問題** (smoothing problem)

に分類され，それらに対して $\hat{x}(t)$ をそれぞれ**予測値** (prediction), **推定値** (estimation), **平滑値** (smoothing value) と呼ぶ．本章ではフィルタリング問題を中心に述べ，§6.9 で平滑問題を考察する．

さて，最適な推定値 $\hat{x}(t)$ はどのような量であろうか？ すでに述べたように，$\hat{x}(t)$ は $Y_t$ より生成される関数であるが，そのデータ $Y_t$ は一本の見本過程にすぎない．したがって，もっと一般的に，どのような観測データが得られたとしても常にそのデータの関数として生成されなければならない．いいかえれば，$\mathcal{Y}_t = \sigma\{y(\tau), t_0 \leq \tau \leq t\}$ を $Y_t$ の $\sigma$-代数とすれば，$\hat{x}(t)$ は $\mathcal{Y}_t$-可測 ($\mathcal{Y}_t$-measurable) な量として生成されなければならない[2]．

ところで，$\mathcal{E}\{\cdot \mid \mathcal{Y}_t\}$ を $\mathcal{Y}_t$ の条件付期待値演算子とすれば，期待値演算の性質 $\mathcal{E}\{\mathcal{E}\{\cdot \mid \mathcal{Y}_t\}\} = \mathcal{E}\{\cdot\}$ から

$$\mathcal{E}\{\|x(t) - \hat{x}(t)\|_M^2\} = \mathcal{E}\{\mathcal{E}\{\|x(t) - \hat{x}(t)\|_M^2 \mid \mathcal{Y}_t\}\} \tag{6.4}$$

が成り立つから，推定規範 (6.3) を最小にする $\hat{x}(t)$ を求めることは，$\mathcal{E}\{\|x(t) - \hat{x}(t)\|_M^2 \mid \mathcal{Y}_t\}$ を最小にすることと等価であることがわかる．そこで，$\xi(t) \in R^n$ を $\mathcal{Y}_t$-可測な関数とすれば，

$$\begin{aligned}\mathcal{E}\{\|x(t) - \hat{x}(t)\|_M^2 \mid \mathcal{Y}_t\} &= \mathcal{E}\{\|x(t) - \xi(t) + \xi(t) - \hat{x}(t)\|_M^2 \mid \mathcal{Y}_t\} \\ &= \mathcal{E}\{\|x(t) - \xi(t)\|_M^2 \mid \mathcal{Y}_t\} + \|\xi(t) - \hat{x}(t)\|_M^2 \\ &\quad + 2[\xi(t) - \hat{x}(t)]^T M \mathcal{E}\{x(t) - \xi(t) \mid \mathcal{Y}_t\}\end{aligned} \tag{6.5}$$

---

[2] "$\hat{x}(t)$ が $\mathcal{Y}_t$-可測である" というのは，ひらたくいえば $\hat{x}(t)$ が集合 $\mathcal{Y}_t$ の元 $Y_t$ の関数として得られるということを意味する．したがって，$\mathcal{E}\{\hat{x}(t) \mid \mathcal{Y}_t\} = \hat{x}(t)$ のように $\mathcal{Y}_t$ の条件付期待値演算の外に飛び出る．

ここで, 最右辺第3項については

$$[\xi(t) - \hat{x}(t)]^T M \mathcal{E}\{x(t) - \xi(t) \,|\, \mathcal{Y}_t\}$$
$$= [\xi(t) - \hat{x}(t)]^T M [\mathcal{E}\{x(t) \,|\, \mathcal{Y}_t\} - \xi(t)]$$

となるから, $\xi(t)$ として

$$\xi(t) = \mathcal{E}\{x(t) \,|\, \mathcal{Y}_t\} \tag{6.6}$$

と選べば, (6.5)式の第3項は零となる. また第1項は $\hat{x}(t)$ には無関係であるから, 結局 (6.5)式より

$$\mathcal{E}\{\|x(t) - \hat{x}(t)\|_M^2\} = \text{const.} + \mathcal{E}\{\|\xi(t) - \hat{x}(t)\|_M^2\} \tag{6.7}$$

となる. これより, $M$ のとり方には依存せず $\hat{x}(t) = \xi(t)$ のとき (6.7) は最小となる. よって, $\hat{x}(t)$ を改めて $\hat{x}(t\,|\,t)$ と表現すると

$$\hat{x}(t\,|\,t) = \mathcal{E}\{x(t) \,|\, \mathcal{Y}_t\} \tag{6.8}$$

が**最適推定値** (optimal estimate) となる. すなわち, 最適推定値は状態量ベクトル $x(t)$ の条件付期待値そのものであることが明らかになった. この $\hat{x}(t\,|\,t)$ は推定誤差分散 $\mathcal{E}\{\|x(t) - \hat{x}(t\,|\,t)\|_M^2\}$ を最小にすることから, **最小分散推定値** (minimum variance estimate) でもある.

さらに,

$$\mathcal{E}\{x(t) - \hat{x}(t\,|\,t)\} = \mathcal{E}\{\mathcal{E}\{x(t) - \hat{x}(t\,|\,t) \,|\, \mathcal{Y}_t\}\}$$
$$= \mathcal{E}\{\mathcal{E}\{x(t) \,|\, \mathcal{Y}_t\}\} - \mathcal{E}\{\hat{x}(t\,|\,t)\} = 0$$

より,

$$\mathcal{E}\{x(t)\} = \mathcal{E}\{\hat{x}(t\,|\,t)\} \tag{6.9}$$

という**不偏推定量** (unbiased estimator) の性質を $\hat{x}(t\,|\,t)$ はもつ. 上述の議論を幾何学的に示すと, 図6.1のようになる. すなわち, 最適推定値 $\hat{x}(t\,|\,t)$ は観測データが張る空間への**正射影** (orthogonal projection) になっている (P: 6.2).

さて, 条件付共分散マトリクス

$$P(t\,|\,t) := \mathcal{E}\{[x(t) - \hat{x}(t\,|\,t)][x(t) - \hat{x}(t\,|\,t)]^T \,|\, \mathcal{Y}_t\} \tag{6.10}$$

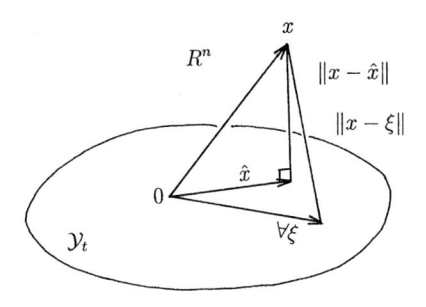

図 **6.1** $\hat{x}$ が正射影であることの説明

を定義すると,

$$\mathcal{E}\{\|x(t) - \hat{x}(t\,|\,t)\|^2\} = \mathcal{E}\{\mathcal{E}\{\|x(t) - \hat{x}(t\,|\,t)\|^2\,|\,\mathcal{Y}_t\}\}$$
$$= \mathrm{tr}\,\mathcal{E}\{P(t\,|\,t)\}$$

という関係を得るから, この共分散マトリクス $P(t\,|\,t)$ は推定誤差の程度を表す尺度とみなすことができ, **推定誤差共分散マトリクス** (estimation error covariance matrix) と呼ぶ.

## 6.2 条件付確率密度関数の時間進化

前節において, 動的システム (6.1) の状態量 $x(t)$ に対する最適推定値は, (6.2) 式で与えられる観測データの集積である $\mathcal{Y}_t$ の条件付期待値 $\hat{x}(t\,|\,t) = \mathcal{E}\{x(t)\,|\,\mathcal{Y}_t\}$ で与えられることがわかった. つぎに, これを求めよう.

ところで,

$$\hat{x}(t\,|\,t) = \int_{R^n} x\,p\{t, x\,|\,\mathcal{Y}_t\}dx \tag{6.11}$$

であるから, $\hat{x}(t\,|\,t)$ を求めることは, 条件付確率密度関数 $p\{t, x\,|\,\mathcal{Y}_t\}$ を求めることに他ならない. しかし, これを直ちに求めることは (後でわかるように) 容易なことではない. そこで, 推定値の時間進化 $d\hat{x}(t\,|\,t)$ に着目し,

$$d\hat{x}(t\,|\,t) = \int_{R^n} x\,dp\{t, x\,|\,\mathcal{Y}_t\}dx \tag{6.12}$$

となることから, $p\{t, x\,|\,\mathcal{Y}_t\}$ に代わって $dp\{t, x\,|\,\mathcal{Y}_t\}$ を求めることを考える. いいかえれば, このことは $p\{t, x\,|\,\mathcal{Y}_t\}$ の満たす方程式を求めることである.

さて，微小時間区間 $[t, t+\delta t]$ で得られた観測値を $\delta y_t\ (=\delta y(t))$ とすると，それによって確率密度関数に与えた変化 $\delta p$ は

$$\begin{aligned}
\delta p &= p\{t+\delta t, x \mid \mathcal{Y}_{t+\delta t}\} - p\{t, x \mid \mathcal{Y}_t\} \\
&= [p\{t+\delta t, x \mid \mathcal{Y}_{t+\delta t}\} - p\{t, x \mid \mathcal{Y}_{t+\delta t}\}] + [p\{t, x \mid \mathcal{Y}_{t+\delta t}\} - p\{t, x \mid \mathcal{Y}_t\}] \\
&=: \delta p_d + \delta p_o
\end{aligned} \tag{6.13}$$

と表現される．$\delta p_d, \delta p_o$ はそれぞれダイナミクスおよび観測値 $\delta y_t$ によって生じる変化分であるとみなせる．システム雑音 $\{w(t)\}$ と観測雑音 $\{v(t)\}$ は互いに独立であると仮定すると，$\delta p_d$ と $\delta p_o$ は互いに独立になり，それらは別々に計算できる．

$\delta p_d$ については，観測値の条件 $\mathcal{Y}_{t+\delta t} = \{\mathcal{Y}_t, \delta y_t\}$ は変わらず，ダイナミクスのみによる変化であるから，これはすでに §4.6 で求めたコルモゴロフの前向き方程式 (4.54) で与えられる．

$$\delta p_d = \mathcal{L}_x^* \, p\{t, x \mid \mathcal{Y}_t, \delta y_t\} \delta t + o(\delta t) \tag{6.14}$$

つぎに，$\delta p_o$ を計算しよう．ベイズの定理 $(p(x|y) = p(y|x)p(x)/p(y))$ より

$$\begin{aligned}
p\{t, x \mid \mathcal{Y}_t, \delta y_t\} &= \frac{p\{\delta y_t \mid x_t\} p\{t, x \mid \mathcal{Y}_t\}}{p\{\delta y_t \mid \mathcal{Y}_t\}} \\
&= \frac{p\{\delta y_t \mid x_t\} p\{t, x \mid \mathcal{Y}_t\}}{\displaystyle\int_{R^n} p\{\delta y_t \mid x_t\} p\{t, x \mid \mathcal{Y}_t\} dx}
\end{aligned} \tag{6.15}$$

となる．ここで，$\delta y_t = h(t, x)\delta t + R_t \delta v_t$ であるから，これは $\delta y_t \sim N[h(t,x)\delta t, R_t R_t^T \delta t]$ の正規性過程となるので

$$\begin{aligned}
p\{\delta y_t \mid x_t\} &= (2\pi)^{-\frac{m}{2}} \det(R_t R_t^T \delta t) \\
&\quad \cdot \exp\left\{-\frac{1}{2\delta t}[\delta y_t - h(t,x)\delta t]^T (R_t R_t^T)^{-1} [\delta y_t - h(t,x)\delta t]\right\} \\
&= c_t \exp\left\{-\frac{1}{2\delta t}(\delta y_t)^T (R_t R_t^T)^{-1} \delta y_t + (\delta y_t)^T (R_t R_t^T)^{-1} h(t,x) \right. \\
&\quad \left. -\frac{1}{2} h^T(t,x)(R_t R_t^T)^{-1} h(t,x) \delta t\right\}
\end{aligned} \tag{6.16}$$

となる．(6.16) 式を (6.15) 式の分子，分母に代入し，積分変数 $x$ に依存しない共

## 6.2 条件付確率密度関数の時間進化

通項を分子,分母間で消去すると次式を得る.

$$p\{t,x\,|\,\mathcal{Y}_t,\delta y_t\}$$
$$= \frac{p\{t,x\,|\,\mathcal{Y}_t\}\exp\left\{(\delta y_t)^T(R_t R_t^T)^{-1}h - \frac{1}{2}h^T(R_t R_t^T)^{-1}h\delta t\right\}}{\displaystyle\int_{R^n}[\text{分子}]\,dx} \quad (6.17)$$

ここで,

$$E(\delta t,\delta y_t) := \frac{p\{t,x\,|\,\mathcal{Y}_t,\delta y_t\}}{p\{t,x\,|\,\mathcal{Y}_t\}} \quad (6.18)$$

とおき,これを $(0,0)$ のまわりでテイラー展開し,$\delta t$ のオーダーまで保持すると

$$E(\delta t,\delta y_t) = E(0,0) + E_{\delta t}(0,0)\,\delta t + E_{\delta y_t}^T(0,0)\,\delta y_t$$
$$+ \frac{1}{2}(\delta y_t)^T E_{\delta y_t,\delta y_t}(0,0)\,\delta y_t + o(\delta t) \quad (6.19)$$

を得る.(6.17), (6.18) 式より

$$E(\delta t,\delta y_t)$$
$$= \frac{\exp\{(\delta y_t)^T(R_t R_t^T)^{-1}h - \frac{1}{2}h^T(R_t R_t^T)^{-1}h\delta t\}}{\displaystyle\int_{R^n} p\{t,x\,|\,\mathcal{Y}_t\}\exp\{(\delta y_t)^T(R_t R_t^T)^{-1}h - \frac{1}{2}h^T(R_t R_t^T)^{-1}h\delta t\}dx}$$
$$=: \frac{[N]}{[D]} \quad (6.20)$$

となるから,$(\delta y_t)(\delta y_t)^T \sim R_t\delta t + o(\delta t)$, $(\delta y_t)(\delta t) \sim o(\delta t^{\frac{3}{2}})$ であることを考慮して,まず偏微分 $[N]_{\delta t}$, $[D]_{\delta t}$, $[N]_{\delta y_t}$, $[D]_{\delta y_t}$, $[N]_{\delta y_t,\delta y_t}$, $[D]_{\delta y_t,\delta y_t}$ を求めることによって,以下の式を得る (計算は煩雑になるので結果のみ示す).ここで,$\hat{h} = \int h(t,x)p\,dx$,また記号 $\{\,\cdot\,\}^\frown = \mathcal{E}\{\,\cdot\,|\,\mathcal{Y}_t\} = \int \cdot\,p\,dx$ である.

$$E(0,0) = 1$$
$$E_{\delta t}(0,0) = -\frac{1}{2}h^T(R_t R_t^T)^{-1}h + \frac{1}{2}\{h^T(R_t R_r^T)^{-1}h\}^\frown$$
$$E_{\delta y_t}(0,0) = (R_t R_t^T)^{-1}(h - \hat{h})$$
$$E_{\delta y_t,\delta y_t}(0,0) = (R_t R_t^T)^{-1}hh^T(R_t R_t^T)^{-1} - (R_t R_t^T)^{-1}\{hh^T\}^\frown(R_t R_t^T)^{-1}$$
$$\qquad - 2(R_t R_t^T)^{-1}h\hat{h}^T(R_t R_t^T)^{-1} + 2(R_t R_t^T)^{-1}\hat{h}\hat{h}^T(R_t R_t^T)^{-1}$$

したがって,

$$E(\delta t, \delta y_t) = 1 - \frac{1}{2}\left[h^T(R_t R_t^T)^{-1}h - \{h^T(R_t R_t^T)^{-1}h\}^\frown\right]\delta t$$
$$+ (h - \hat{h})^T(R_t R_t^T)^{-1}\delta y_t + \frac{1}{2}(\delta y_t)^T(R_t R_t^T)^{-1}\left[hh^T - \{hh^T\}^\frown\right.$$
$$\left. - 2h\hat{h}^T + 2\hat{h}\hat{h}^T\right](R_t R_t^T)^{-1}\delta y_t + o(\delta t) \tag{6.21}$$

となる. さらに, $(\delta y_t)(\delta y_t)^T$ を $R_t R_t^T \delta t$ で置換することによって, (6.21) 式は

$$E(\delta t, \delta y_t) = 1 + (h - \hat{h})^T(R_t R_t^T)^{-1}(\delta y_t - \hat{h}\delta t) \tag{6.22}$$

となる. よって, (6.18), (6.22) 式から

$$p\{t, x \mid \mathcal{Y}_t, \delta y_t\} = p\{t, x \mid \mathcal{Y}_t\}\left[1 + (h - \hat{h})^T(R_t R_t^T)^{-1}(\delta y_t - \hat{h}\delta t)\right] \tag{6.23}$$

となるので, これより

$$\delta p_0 = (h - \hat{h})^T(R_t R_t^T)^{-1}(\delta y_t - \hat{h}\delta t)\, p\{t, x \mid \mathcal{Y}_t\} \tag{6.24}$$

となる.

また, (6.23) 式を (6.14) 式に代入し, $(\delta y_t - \hat{h}\delta t) \sim o(\delta t^{\frac{1}{2}})$ に留意すると

$$\delta p_d = \mathcal{L}_x^* p\{t, x \mid \mathcal{Y}_t\}\delta t + o(\delta t^{\frac{3}{2}}) \tag{6.25}$$

となるから, (6.24), (6.25) 式を (6.13) 式に代入して, $\delta t \to 0$ とすることによって $p\{t, x \mid \mathcal{Y}_t\}$ についてのつぎの確率偏微分積分方程式を得る.

$$dp\{t, x \mid \mathcal{Y}_t\} = \mathcal{L}_x^* p\{t, x \mid \mathcal{Y}_t\}dt$$
$$+ p\{t, x \mid \mathcal{Y}_t\}[h(t, x) - \hat{h}(t, x)]^T(R_t R_t^T)^{-1}\{dy(t) - \hat{h}(t, x)dt\} \tag{6.26}$$

ここで

$$\hat{h}(t, x) = \int_{R^n} h(t, x)\, p\{t, x \mid \mathcal{Y}_t\}dx \tag{6.27}$$

である. (6.26) 式を**クスナー方程式** (Kushner equation)[3] と呼ぶ.

---

3 Harold J. Kushner (1933- ). 米国ブラウン大学教授.

この式は $p$ についての非線形方程式であり，右辺の第 1 項が，ダイナミクスの変動に対する $p$ の変化を表すコルモゴロフの方程式そのものであり，第 2 項が観測値 $\delta y(t)$ を得たことによって，$p$ の変化を修正する項となっていることに留意されたい．もし観測雑音が大きすぎて観測データが無意味となるか，あるいはそれがない $((R_t R_t^T)^{-1} \equiv 0)$ とすると，(6.26) 式の修正項は零となって，(6.26) 式はコルモゴロフの前向き方程式に帰着してしまう．

(6.26) 式は適当な仮定のもとでつぎのような解をもつ．

$$p\{t, x \,|\, \mathcal{Y}_t\} = \frac{\mathcal{E}\left\{\exp\left[-\frac{1}{2}\int_{t_0}^{t} h_\tau^T (R_\tau R_\tau^T)^{-1} h_\tau d\tau + \int_{t_0}^{t} h_\tau^T (R_\tau R_\tau^T)^{-1} dy_\tau\right] \,\Big|\, x_t\right\} p(t, x)}{\mathcal{E}\left\{\exp\left[-\frac{1}{2}\int_{t_0}^{t} h_\tau^T (R_\tau R_\tau^T)^{-1} h_\tau d\tau + \int_{t_0}^{t} h_\tau^T (R_\tau R_\tau^T)^{-1} dy_\tau\right]\right\}} \tag{6.28}$$

この式を表現定理 (representation theorem) とも呼ぶ．

クスナー方程式 (6.26) は非線形確率偏微分積分方程式であるが，これはある変換を施すことによって線形方程式になる (P: 6.7, 6.8)．

### 6.3　モーメント関数の時間進化

さて，$\varphi(x)$ を状態変数 $x(t)$ に関して 2 回微分可能なスカラ関数とする．このとき，

$$\hat{\varphi}(x_t) = \mathcal{E}\{\varphi(x_t) \,|\, \mathcal{Y}_t\} \tag{6.29}$$

によって定義される条件付関数 $\hat{\varphi}(x_t)$ の時間進化 $d\hat{\varphi}(x_t)$ を，前節で求めたクスナー方程式を用いて求めよう．

(6.26) 式より

$$\begin{aligned}
d\hat{\varphi}(x_t) &= \int_{R^n} \varphi(x)(dp)\,dx \\
&= \left[\int_{R^n} \varphi(x)\mathcal{L}_x^* p\,dx\right] dt \\
&\quad + \int_{R^n} \varphi(x)(h_t - \hat{h}_t)^T (R_t R_t^T)^{-1}(dy_t - \hat{h}_t dt)\,p\,dx \tag{6.30}
\end{aligned}$$

となる．右辺の第1項については，$p \to 0$ ($x_i \to \pm\infty$) のもとで部分積分を実行することにより

$$\int_{R^n} \varphi(x) \mathcal{L}_x^* p \, dx$$
$$= \int_{R^n} \varphi(x) \left[ -\sum_i^n \frac{\partial}{\partial x_i}(pf_i) + \frac{1}{2} \sum_{i,j}^n \frac{\partial^2}{\partial x_i \partial x_j} \left( p[GQG^T]_{ij} \right) \right] dx$$
$$= \sum_i^n \int_{R^n} \frac{\partial \varphi(x)}{\partial x_i} f_i(t,x) p \, dx + \frac{1}{2} \sum_{i,j}^n \int_{R^n} \frac{\partial^2 \varphi(x)}{\partial x_i \partial x_j} (GQG^T) p \, dx$$
$$= \mathcal{E}\{\varphi_x^T(x) f(t,x) \mid \mathcal{Y}_t\} + \frac{1}{2} \operatorname{tr} \mathcal{E}\{GQG^T \varphi_{xx}(x) \mid \mathcal{Y}_t\}$$

($\varphi_x, \varphi_{xx}$ はそれぞれ1階および2階偏微分) となり，また第2項については

$$\int_{R^n} \varphi(x)(h_t - \hat{h}_t)^T (R_t R_t^T)^{-1}(dy_t - \hat{h}_t dt) p \, dx$$
$$= \mathcal{E}\{\varphi(x)(h_t - \hat{h}_t)^T \mid \mathcal{Y}_t\} (R_t R_t^T)^{-1} (dy_t - \hat{h}_t dt)$$

となるから，(6.30) 式はつぎのようになる．

$$d\hat{\varphi}(x_t) = \left[ \mathcal{E}\{\varphi_x^T f \mid \mathcal{Y}_t\} + \frac{1}{2} \operatorname{tr} \mathcal{E}\{GQG^T \varphi_{xx} \mid \mathcal{Y}_t\} \right] dt$$
$$+ [\mathcal{E}\{\varphi h \mid \mathcal{Y}_t\} - \hat{\varphi}\hat{h}]^T (R_t R_t^T)^{-1} (dy_t - \hat{h} dt) \qquad (6.31)$$

これがシステム状態量 $x(t)$ の各モーメントを求めるための基本の式となる．以下では，状態量の条件付平均値と共分散マトリクスを求めてみよう．

まず，$\varphi(x) = x_i$ ($i = 1, 2, \cdots, n$) とおくと，$\hat{x}_i$ ($= \mathcal{E}\{x_i(t) \mid \mathcal{Y}_t\}$) に対して

$$d\hat{x}_i = \hat{f}_i(t,x) dt + [\mathcal{E}\{x_i(t) h(t,x) \mid \mathcal{Y}_t\} - \hat{x}_i \hat{h}(t,x)]^T$$
$$\cdot \{R(t) R^T(t)\}^{-1} \{dy_t - \hat{h}(t,x) dt\} \qquad (6.32)$$

を得る．

つぎに，

$$P_t = \mathcal{E}\{(x_t - \hat{x}_t)(x_t - \hat{x}_t)^T \mid \mathcal{Y}_t\} = \mathcal{E}\{x_t x_t^T \mid \mathcal{Y}_t\} - \hat{x}_t \hat{x}_t^T \qquad (6.33)$$

に留意すると，その確率微分は

$$dP_t = d\mathcal{E}\{x_t x_t^T \mid \mathcal{Y}_t\} - d(\hat{x}_t \hat{x}_t^T)$$

によって計算できる.そこで, (6.31) 式において $\varphi(x) = x_i x_j$ とおくことによって,

$$d\mathcal{E}\{x_i(t)x_j(t) \,|\, \mathcal{Y}_t\}$$
$$= [\mathcal{E}\{x_i f_j \,|\, \mathcal{Y}_t\} + \mathcal{E}\{f_i x_j \,|\, \mathcal{Y}_t\} + \mathcal{E}\{[GQG^T]_{ij} \,|\, \mathcal{Y}_t\}] \, dt$$
$$+ [\mathcal{E}\{x_i x_j h \,|\, \mathcal{Y}_t\} - \mathcal{E}\{x_i x_j \,|\, \mathcal{Y}_t\}\hat{h}]^T (R_t R_t^T)^{-1} \{dy_t - \hat{h} \, dt\}$$

また, (6.32) 式を用いると

$$d(\hat{x}_i \hat{x}_j) = \hat{x}_i \, d\hat{x}_j + (d\hat{x}_i) \, \hat{x}_j + (d\hat{x}_i)(d\hat{x}_j)$$
$$= \hat{x}_i \, d\hat{x}_j + (d\hat{x}_i) \, \hat{x}_j + [\mathcal{E}\{x_i h \,|\, \mathcal{Y}_t\} - \hat{x}_i \hat{h}]^T$$
$$\cdot (R_t R_t^T)^{-1} [\mathcal{E}\{h x_j \,|\, \mathcal{Y}_t\} - \hat{h} \hat{x}_j] \, dt$$

となる.したがって,これらより

$$(dP_t)_{ij} = \{[\mathcal{E}\{x_i f_j \,|\, \mathcal{Y}_t\} - \hat{x}_i \hat{f}_j]$$
$$+ [\mathcal{E}\{f_i x_j \,|\, \mathcal{Y}_t\} - \hat{f}_i \hat{x}_j] + \mathcal{E}\{[GQG^T]_{ij} \,|\, \mathcal{Y}_t\}$$
$$- [\mathcal{E}\{x_i h \,|\, \mathcal{Y}_t\} - \hat{x}_i \hat{h}]^T (R_t R_t^T)^{-1} [\mathcal{E}\{h x_j \,|\, \mathcal{Y}_t\} - \hat{h} \hat{x}_j]\} dt$$
$$+ [\mathcal{E}\{x_i x_j h \,|\, \mathcal{Y}_t\} - \mathcal{E}\{x_i x_j \,|\, \mathcal{Y}_t\}\hat{h}$$
$$- \hat{x}_i \mathcal{E}\{x_j h \,|\, \mathcal{Y}_t\} - \hat{x}_j \mathcal{E}\{x_i h \,|\, \mathcal{Y}_t\}$$
$$+ 2\hat{x}_i \hat{x}_j \hat{h}]^T (R_t R_t^T)^{-1} \{dy_t - \hat{h} \, dt\} \tag{6.34}$$

を得る. (6.32), (6.34) 式が $\hat{x}(t\,|\,t)$ および $P(t\,|\,t)$ のそれぞれの要素 $\hat{x}_i(t\,|\,t)$, $P_{ij}(t\,|\,t)$ ($i, j = 1, 2, \cdots, n$) の時間進化の式を与える.

## 6.4　カルマンフィルタ

§6.2, 6.3 では,非線形システムに対しての推定問題を一般的に論じた.以下では,線形システムに対してのそれを考える.ここで導かれる状態推定方程式が,有名なカルマンフィルタである.

システムおよび観測方程式を線形とする.

$$dx(t) = A(t)x(t)dt + G(t)dw(t), \quad x(t_0) = x_0 \tag{6.35}$$
$$dy(t) = H(t)x(t)dt + R(t)dv(t), \quad y(t_0) = 0 \tag{6.36}$$

ここで, $x \in R^n$, $y \in R^m$, $w \in R^{d_1}$, $v \in R^{d_2}$, $R(t)R^T(t) > 0$ とし, $w(t)$ と $v(t)$ とは互いに独立でそれぞれ共分散マトリクス $Q(t)$, $I$ をもつとする. このとき, クスナー方程式 (6.26) はつぎのようになる.

$$dp = -p\,\mathrm{tr}(A)\,dt - x^T A^T \frac{\partial p}{\partial x}dt + \frac{1}{2}\mathrm{tr}\left\{GQG^T \frac{\partial}{\partial x}\left(\frac{\partial p}{\partial x}\right)^T\right\}dt$$
$$+ p(x-\hat{x})^T H^T (RR^T)^{-1}\{dy_t - H\hat{x}dt\} \tag{6.37}$$

さて, $f = Ax$, $h = Hx$ であるから

$$\mathcal{E}\{xh^T\,|\,\mathcal{Y}_t\} - \hat{x}\hat{h}^T = [\,\mathcal{E}\{xx^T\,|\,\mathcal{Y}_t\} - \hat{x}\hat{x}^T\,]H^T = P_t H^T$$
$$\mathcal{E}\{xf^T\,|\,\mathcal{Y}_t\} - \hat{x}\hat{f}^T = P_t A^T$$

また, 確率密度関数は正規性であるから, 3次モーメントは零となる. すなわち,

$$\mathcal{E}\{(x_i - \hat{x}_i)(x_j - \hat{x}_j)(x_k - \hat{x}_k)\,|\,\mathcal{Y}_t\} = 0$$

したがって, (6.32), (6.34) 式より, 次式を得る.

$$d\hat{x}(t\,|\,t) = A(t)\hat{x}(t\,|\,t)dt$$
$$+ P(t\,|\,t)H^T(t)\{R(t)R^T(t)\}^{-1}\{dy(t) - H(t)\hat{x}(t\,|\,t)dt\} \tag{6.38}$$
$$\dot{P}(t\,|\,t) = A(t)P(t\,|\,t) + P(t\,|\,t)A^T(t) + G(t)Q(t)G^T(t)$$
$$- P(t\,|\,t)H^T(t)\{R(t)R^T(t)\}^{-1}H(t)P(t\,|\,t) \tag{6.39}$$

それぞれの初期値は $\hat{x}(t_0\,|\,t_0) = \mathcal{E}\{x(t_0)\}\;(=\hat{x}_0)$, $P(t_0\,|\,t_0) = \mathcal{E}\{[x(t_0) - \hat{x}(t_0\,|\,t_0)][x(t_0) - \hat{x}(t_0\,|\,t_0)]^T\}\;(=P_0)$ である. これを **カルマンフィルタ** (Kalman filter) と呼ぶ[4]. (6.39) 式は **(マトリクス) リッカチ微分方程式** (matrix Riccati differential equation) である (P: 6.1). カルマンフィルタの特徴・性質については §6.8 において述べる.

**シミュレーション例** 図 6.2〜6.4 にカルマンフィルタのシミュレーション例を示す. (6.35), (6.36) 式において

$$A = \begin{bmatrix} 0 & 1 \\ -1.5 & -1 \end{bmatrix},\quad G = \begin{bmatrix} 0 \\ 0.45 \end{bmatrix},\quad H = [1\ 0],\quad R = 0.3$$

---

[4] Rudolf Emil Kalman (1930- ). ハンガリー生まれ. 米国のシステム工学者. 米国フロリダ大学とスイス連邦大学 (ETH) の教授. 1960 年に離散時間システムに対するカルマンフィルタを導出し, 1961 年にビューシー (Richard S. Bucy) とともに連続時間システムに対するフィルタを導出した. システムの可制御・可観測性をも含めたシステムの構造理論によって, 1986 年第 1 回京都賞 (先端科学技術部門) 受賞.

とし, §4.8 で述べた方法により時間差分幅を $\delta t = 0.005$ (sec) としてシステムおよび観測雑音を生成し, (6.35)〜(6.39) 式を離散表現して数値計算を行った. これは 2 次系 $\ddot{x}(t) + \dot{x}(t) + 1.5x(t) = 0.45\gamma(t)$, $y(t) = x(t) + 0.3\theta(t)$ に対応する. 観測データ $dy(t)$ と $y(t)$ を示したのが図 6.2 である. これに基づいてカルマンフィルタにより状態推定を行った. 図 6.3 に状態量 $x_1(t)(= x(t))$, $x_2(t)(= \dot{x}(t))$ の推定の様子を, また図 6.4 に推定誤差共分散マトリクス $P(t|t)$ の要素の時間進化の様子を示す.

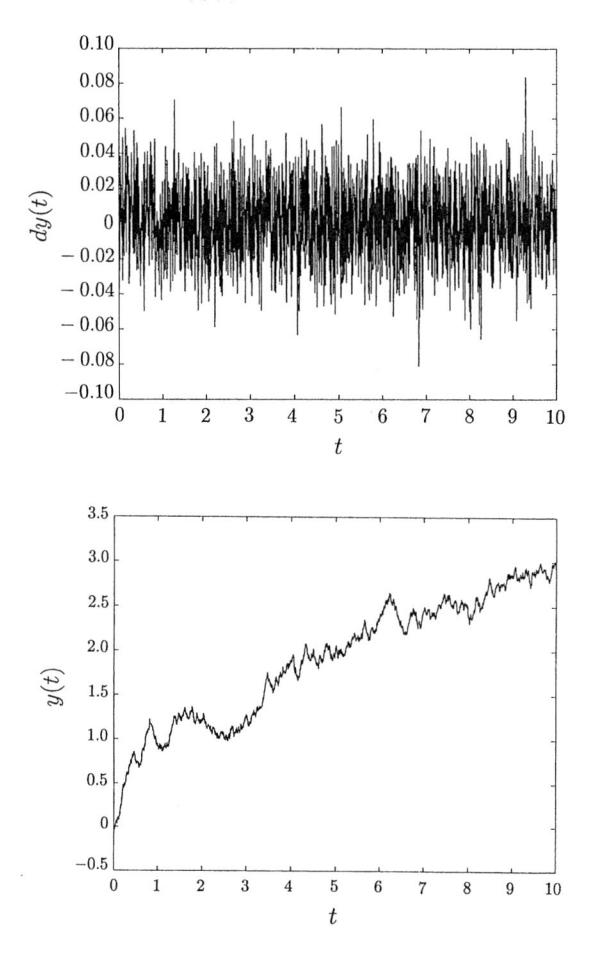

図 **6.2** 観測データ $dy(t)$ および $y(t)$

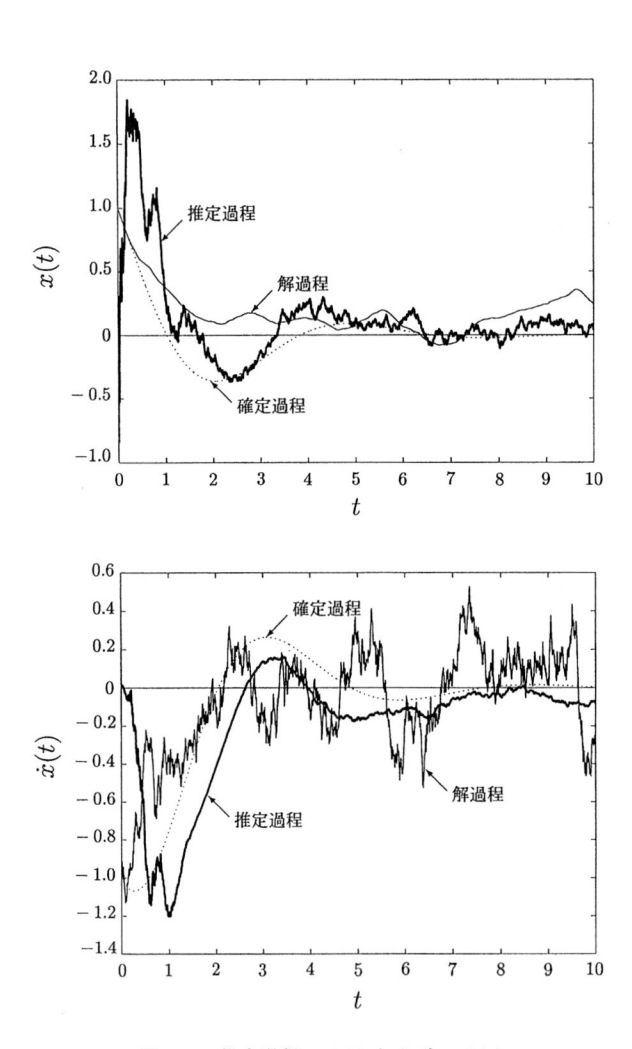

図 **6.3** 推定過程 $\hat{x}_1(t|t)$ および $\hat{x}_2(t|t)$

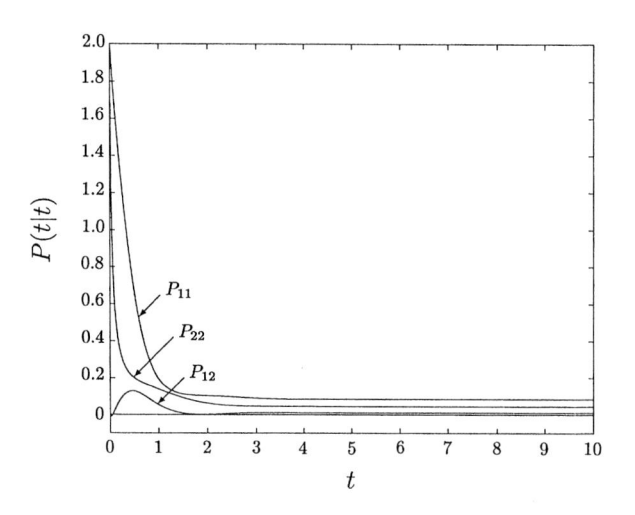

図 **6.4** 推定誤差共分散過程

## 6.5 イノベーション過程

カルマンフィルタ (6.38) 式やクスナー方程式 (6.26) には，観測データによる修正項に $\{dy(t) - H(t)\hat{x}(t\,|\,t)dt\}$, あるいは $\{dy(t) - \hat{h}(t,x)dt\}$ という項が現れる. これらの項が何を意味するのか調べてみよう.

まず，

$$d\nu(t) = dy(t) - H(t)\hat{x}(t\,|\,t)dt, \quad \nu(t_0) = 0 \tag{6.40}$$

によって定義される線形過程について考察しよう. この解は

$$\begin{aligned}
\nu(t) &= \nu(s) + \int_s^t dy(\tau) - \int_s^t H(\tau)\hat{x}(\tau\,|\,\tau)\,d\tau \\
&= \nu(s) + \int_s^t H(\tau)[x(\tau) - \hat{x}(\tau\,|\,\tau)]\,d\tau + \int_s^t R(\tau)\,dv(\tau) \\
&\quad (t_0 \leq s \leq t)
\end{aligned} \tag{6.41}$$

となるから，$\mathcal{E}\{\,\cdot\,|\,\mathcal{Y}_s\} = \mathcal{E}\{\mathcal{E}\{\,\cdot\,|\,\mathcal{Y}_\tau\}\,|\,\mathcal{Y}_s\}$ $(s < \tau)$ を用いて

$$\begin{aligned}
\mathcal{E}\{\nu(t)\,|\,\mathcal{Y}_s\} &= \nu_s + \int_s^t H(\tau)\,\mathcal{E}\{\mathcal{E}\{x(\tau) - \hat{x}(\tau\,|\,\tau)\,|\,\mathcal{Y}_\tau\,\}\,|\,\mathcal{Y}_s\}\,d\tau \\
&= \nu_s \quad (\nu_s = \nu(s))
\end{aligned} \tag{6.42}$$

となるので, $\nu(t)$-過程は $\mathcal{Y}_t$ に関してマルチンゲール (§2.9) である. さらに,

$$\mathcal{E}\{d\nu(t)\} = \mathcal{E}\{\mathcal{E}\{d\nu(t) \,|\, \mathcal{Y}_t\}\}$$
$$= \mathcal{E}\{\mathcal{E}\{H(t)[x(t)-\hat{x}(t\,|\,t)]dt + R(t)dv(t)\,|\,\mathcal{Y}_t\}\} = 0 \tag{6.43}$$

$$\mathcal{E}\{d\nu(t)[d\nu(t)]^T\} = R(t)R^T(t)dt \tag{6.44}$$

が成り立ち, また $\nu(t)$-過程は正規性過程になるから, 結局 (6.40) 式で定義される $\nu(t)$-過程は, 共分散マトリクス $R(t)R^T(t)$ をもつウィーナ過程に他ならない. したがって, カルマン推定方程式 (6.38) は

$$d\hat{x}(t\,|\,t) = A(t)\hat{x}(t\,|\,t)dt + K(t)d\nu(t), \tag{6.45}$$
$$K(t) = P(t\,|\,t)H^T(t)\{R(t)R^T(t)\}^{-1}$$

という伊藤確率微分方程式によって記述されることになる. このことから, 推定過程 $\hat{x}(t\,|\,t)$ はマルコフ過程となる.

この $\nu(t)$-過程は, 雑音のモデルとして用いられるウィーナ過程であるにもかかわらず, それは貴重な観測情報を含んでいる. これを**イノベーション過程** (innovation process) と呼ぶ.

イノベーション過程の重要性は, それが観測過程と等価であるという点にある. すなわち, 証明は省くが, $\mathcal{Y}_t = \sigma\{y(\tau), \, t_0 \leq \tau \leq t\}$ と $\nu(t)$-過程から生成される $\sigma$-代数 $\sigma\{\nu(\tau), \, t_0 \leq \tau \leq t\}$ とが等価である. この事実を用いて, §6.6 ではカルマンフィルタの別の導出法を述べる.

クスナー方程式に現れる (非線形) 過程 $d\nu(t) = dy(t) - \hat{h}(t,x)dt$ についても, $\mathcal{E}\{d\nu(t)\} = 0$, $\mathcal{E}\{d\nu(t)[d\nu(t)]^T\} = R(t)R^T(t)dt$ が成り立ち, 観測過程との等価性は証明されている.

## 6.6 イノベーション法によるカルマンフィルタの導出

システムおよび観測方程式が線形で, それぞれ (6.35), (6.36) 式によって与えられるとする ($t_0 = 0$ とする). ここでは, イノベーション過程に着目した方法によって, カルマンフィルタを導出してみよう. 観測雑音項を $R(t)dv(t) \equiv dv_0(t)$ と表記する. このとき, $v(t)$-過程が標準ウィーナ過程であったから, $v_0(t)$ は共分散マトリクス $R(t)R^T(t)dt$ をもつウィーナ過程となる. さて, システム状態量 $x(t)$ と

## 6.6 イノベーション法によるカルマンフィルタの導出

観測雑音とは独立であるから,

$$\mathcal{E}\{x(\tau)[v_0(t) - v_0(s)]^T\} = 0 \quad (0 \leq \tau \leq s, t) \tag{6.46}$$

の関係が成り立つ. ところで, 最適推定値 $\hat{x}(t\,|\,t)$ は $[0, t]$ 間で得られる観測データの関数として生成されなければならないが, (6.40) 式のイノベーション過程 $\{\nu(\tau), 0 \leq \tau \leq t\}$ が観測データ $\{y(\tau), 0 \leq \tau \leq t\}$ と等価であることから,

$$\hat{x}(t\,|\,t) = \int_0^t W(t, s) d\nu(s) \tag{6.47}$$

の形をもつものとする. ここで, 荷重関数 $W(t, s)$ は $n \times n$-次元マトリクスで

$$\int_0^t \mathrm{tr}\{W(t, s) W^T(t, s)\} ds < \infty$$

を満たすとする. この $W(t, s)$ を決定するに際して, 推定誤差ベクトル $\tilde{x}(t) := x(t) - \hat{x}(t\,|\,t)$ とイノベーション過程 $\nu(\tau)$ $(0 \leq \tau \leq t)$ とは独立である. すなわち

$$\tilde{x}(t) = x(t) - \hat{x}(t\,|\,t) \perp \nu(\tau) \quad (0 \leq \tau \leq t) \tag{6.48}$$

という事実を用いる (P: 6.2).

(6.48) 式より, $\mathcal{E}\{x(t)\nu^T(\tau)\} = \mathcal{E}\{\hat{x}(t\,|\,t)\nu^T(\tau)\}$ が成り立つから, $\nu(\tau) = \int_0^\tau d\nu(\sigma)$ に留意して

$$\mathcal{E}\{x(t)\nu^T(\tau)\} = \mathcal{E}\left\{\int_0^t W(t, s)\,d\nu(s) \left[\int_0^\tau d\nu(\sigma)\right]^T\right\}$$

$$= \int_0^\tau W(t, \sigma) R(\sigma) R^T(\sigma)\,d\sigma \quad (\tau \leq t) \tag{6.49}$$

よって

$$W(t, \tau) R(\tau) R^T(\tau) = \frac{\partial}{\partial \tau} \mathcal{E}\{x(t)\nu^T(\tau)\} \quad (\tau \leq t) \tag{6.50}$$

の関係を得る. したがって, (6.47) 式はつぎのようになる.

$$\hat{x}(t\,|\,t) = \int_0^t \frac{\partial}{\partial \tau} \mathcal{E}\{x(t)\nu^T(\tau)\} \{R(\tau) R^T(\tau)\}^{-1} d\nu(\tau) \tag{6.51}$$

さて, (6.50), (6.41) 式より $(\nu(0) = 0, R(\tau)dv(\tau) = dv_0(\tau), v_0(0) = 0)$

$$W(t,s) = \frac{\partial}{\partial s} \mathcal{E}\{x(t)\nu^T(s)\} \{R(s)R^T(s)\}^{-1} \quad (s \leq t)$$

$$= \frac{\partial}{\partial s} \mathcal{E}\left\{x(t)\left[\int_0^s H(\tau)\tilde{x}(\tau)\,d\tau + v_0(s)\right]^T\right\} \{R(s)R^T(s)\}^{-1}$$

$$= \frac{\partial}{\partial s} \mathcal{E}\left\{\int_0^s x(t)\tilde{x}(\tau)H^T(\tau)d\tau\right\} \{R(s)R^T(s)\}^{-1}$$

$$+ \frac{\partial}{\partial s} \mathcal{E}\{x(t)v_0^T(s)\}\{R(s)R^T(s)\}^{-1} \quad (6.52)$$

ここで, $\Phi(t,s)$ をシステムマトリクス $A(t)$ の遷移マトリクス, すなわち

$$\frac{\partial \Phi(t,s)}{\partial t} = A(t)\Phi(t,s), \quad \Phi(0,0) = I \quad (6.53)$$

の解とすると, (6.35) 式の解は, $0 \leq s \leq t$ に対して

$$x(t) = \Phi(t,s)x(s) + \int_s^t \Phi(t,\tau)G(\tau)dw(\tau) \quad (6.54)$$

と表されるから, (6.52) 式最右辺の第 1 項に対して

$$\frac{\partial}{\partial s} \mathcal{E}\left\{\int_0^s x(t)\tilde{x}^T(\tau)H^T(\tau)d\tau\right\} = \mathcal{E}\{x(t)\tilde{x}^T(s)\}H^T(s)$$

$$= \mathcal{E}\left\{\left[\Phi(t,s)x(s) + \int_s^t \Phi(t,\tau)G(\tau)dw(\tau)\right]\tilde{x}^T(s)\right\} H^T(s)$$

$$= \Phi(t,s)\mathcal{E}\{x(s)\tilde{x}^T(s)\}H^T(s) = \Phi(t,s)P(s\,|\,s)H^T(s)$$

ここで, $P(s\,|\,s) = \mathcal{E}\{\tilde{x}(s)\tilde{x}^T(s)\} = \mathcal{E}\{x(s)\tilde{x}^T(s)\}$ の関係を用いた (P: 6.3).

また第 2 項に対して, $x_0, w(t), v_0(t)$ はそれぞれ互いに独立であるから

$$\frac{\partial}{\partial s} \mathcal{E}\{x(t)v_0^T(s)\}$$

$$= \frac{\partial}{\partial s} \mathcal{E}\left\{\left[\Phi(t,0)x_0 + \int_0^t \Phi(t,\tau)G(\tau)dw(\tau)\right]\left[\int_0^s v_0(\sigma)d\sigma\right]^T\right\}$$

$$= 0 \quad (0 \leq s \leq t)$$

よって, (6.52) 式はつぎのようになる.

$$W(t,s) = \Phi(t,s)P(s\,|\,s)H^T(s)\{R(s)R^T(s)\}^{-1} \quad (0 \leq s \leq t) \quad (6.55)$$

## 6.6 イノベーション法によるカルマンフィルタの導出

これより，最適推定値は (6.47) 式に (6.55) 式を代入して

$$\hat{x}(t\,|\,t) = \int_0^t \Phi(t,s) P(s\,|\,s) H^T(s) \{R(s) R^T(s)\}^{-1} d\nu(s) \tag{6.56}$$

を得る．これを微分方程式で表すとカルマンフィルタ (6.45) 式が導出される[5] (P: 6.4)．

推定誤差共分散マトリクス $P(t\,|\,t)$ は (6.10) 式のように定義したが，カルマンフィルタでは (6.39) 式より明らかなようにそれは確定 (マトリクス) 微分方程式の解として与えられ，観測データ $\mathcal{Y}_t$ に陽には依存しない．したがって，線形システムの推定問題に限って，その定義を

$$P(t\,|\,t) = \mathcal{E}\{[x(t) - \hat{x}(t\,|\,t)][x(t) - \hat{x}(t\,|\,t)]^T\}$$

としてもよいことになる．このことに留意して，以下共分散マトリクス $P(t\,|\,t)$ を求めよう．そこで

$$\Pi(t) := \mathcal{E}\{x(t) x^T(t)\}, \quad \Lambda(t) := \mathcal{E}\{\hat{x}(t\,|\,t) \hat{x}^T(t\,|\,t)\} \tag{6.57}$$

を定義する．ここで，

$$\begin{aligned}
\Pi(t) &= \mathcal{E}\Bigg\{ \left[\Phi(t,0) x_0 + \int_0^t \Phi(t,s) G(s) dw(s)\right] \\
&\qquad \cdot \left[\Phi(t,0) x_0 + \int_0^t \Phi(t,s) G(s) dw(s)\right]^T \Bigg\} \\
&= \Phi(t,0)\, \mathcal{E}\{x_0 x_0^T\}\, \Phi^T(t,0) \\
&\quad + \int_0^t \Phi(t,s) G(s) Q(s) G^T(s) \Phi^T(t,s) ds
\end{aligned} \tag{6.58}$$

となり，これはつぎの微分方程式と等価である．

$$\begin{aligned}
\dot{\Pi}(t) &= A(t) \Pi(t) + \Pi(t) A^T(t) + G(t) Q(t) G^T(t), \\
\Pi(0) &= \mathcal{E}\{x_0 x_0^T\}
\end{aligned} \tag{6.59}$$

---

[5] $t_0 \leq t \leq T$ とし，$w(t)$ をウィーナ過程とすると，つぎの公式が成り立つ．

$$d\left[\int_{t_0}^t a(t,\tau) dw(\tau)\right] = \left[\int_{t_0}^t \frac{\partial a(t,\tau)}{\partial t} dw(\tau)\right] dt + a(t,t) dw(t)$$

$$d\left[\int_t^T a(t,\tau) dw(\tau)\right] = \left[\int_t^T \frac{\partial a(t,\tau)}{\partial t} dw(\tau)\right] dt - a(t,t) dw(t)$$

また同様に, $\mathcal{E}\{d\nu(s_1)[d\nu(s_2)]^T\} = R(s_1)R^T(s_2)\delta(s_1-s_2)ds_1$ に留意すると, (6.56) 式から

$$\begin{aligned}
\Lambda(t) &= \mathcal{E}\{\hat{x}(t\,|\,t)\hat{x}^T(t\,|\,t)\} \\
&= \mathcal{E}\Bigg\{\int_0^t \Phi(t,s_1)P(s_1\,|\,s_1)H^T(s_1)\{R(s_1)R^T(s_1)\}^{-1}d\nu(s_1) \\
&\quad \cdot \left[\int_0^t \Phi(t,s_2)P(s_2\,|\,s_2)H^T(s_2)\{R(s_2)R^T(s_2)\}^{-1}d\nu(s_2)\right]^T\Bigg\} \\
&= \int_0^t \Phi(t,s)P(s\,|\,s)H^T(s)\{R(s)R^T(s)\}^{-1}H(s)P(s\,|\,s)\Phi^T(t,s)\,ds
\end{aligned}$$
(6.60)

となり, これはつぎの微分方程式と等価である.

$$\begin{aligned}
\dot{\Lambda}(t) &= A(t)\Lambda(t) + \Lambda(t)A^T(t) \\
&\quad + P(t\,|\,t)H^T(t)\{R(t)R^T(t)\}^{-1}H(t)P(t\,|\,t), \\
\Lambda(0) &= 0 \quad (\hat{x}(0\,|\,0) = 0)
\end{aligned}$$
(6.61)

よって, $P(t\,|\,t) = \Pi(t) - \Lambda(t)$ であることから (P: 6.5), (6.59), (6.61) 式より $\dot{P}(t\,|\,t) = \dot{\Pi}(t) - \dot{\Lambda}(t)$ を計算することによって, (6.39) 式を得る.

## 6.7　定常カルマンフィルタ

§6.4, 6.6 においてカルマンフィルタを導出した. 本節では, (6.35), (6.36) 式に対する線形時不変システム

$$\left.\begin{aligned} dx(t) &= Ax(t)dt + Gdw(t) \\ dy(t) &= Hx(t)dt + Rdv(t) \end{aligned}\right\}$$
(6.62)

に対するカルマンフィルタについて考察しよう ($Q(t) \equiv Q$). 当然, この場合にもカルマンフィルタは (6.38), (6.39) 式によって与えられる. そこで, $t \to \infty$ のときリッカチ微分方程式 (6.39) がどのようになるかを考察してみよう. これは条件[6]

(A.1)　$(A, GQ^{\frac{1}{2}})$ が可安定 (stabilizable)
(A.2)　$(A, H)$ が可検出 (detectable)

が満足されるとき, (6.39) 式は初期値 $P_0$ に関係なく $t \to \infty$ のとき唯一の非負定値解 $\bar{P}$ をもち, それはつぎのリッカチ代数方程式 (algebraic Riccati equation) を満足する.

$$A\bar{P} + \bar{P}A^T + GQG^T - \bar{P}H^T(RR^T)^{-1}H\bar{P} = 0 \tag{6.63}$$

(6.63) 式は, 条件 (A.1) が満たされるときには少なくとも一つの非負定値解をもち, $[A - \bar{P}H^T(RR^T)^{-1}H]$ は漸近安定となる. さらに加えて (A.2) が満足されるならば, (6.63) 式は唯一の非負定値解をもつ.

したがって, カルマンフィルタは

$$d\hat{x}(t|t) = A\hat{x}(t|t)dt + K\{dy(t) - H\hat{x}(t|t)dt\}, \tag{6.64}$$
$$K = \bar{P}H^T(RR^T)^{-1}$$

と (6.63) 式によって構成される.

## 6.8 カルマンフィルタに対するコメント

線形システム (6.35), (6.36) 式に対する推定方程式は §6.4, 6.6 において導出された. ここでは, カルマンフィルタの特徴や構造などについて考察してみよう. カルマンフィルタを再記述する.

$$d\hat{x}(t|t) = A(t)\hat{x}(t|t)dt + K(t)\{dy(t) - H(t)\hat{x}(t|t)dt\} \tag{6.65}$$

$$K(t) = P(t|t)H^T(t)\{R(t)R^T(t)\}^{-1} \tag{6.66}$$

$$\dot{P}(t|t) = A(t)P(t|t) + P(t|t)A^T(t) + G(t)Q(t)G^T(t)$$
$$- P(t|t)H^T(t)\{R(t)R^T(t)\}^{-1}H(t)P(t|t) \tag{6.67}$$

(6.66) 式で与えられる $K(t)$ をカルマンゲイン (Kalman gain) と呼ぶ.

---

6 対 $(A, B)$ が可安定であるとは, $(A - BK)$ を安定にするマトリクス $K$ が存在することを意味する. すなわち, $\dot{x} = Ax + Bu$ に対してフィードバック制御 $u = -Kx$ を施したとき, 閉ループシステム $\dot{x} = (A - BK)x$ を安定にすることができるということである. また, 対 $(A, C)$ が可検出であるとは, $(A - KC)$ を安定にするマトリクス $K$ が存在することをいう. すなわち, $\dot{x} = Ax, y = Cx$ に対してオブザーバ (§1.2) $\dot{\hat{x}} = A\hat{x} + K(y - C\hat{x})$ を考えたとき, 推定誤差 $e(t) = x(t) - \hat{x}(t)$ は $\dot{e} = (A - KC)e$ を満たす. このことから, $(A - KC)$ が安定であれば, $e(t) \to 0$ $(t \to \infty)$ となってすべての状態量が観測データから回復できることより, 可検出という.

1) カルマンフィルタの構造:

(6.65) 式右辺の第 2 項は, 時刻 $t$ において新たに得た観測データ $dy(t)$ による修正項であり, その重み (カルマンゲイン $K(t)$) は

(i) 推定誤差共分散マトリクス $P(t|t)$ に比例する. すなわち, 推定が精度よく行われているとき ($P(t|t)$ が小さいとき) は修正をあまり加える必要がないので小さく, また反対に推定精度がよくないとき ($P(t|t)$ が大きいとき) には修正を大きく加えなければならないので大きくなる; また

(ii) 信号対雑音比 (S-N 比) に相当する $H^T(t)\{R(t)R^T(t)\}^{-1}$ に比例する. $R(t)$ が大きければ観測雑音の比率が大きくなって観測データそのものの"価値がなくなる"ので, $K(t)$ は小さく, また $R(t)$ が小さければその分観測データの"信頼性が高くなる"ことにより, $K(t)$ を大きくする, という自然の理にかなった構造になっている.

2) 推定値の構造:

$d\hat{x}(t|t) \cong \hat{x}(t+dt|t+dt) - \hat{x}(t|t)$ と考えると, (6.65) 式はつぎのように書くことができる.

$$\hat{x}(t+dt|t+dt) = \hat{x}(t+dt|t) + K(t)\{dy(t) - H(t)\hat{x}(t|t)dt\} \quad (6.68)$$

ここで, 右辺第 1 項は

$$\begin{aligned}\hat{x}(t+dt|t) &= \mathcal{E}\{x(t+dt)|\mathcal{Y}_t\} \\ &= \hat{x}(t|t) + A(t)\hat{x}(t|t)dt\end{aligned} \quad (6.69)$$

であり, これは微小時間 $dt$ 先の予測値 (one-step prediction) である. すなわち, $dt$ 時間先の予測値に $dt$ 時間内で得られた観測値 $dy(t)$ によって修正を加えることにより, $t+dt$ 時刻での推定値が生成されることを (6.68) 式は示している.

同様にして, (6.67) 式は

$$P(t+dt|t+dt) = P(t+dt|t) - K(t)\{R(t)R^T(t)\}K^T(t) \quad (6.70)$$

と書ける. ここで

$$\begin{aligned}P(t+dt|t) &= \mathcal{E}\{[x(t+dt) - \hat{x}(t+dt|t)][x(t+dt) - \hat{x}(t+dt|t)]^T\} \\ &= P(t|t) + A(t)P(t|t)dt + P(t|t)A^T(t)dt + G(t)Q(t)G^T(t)dt\end{aligned}$$

$$(6.71)$$

## 6.8 カルマンフィルタに対するコメント

である (P: 6.6). したがって, (6.70) 式は $t+dt$ 時刻での推定誤差は, 予測誤差 $P(t+dt\,|\,t)$ に観測による修正 $K(t)\{R(t)R^T(t)\}K^T(t)$ を加えることから成り立っていることを示している.

3) 白色雑音をモデルとするカルマンフィルタ:

連続時間システムに対するカルマンフィルタは, 1961 年, カルマンとビューシーによって初めて導出された. そのモデルは

$$\left.\begin{array}{l}\dot{x}(t) = A(t)x(t) + G(t)w(t) \\ y(t) = H(t)x(t) + R(t)v(t)\end{array}\right\} \qquad (6.72)$$

という白色雑音 $w(t), v(t)$ を用いたものである. これに基づいて導かれたフィルタは, つぎのように与えられる.

$$\dot{\hat{x}}(t\,|\,t) = A(t)\hat{x}(t\,|\,t) + P(t\,|\,t)H^T(t)\{R(t)R^T(t)\}^{-1}\{y(t) - H(t)\hat{x}(t\,|\,t)\} \qquad (6.73)$$

$$\dot{P}(t\,|\,t) = A(t)P(t\,|\,t) + P(t\,|\,t)A^T(t) + G(t)Q(t)G^T(t) \\ - P(t\,|\,t)H^T(t)\{R(t)R^T(t)\}^{-1}H(t)P(t\,|\,t) \qquad (6.74)$$

伊藤確率微分方程式のモデルに基づくカルマンフィルタとは, 観測過程の表現が異なっていることに留意されたい.

4) オブザーバとの対比:

確定システムに対する状態推定器として, オブザーバ (state observer) が提案されている. 線形時不変システムを

$$\left.\begin{array}{l}\dot{x}(t) = Ax(t) + Cu(t) \\ y(t) = Hx(t)\end{array}\right\} \qquad (6.75)$$

とする. ただし, $u(t)$ は (確定値) 入力であり, システム雑音および観測雑音は介入しないものとする. このとき, $x(t)$ の推定値 $\hat{x}(t)$ を生成するために状態オブザーバ

$$\dot{\hat{x}}(t) = A\hat{x}(t) + Cu(t) + K\{y(t) - H\hat{x}(t)\}, \quad \hat{x}(t_0) = \hat{x}_0 \qquad (6.76)$$

を考えると, 推定誤差ベクトル $e(t) = x(t) - \hat{x}(t)$ は

$$\dot{e}(t) = (A - KH)e(t)$$

の解

$$e(t) = \exp\{(A - KH)(t - t_0)\} e(t_0)$$

によって与えられる．オブザーバゲイン $K$ は，どのような初期外乱 $x(t_0) = x_0$ であっても $t \to \infty$ で $e(t) \to 0$，すなわち $\hat{x}(t) \to x(t)$ となるように決定される．

ここで指摘すべき点は，オブザーバ (6.76) 式の形がカルマンフィルタ (6.73) 式を念頭に構成されたものであるということである (このことは，カルマンフィルタが 1960～61 年に発表されたのに対して，オブザーバ理論は 1964 年に遅れて出された事実からも明らかであろう)．カルマンゲインは一意に定まるが，オブザーバゲイン $K$ は $(A - KH)$ が安定マトリクスでありさえすればよいので，一意には定まらない (その極は任意に指定できる)．また，オブザーバは持続的に介入する外乱 (もちろん, 不規則雑音も) に対する対策とはなっていない．

5) $H_\infty$ 理論におけるフィルタとカルマンフィルタ:

$H_\infty$ 理論では，外乱は不規則雑音ではなく有界なエネルギーをもつ確定外乱として，その外乱のパワーに対する推定誤差のノルムがある値 (設計値) より小さくなるように推定値を求める．モデルを

$$\left.\begin{array}{l}\dot{x}(t) = A(t)x(t) + G(t)w(t), \quad x(0) = x_0 \\ y(t) = H(t)x(t) + R(t)w(t), \quad 0 \leq t \leq T\end{array}\right\} \quad (6.77)$$

とし，$w(t)$ は確定外乱 (不規則外乱でない) である．$x, y, w$ の次元は適当に設定するものとする．初期値 $x_0$ は未知であり，推定する状態量ベクトルを $z(t) = L(t)x(t)$ とすると，その推定値 $\hat{z}(t)$ は設計仕様として与えた数値 $\gamma (> 0)$ より規範が小さくなるように，すなわち

$$J = \sup_{(w, x_0) \neq 0} \frac{\|z - \hat{z}\|^2}{\|w\|^2 + \|x_0\|_R^2} < \gamma \quad (6.78)$$

が満足されるように求められる．

このとき，設定された $\gamma$ に対して

$$\begin{aligned}\dot{P}(t) = &A(t)P(t) + P(t)A^T(t) + G(t)Q(t)G^T(t) \\ &- P(t)H^T(t)\{R(t)R^T(t)\}^{-1}H(t)P(t) \\ &+ \frac{1}{\gamma^2}P(t)L^T(t)L(t)P(t), \quad P(0) = R^{-1}\end{aligned} \quad (6.79)$$

を満たす正定対称な $P(t)$ $(t \in [0,T])$ が存在するとき, かつそのときに限り $J < \gamma$ を満たす $\hat{z}(t)$ が存在する. その一つのフィルタは, つぎのように与えられる.

$$\left.\begin{aligned}\dot{\hat{x}}(t) &= A(t)\hat{x}(t) + P(t)H^T(t)\{R(t)R^T(t)\}^{-1} \\ &\quad \cdot \{y(t) - H(t)\hat{x}(t)\}, \quad \hat{x}(0) = 0 \\ \hat{z}(t) &= L(t)\hat{x}(t)\end{aligned}\right\} \quad (6.80)$$

このフィルタにより $\hat{z}(t)$ を求めようとすれば, まず最初に適当な $\gamma \, (>0)$ を与えて (6.79) 式を解き, 正定対称な解がみつかれば, つぎにはさらに $\gamma$ を小さくとって再び $P(t)$ を求めるという繰返し計算が要求される.

$\gamma = \infty$ とすれば, (6.79) 式は (6.74) 式に一致することから, カルマンフィルタは $H_\infty$ 理論で導出されるフィルタの特殊な場合とみなされる風潮があるが, 外乱のモデル設定や導き方, 考え方, また何よりも思想的に本質的な差異があることに留意すべきである.

6) 最適レギュレータ問題との双対性:

線形システムの推定問題と (確定システムの) 最適レギュレータ問題との間には双対性 (duality) が成り立つ.

確定システム

$$\left.\begin{aligned}\dot{x}(t) &= A(t)x(t) + C(t)u(t) \\ y(t) &= H(t)x(t) \quad (t_0 \leq t \leq T)\end{aligned}\right\} \quad (6.81)$$

に対して, 評価汎関数

$$J(u) = x^T(T)Fx(T) + \int_{t_0}^T [y^T(t)M(t)y(t) + u^T(t)N(t)u(t)]dt \quad (6.82)$$

$(M, F \geq 0, N > 0)$ を最小にする制御量 $u(t)$ を求める問題は周知のように

$$\begin{aligned}u^0(t) &= -N^{-1}(t)C^T(t)\Pi(t)x(t) \\ &= -K_c(t)x(t)\end{aligned} \quad (6.83)$$

で与えられ, $\Pi(t)$ はつぎのリッカチ微分方程式の正定解である.

$$\begin{aligned}-\dot{\Pi}(t) = A^T(t)\Pi(t) + \Pi(t)A(t) + H^T(t)M(t)H(t) \\ - \Pi(t)C(t)N^{-1}(t)C^T(t)\Pi(t), \quad \Pi(T) = F\end{aligned} \quad (6.84)$$

(6.84) 式をカルマンフィルタの推定誤差共分散方程式 (6.39) と比べると, 推定問題において時間 $t$ を $T$ から $t_0$ へ逆向きに流れる時間 $t^*(=T-t)$ $(0 \leq t^* \leq T-t_0)$ に変換し, さらに

$$A(t) \to A^T(t^*), \quad Q(t) \to M(t^*)$$
$$G(t) \to H^T(t^*), \quad H(t) \to C^T(t^*)$$
$$R(t)R^T(t) \to N(t^*), \quad P_0 \to F$$

とすれば, (6.39) 式は (6.84) 式に一致することがわかる. また, カルマンゲイン $K(t) = P(t|t)H^T(t)\{R(t)R^T(t)\}^{-1}$ とフィードバックゲイン $K_c(t)$ との間には

$$K(t) \to K_c^T(t^*)$$

という関係が成り立つ.

## 6.9 平滑フィルタ

システムおよび観測モデルが, §6.4 の (6.35), (6.36) 式で与えられるとする. 観測データがある固定された時間区間 $[0, T]$ ですでに $Y_T = \{y(t), 0 \leq t \leq T\}$ として得られているとき, このデータに基づいてその間の時刻 $t$ $(0 \leq t \leq T)$ での最適推定値を求める平滑問題を考えよう. このような平滑問題を, **固定区間平滑問題** (fixed interval smoothing problem) と呼ぶ.

本節では, §6.6 で用いたイノベーション法を再び用いることにする. 観測データとイノベーション過程から生成される $\sigma$-代数とは等価, すなわち $\mathcal{Y}_T = \sigma\{y(t), 0 \leq t \leq T\} = \sigma\{\nu(t), 0 \leq t \leq T\}$ であることに着目し, 最適平滑値

$$\hat{x}(t|T) = \mathcal{E}\{x(t)|\mathcal{Y}_T\} = \mathcal{E}\{x(t)|\sigma\{\nu(\tau), 0 \leq \tau \leq T\}\} \qquad (6.85)$$

を求める. イノベーション過程 $\nu(t)$ は, (6.40) 式で定義される. §6.6 の議論より, (6.51) 式に代わって

$$\hat{x}(t|T) = \int_0^T g(t,\tau) d\nu(\tau) \qquad (6.86)$$

を得る. ただし

$$g(t,\tau) = \frac{\partial}{\partial \tau} \mathcal{E}\{x(t)\nu^T(\tau)\}\{R(\tau)R^T(\tau)\}^{-1} \qquad (6.87)$$

## 6.9 平滑フィルタ

である. (6.86) 式を

$$\hat{x}(t\,|\,T) = \int_0^t g(t,\tau)d\nu(\tau) + \int_t^T g(t,\tau)d\nu(\tau) \tag{6.88}$$

と書くと, 右辺第 1 項については, §6.6 の議論より $g(t,\tau) = \Phi(t,\tau)P(\tau|\tau)$ $\cdot H^T(\tau)\{R(\tau)R^T(\tau)\}^{-1}$ となり, 結局第 1 項はカルマンフィルタの推定値 ((6.56) 式) に等しい. このことから, (6.88) 式右辺第 2 項は, 時間区間 $[t,T]$ で得られている観測データによる修正項に相当していることがわかる.

さて, $\tilde{x}(t) = x(t) - \hat{x}(t\,|\,t)$ とすると, (6.40), (6.36) 式および $R(t)d\nu(t) = dv_0(t)$ (§6.6) からイノベーション過程 $\nu(t)$ は

$$\nu(t) = \int_0^t H(\tau)\tilde{x}(\tau)d\tau + v_0(t) \tag{6.89}$$

のように与えられるから, $\tau \geq t$ に対して

$$\frac{\partial}{\partial \tau}\mathcal{E}\{x(t)\nu^T(\tau)\} = \frac{\partial}{\partial \tau}\mathcal{E}\left\{\int_0^\tau x(t)\tilde{x}^T(\sigma)H^T(\sigma)d\sigma\right\} + \frac{\partial}{\partial \tau}\mathcal{E}\{x(t)v_0^T(\tau)\}$$

を得る. 右辺第 2 項の $x(t)$ に (6.54) 式を代入し, $v_0(\tau)$ が $x_0$ と $\{w(\sigma), 0 \leq \sigma \leq \tau\}$ に独立であることを考慮すると, それは零となる. したがって, 上式は第 1 項のみ残り, それを二つに分割すると

$$= \frac{\partial}{\partial \tau}\int_0^t \mathcal{E}\{x(t)\tilde{x}^T(\sigma)\}H^T(\sigma)\,d\sigma + \frac{\partial}{\partial \tau}\int_t^\tau \mathcal{E}\{x(t)\tilde{x}^T(\sigma)\}H^T(\sigma)\,d\sigma$$

$$= \frac{\partial}{\partial \tau}\int_t^\tau P(t,\sigma)H^T(\sigma)d\sigma = P(t,\tau)H^T(\tau) \quad (\tau \geq t)$$

となる. ここで

$$P(t,\tau) := \mathcal{E}\{[x(t) - \hat{x}(t\,|\,t)][x(\tau) - \hat{x}(\tau\,|\,\tau)]^T\} \tag{6.90}$$

であり, 上式では $P(t,\sigma) = \mathcal{E}\{\tilde{x}(t)\tilde{x}^T(\sigma)\} = \mathcal{E}\{x(t)\tilde{x}^T(\sigma)\}$ の関係を用いた (P: 6.3).

したがって, (6.88) 式はつぎのようになる.

$$\hat{x}(t\,|\,T) = \hat{x}(t\,|\,t) + \int_t^T P(t,\tau)H^T(\tau)\{R(\tau)R^T(\tau)\}^{-1}d\nu(\tau) \tag{6.91}$$

つぎにこれを微分方程式で表してみよう. (6.35), (6.38) 式および (6.36) 式より, $\tilde{x}(t)$ は

$$d\tilde{x}(t) = [A(t) - K(t)H(t)]\tilde{x}(t)dt + G(t)dw(t) - K(t)R(t)dv(t) \tag{6.92}$$

を満足するから、これより $\tau > t$ に対して

$$\tilde{x}(\tau) = \tilde{\Phi}(\tau,t)\tilde{x}(t) + \int_t^\tau \tilde{\Phi}(\tau,\sigma)[G(\sigma)dw(\sigma) - K(\sigma)R(\sigma)dv(\sigma)] \quad (6.93)$$

を得る。ここで、$\tilde{\Phi}(\tau,t)$ は $[A(\tau) - K(\tau)H(\tau)]$ に対する遷移マトリクスである。よって

$$\begin{aligned}
P(t,\tau) &= \mathcal{E}\Big\{\tilde{x}(t)\Big[\tilde{\Phi}(\tau,t)\tilde{x}(t) \\
&\quad + \int_t^\tau \tilde{\Phi}(\tau,\sigma)[G(\sigma)dw(\sigma) - K(\sigma)R(\sigma)dv(\sigma)]\Big]^T\Big\} \\
&= \mathcal{E}\{\tilde{x}(t)\tilde{x}^T(t)\}\tilde{\Phi}^T(\tau,t) \\
&= P(t\,|\,t)\tilde{\Phi}^T(\tau,t) \quad (\tau \geq t) \quad (6.94)
\end{aligned}$$

と表されるから、(6.91) 式はつぎのようになる。

$$\begin{aligned}
\hat{x}(t\,|\,T) &= \hat{x}(t\,|\,t) + P(t\,|\,t)\int_t^T \tilde{\Phi}^T(\tau,t)H^T(\tau)\{R(\tau)R^T(\tau)\}^{-1}d\nu(\tau) \\
&= \hat{x}(t\,|\,t) + P(t\,|\,t)\Sigma(t) \quad (6.95)
\end{aligned}$$

ここで

$$\Sigma(t) := \int_t^T \tilde{\Phi}^T(\tau,t)H^T(\tau)\{R(\tau)R^T(\tau)\}^{-1}d\nu(\tau) \quad (6.96)$$

であり、これはつぎの確率微分方程式を満足する[7]。

$$d\Sigma(t) = -[A(t) - K(t)H(t)]^T\Sigma(t) - H^T(t)\{R(t)R^T(t)\}^{-1}d\nu(t) \quad (6.97)$$

ところで、(6.95) 式より $\hat{x}(t\,|\,T)$ の確率微分は

$$d\hat{x}(t\,|\,T) = d\hat{x}(t\,|\,t) + \dot{P}(t\,|\,t)\Sigma(t)\,dt + P(t\,|\,t)\,d\Sigma(t) \quad (6.98)$$

となるので、これに (6.38) 式 (あるいは (6.45) 式)、(6.39) 式および (6.97) 式を用いて整理すると

$$d\hat{x}(t\,|\,T) = A(t)\hat{x}(t\,|\,T)dt + G(t)Q(t)G^T(t)\Sigma(t)dt \quad (6.99)$$

---

[7] §6.6 の脚注 5 の公式参照。

## 6.9 平滑フィルタ

を得る. さらに, (6.95) 式より, $P(t|t) > 0$ と仮定して $\Sigma(t) = P^{-1}(t|t)$ $\cdot [\hat{x}(t|T) - \hat{x}(t|t)]$ を用いると, (6.99) 式はつぎのようになる.

$$d\hat{x}(t|T) = [A(t) + G(t)Q(t)G^T(t)P^{-1}(t|t)]\,\hat{x}(t|T)$$
$$- G(t)Q(t)G^T(t)P^{-1}(t|t)\,\hat{x}(t|t) \tag{6.100}$$

平滑値に対する誤差共分散マトリクスは

$$\begin{aligned}P(t|T) &= \mathcal{E}\{[x(t) - \hat{x}(t|T)][x(t) - \hat{x}(t|T)]^T\}\\ &= \mathcal{E}\{x(t)x^T(t)\} - \mathcal{E}\{\hat{x}(t|T)\hat{x}^T(t|T)\}\\ &=: S_0(t) - S_1(t)\end{aligned} \tag{6.101}$$

によって求められる. $\dot{P}(t|T) = \dot{S}_0(t) - \dot{S}_1(t)$ であるから, これにより $\dot{P}(t|T)$ を求める. 詳細な計算は省くが

$$\begin{aligned}dS_0(t) &= \mathcal{E}\{dx(t)\,x^T(t)\} + \mathcal{E}\{x(t)[dx(t)]^T\} + \mathcal{E}\{dx(t)[dx(t)]^T\}\\ &= (AS_0 + S_0 A^T + GQG^T)dt\end{aligned}$$

同様に

$$\begin{aligned}dS_1(t) = [\,&(A + GQG^T P^{-1})S_1 + S_1(A + GQG^T P^{-1})\\ &- GQG^T P^{-1} S_2^T - S_2(GQG^T P^{-1})^T\,]dt\end{aligned}$$

となる. ここで

$$\begin{aligned}S_2(t) &= \mathcal{E}\{\hat{x}(t|T)\,\hat{x}^T(t|t)\}\\ &= \mathcal{E}\{x(t)\,\hat{x}^T(t|t)\} - \mathcal{E}\{[x(t) - \hat{x}(t|T)]\,\hat{x}^T(t|t)\}\\ &= \mathcal{E}\{x(t)\,\hat{x}^T(t|t)\} \qquad (\,x(t) - \hat{x}(t|T) \perp \hat{x}(t|t)\,)\\ &= \mathcal{E}\{x(t)x^T(t)\} - \mathcal{E}\{x(t)[x(t) - \hat{x}(t|t)]^T\} = S_0(t) - P(t|t)\end{aligned}$$

である. これを $dS_1$ の式に代入し, $\dot{S}_0, \dot{S}_1$ を求めることによって

$$\begin{aligned}\dot{P}(t|T) = \,&[A(t) + G(t)Q(t)G^T(t)P^{-1}(t|t)]\,P(t|T)\\ &+ P(t|T)[A(t) + G(t)Q(t)G^T(t)P^{-1}(t|t)]^T\\ &- G(t)Q(t)G^T(t)\end{aligned} \tag{6.102}$$

以上により，平滑問題は，カルマンフィルタ (6.38), (6.39) 式を併用して (6.100), (6.102) 式によって解かれることになる．すなわち，カルマンフィルタによってまず $\hat{x}(t|t)$ を $[0,T]$ 間で求め，ついでその終端値 $\hat{x}(T|T), P(T|T)$ を初期値として (6.100), (6.102) 式を逆時間方向に解くことによって，全区間での平滑値 $\hat{x}(t|T)$ が得られる．

## 6.10　近似非線形フィルタ—拡張カルマンフィルタ

非線形システム (6.1) と非線形観測過程 (6.2) とに対するフィルタは，§6.3 において求められているが，その実現には (特殊な場合を除いて) 一般に無限次元までのモーメントの計算が必要となり，実際には実行不可能である．したがって，その実行にあたっては，何らかの手法によって有限次元モーメントの計算でおさまるように構成しなければならない．

1960 年代中頃から 70 年代にかけて，数多くの近似フィルタが提案された．その手法は，

(i) 3 次以上の高次モーメントは無視する．

(ii) 正規性過程であると仮定して，4 次モーメントは残すが 3 次モーメントは奇数次モーメントとして零とする．

(iii) システムおよび観測過程の非線形関数をテイラー展開し (スカラの場合),

$$\hat{f}(t,x) = f(t,\hat{x}) + \frac{1}{2} P_t \frac{\partial^2 f(t,\hat{x})}{\partial x^2}$$

と近似する．

(iv) 非線形関数を

$$f(t,x) = a(t) + B(t)(x - \hat{x}) + e(t)$$

と展開して，その誤差 $e(t)$ のノルムが最小になるように係数 $a(t), B(t)$ を決定する (マルコフ等価線形法)．

(v) 条件付確率密度関数を直交展開してフィルタを求める．

などである．本書では，一般によく使われる拡張カルマンフィルタについてのみ以下に述べる．

## 6.10 近似非線形フィルタ—拡張カルマンフィルタ

システムおよび観測過程のモデルを白色雑音モデル，すなわち

$$\left.\begin{array}{l}\dot{x}(t) = f[t, x(t)] + G(t)w(t) \\ y(t) = h[t, x(t)] + R(t)v(t)\end{array}\right\} \quad (6.103)$$

とする．$w(t)$, $v(t)$ は互いに独立な正規性白色雑音である．このとき，**拡張カルマンフィルタ** (extended Kalman filter, EKF) は，非線形関数 $f(t,x)$, $h(t,x)$ をそれぞれテイラー展開して得られる線形化されたモデルに基づいて導出され，つぎのように与えられる．

$$\frac{d\hat{x}(t\,|\,t)}{dt} = f[t, \hat{x}(t\,|\,t)] + P(t)M^T[t, \hat{x}(t\,|\,t)]\{R(t)R^T(t)\}^{-1}$$
$$\cdot \{y(t) - h[t, \hat{x}(t\,|\,t)]\} \quad (6.104)$$

$$\dot{P}(t) = F[t, \hat{x}(t\,|\,t)]P(t) + P(t)F^T[t, \hat{x}(t\,|\,t)] + G(t)Q(t)G^T(t)$$
$$- P(t)M^T[t, \hat{x}(t\,|\,t)]\{R(t)R^T(t)\}^{-1}M[t, \hat{x}(t\,|\,t)]P(t) \quad (6.105)$$

ここで，

$$F[t, \hat{x}(t\,|\,t)] = \left.\left(\frac{\partial}{\partial x}f^T(t,x)\right)^T\right|_{x=\hat{x}} \quad (n \times n)$$

$$M[t, \hat{x}(t\,|\,t)] = \left.\left(\frac{\partial}{\partial x}h^T(t,x)\right)^T\right|_{x=\hat{x}} \quad (m \times n)$$

である．

### 演 習 問 題

**6.1** (6.35), (6.36) 式において，$A(t)$, $H(t)$, $R(t)$ は定数マトリクスで，かつ $G(t) \equiv 0$ (確定システム) とする．このとき，推定誤差共分散方程式

$$\dot{P}(t\,|\,t) = AP(t\,|\,t) + P(t\,|\,t)A^T - P(t\,|\,t)H^T(RR^T)^{-1}HP(t\,|\,t)$$
$$P(t_0\,|\,t_0) = P_0$$

に対して，$P_0^{-1}$ が存在するとき $P^{-1}(t\,|\,t)$ が存在し，かつそれはつぎの線形微分方程式の解で与えられることを示せ．

$$\frac{d}{dt}P^{-1}(t\,|\,t) = -P^{-1}(t\,|\,t)A - A^TP^{-1}(t\,|\,t) - H^T(RR^T)^{-1}H$$
$$P^{-1}(t_0\,|\,t_0) = P_0^{-1}$$

**6.2** $\hat{x}(t\,|\,t)$ を, (6.8) 式で与えられる $x(t) \in R^n$ の推定値とする. このとき, $\mathcal{Y}_t$-可測な任意ベクトル $\alpha(t) \in R^n$ に対して

$$\mathcal{E}\{[x(t) - \hat{x}(t\,|\,t)]\alpha^T(t)\} = 0$$

が成り立つことを示せ.

**6.3** $P(t,\tau)$ を (6.90) 式で定義される共分散マトリクスとするとき,

$$P(t,\tau) = \mathcal{E}\{x(t)[x(\tau) - \hat{x}(\tau\,|\,\tau)]^T\} \qquad (t \leq \tau)$$

が成り立つことを示せ.

**6.4** (6.56) 式よりカルマンフィルタ (6.45) 式を導け.

**6.5** (6.57) 式で定義される $\Pi(t), \Lambda(t)$ に対して, $P(t\,|\,t) = \Pi(t) - \Lambda(t)$ であることを示せ.

**6.6** 予測値を与える (6.69), (6.71) 式を示せ.

**6.7** システムおよび観測過程

$$\begin{cases} dx(t) = f(x)dt + G(x)dw(t) \\ dy(t) = h(x)dt + dv(t), \quad 0 \leq t < \infty \end{cases}$$

に対する条件付確率密度関数 $p(t,x) = p\{t,x\,|\,\mathcal{Y}_t\}$ は, クスナー方程式

$$dp(t,x) = \mathcal{L}_x^* p(t,x)dt + p(t,x)[h(x) - \hat{h}(x)]^T\{dy(t) - \hat{h}(x)dt\}$$

を満たすが, これは変換

$$q(t,x) = \Lambda(t)\,p(t,x)$$

によって線形確率偏微分方程式

$$dq(t,x) = \mathcal{L}_x^* q(t,x)dt + q(t,x)h^T(x)\,dy(t)$$

に変換されることを示せ. ただし,

$$\Lambda(t) = \exp\left\{\int_0^t \hat{h}^T(x)dy(s) - \frac{1}{2}\int_0^t \hat{h}^T(x)\hat{h}(x)ds\right\}$$

$$\hat{h}(x) = \int_{R^n} h(x)p(t,x)dx$$

である. この $q(t,x)$ が満たす式を **Duncan-Mortensen-Zakai** 方程式, あるいは

$$p(t,x) = \frac{q(t,x)}{\displaystyle\int_{R^n} q(t,x)dx}$$

の関係が成り立つことから, 非正規化方程式 (unnormalized equation) と呼ぶ (エピローグ B.1 参照).

**6.8** 前問 6.7 において, $x(t)$, $y(t)$ はスカラ過程とする. 非正規化密度関数 $q(t,x)$ に対する線形方程式

$$dq(t,x) = \mathcal{L}_x^* q(t,x) dt + q(t,x) h(x) \, dy(t)$$

は変換

$$\rho(t,x) = \exp\{-h(x)y(t)\} q(t,x)$$

によって係数に観測値 $y(t)$ を含む線形偏微分方程式

$$\frac{\partial \rho(t,x)}{\partial t} = \tilde{\mathcal{L}}_{t,x}\, \rho(t,x)$$

に変換されることを示せ. ただし

$$\mathcal{L}_x^* = a(x)\frac{\partial^2}{\partial x^2} + b(x)\frac{\partial}{\partial x} + c(x)$$

とすると

$$\tilde{\mathcal{L}}_{t,x} = a(x)\frac{\partial^2}{\partial x^2} + \tilde{b}(t,x)\frac{\partial}{\partial x} + \tilde{c}(t,x)$$

$$\tilde{b}(t,x) = b(x) + 2a(x)\frac{\partial h(x)}{\partial x} y(t)$$

$$\tilde{c}(t,x) = c(x) + b(x)\frac{\partial h(x)}{\partial x} y(t)$$

$$+ a(x)\left\{\frac{\partial^2 h(x)}{\partial x^2} y(t) + \left(\frac{\partial h(x)}{\partial x}\right)^2 y^2(t)\right\} - \frac{1}{2} h^2(x)$$

である. この $\rho(t,x)$ の式を **pathwise-robust 方程式**と呼ぶ (エピローグ B.1 参照).

# 7

## 最 適 制 御

> LQG theory pushed forward the superiority of systematic and logical design based on plant models, to conventional trial-and-error methods of design. This is perhaps the most important contribution of LQG theory to control system design.
>
> —— Hidenori Kimura: LQG as a Design Theory, in *Mathematical System Theory — The Influence of R. E. Kalman*, 1991.

## 7.1 確率システムの最適制御とは？

　不規則外乱が介在するシステムを何らかの意味で最適にしたいという要求は，システム工学のみならず，様々な分野においてみられる．風や空気抵抗をうける航空機や，波浪の抵抗をうけて航行する船舶などを，振れをできるだけ少なく乗りごこちをよくするように制御したいという要求などはその好例であろう．"最適に(optimally)" ということはとりも直さず，現在時刻までに得られた情報を (最大限) 有効に利用して，われわれの設定した規範を最大あるいは最小になるように，システムを制御することである．

　線形確定システムでは，2次形式をもつ評価規範を設定すれば，最適制御信号は現在時刻での状態量をフィードバックすることによって実現される (§1.2 参照)．確率システムでは，果たしてどのようになるであろうか？

　理論展開にあたって，システム (および観測) モデルは伊藤確率微分方程式で記述するが，特に重要なのは，制御量をあらかじめどのようなクラスの関数として定義するかである．設定した評価汎関数を最大あるいは最小にする "最適" 制御量が理論的に求められたとしても，それが物理的に実現不可能であったり，また数学的局面においてシステムを支配する数学モデルの解の存在がいえなくなってしまうようでは何もならない．したがって，このような事態が起こらないようにするに

は，制御量としてどのような(数学的)性質を具備していなければならないかをあらかじめ規定しておくことが必要であろう．そのような制御信号は許容制御信号と呼ばれる．

本章では，最適制御量を求めるにあたって，ベルマン (Richard E. Bellman, 1920-1984)[1] の**最適性の原理** (Principle of Optimality, 1957年):

> An optimal policy has the property that whatever the initial state and the initial decision are, the remaining decisions must constitute an optimal policy with regard to the state resulting from the first decision.

を用いる．これは，意志決定は現在の状態のみによって行われ，現在の状態に達するまでの履歴には関係しないということを示唆しており，正にマルコフ性そのものを意味している．伊藤確率微分方程式の解過程が，§4.3で述べたようにマルコフ過程となることから，最適制御問題をこの最適性の原理に基づくダイナミックプログラミング (Dynamic Programming) 法によって解くことにする[2]．

## 7.2 線形システムの最適制御

制御すべきシステムのモデルを

$$dx(t) = A(t)x(t)dt + C(t)u(t)dt + G(t)dw(t), \quad x(t_0) = x_0 \qquad (7.1)$$

$(t_0 \le t \le T)$ とする．ここで，$x \in R^n$ はシステム状態量ベクトル，$u \in R^\ell$ は制御量ベクトルであり，$w(t)$ はシステム雑音を表すウィーナ過程 (平均値零，共分散マ

---

[1] 米国の数学者，システム工学者．現代制御理論とシステム解析に貢献した．特に，彼の発明であるダイナミックプログラミングは，多変数制御系の最適化に新時代を拓き，また幅広い分野においてコンピュータを用いた応用への道を拓いた．

[2] ベルマンは，最適性の原理について，自伝 "Eye of The Hurricane," Chap.13, RAND 1952-65, World Scientific, 1984 の中でつぎのように述べている．

My first task in dynamic programming was to put it on a rigorous basis. I found that I was using the same technique over and over to derive a functional equation. I decided to call this technique, "The principle of optimality." Oliver Gross said one day, "The principle is not rigorous." I replied, "Of course not. It's not even precise." A good principle should guide the intuition. ...I spent a great deal of time and effort on the functional equations of dynamic programming... I developed some new theories, Markovian decision processes, and was able to reinterpret an old theory like the calculus of variations.

トリクス $Q(t)dt$), $x_0$ は平均値 $m_0$, 共分散マトリクス $P_0$ の正規性確率変数である．制御にあたっては，現在時刻 $t$ までのシステム状態量 $\{x(\tau), t_0 \leq \tau \leq t\}$ はすべて入手可能であるとし，評価汎関数を

$$J(u) = \mathcal{E}\left\{x^T(T)Fx(T) + \int_{t_0}^{T}[x^T(\tau)M(\tau)x(\tau) + u^T(\tau)N(\tau)u(\tau)]d\tau\right\} \tag{7.2}$$

という2次形式とする．$F, M(\cdot) \geq 0, N(\cdot) > 0$ は対称マトリクスである．確定システムの最適制御問題では，(7.2) 式右辺の期待値演算は行わないが，確率システムに対しては，状態量 $x(t)$ (さらには制御量 $u(t)$ も) は確率変数 $\{x(\cdot, \omega), \omega \in \Omega\}$ であるので，(7.2) 式のように期待値演算をとらなければならない．(7.2) 式の評価汎関数 $J(u)$ を最小にする制御量 $\{u^o(t), t_0 \leq t \leq T\}$ を，最適制御量 (optimal control vector) と呼ぶ．

さて，最適制御量 $u^o(t)$ を求めるのに先立って，許容制御量を定義しておこう．いま，$\psi$ を直積空間 $[t_0, T] \times R^n$ から $R^n$ への写像関数とし，その関数のクラスを $\Psi$ とする．$\psi$ はつぎの性質をもつものとする．

(P.1) $\psi(t, \cdot)$ は $t$ に関して区分的に連続 (piecewise continuous) である．
(P.2) $[t_0, T] \times R^n$ において，$\psi(t, x)$ は $x$ に関して一様リプシッツ条件

$$\|\psi(t, x_1) - \psi(t, x_2)\| \leq K\|x_1 - x_2\|$$

を満足する ($K$ は正定数)．
(P.3) $\psi(t, x)$ は確率過程であり，$t \in [t_0, T]$ において可測で，かつ

$$\int_t^T \mathcal{E}\left\{\|\psi(t, \cdot)\|^2\right\}dt < \infty$$

である．

このような性質を満たす $\psi \in \Psi$ に対して，もし

$$u(t) = \psi[t, x(t)] \tag{7.3}$$

であるならば，この $u(t)$ に対して (7.1) 式は確率微分方程式として意味をもち，その唯一連続解の存在が保証される．(7.3) 式のように与えられる制御量を，**許容制御量** (admissible control) と定義し，$u \in \mathcal{U}_{ad}$ と書く．

## 7.2 線形システムの最適制御

さて, 評価汎関数 (7.2) に対してつぎのスカラ汎関数を定義する.

$$V(t,x) = \min_{\substack{u(s) \\ t \leq s \leq T}} \mathcal{E}\left\{ x^T(T)Fx(T) \right.$$
$$\left. + \int_t^T [x^T(s)M(s)x(s) + u^T(s)N(s)u(s)]ds \,\bigg|\, x(t) = x \right\} \quad (7.4)$$

これは, システム状態量 $x(t)$ が現在時刻 $t$ において $x(t) = x$ という確定値 (見本値) をとったという条件のもとでの, 残り時間区間 $[t,T]$ のコストの最小期待値を表し, **最小コスト汎関数** (minimal cost functional) と呼ばれる. $t = T$ のとき, $V(T,x) = x^T F x$ $(x \in R^n)$ である. ここで, 時間区間 $[t,T]$ を微小区間 $[t, t+\Delta t]$ と残り区間 $[t+\Delta t, T]$ とに分割し, 条件付期待値演算の性質 $\mathcal{E}\{\cdot \,|\, x(t) = x\} = \mathcal{E}\{\mathcal{E}\{\cdot \,|\, x(t+\Delta t) = x + \Delta x\} \,|\, x(t) = x\}$ に留意すると

$$V(t,x) = \min_{\substack{u(s) \\ t \leq s \leq T}} \mathcal{E}\bigg\{ \int_t^{t+\Delta t} [x^T(s)M(s)x(s) + u^T(s)N(s)u(s)]ds$$
$$+ \mathcal{E}\bigg\{ x^T(T)Fx(T) + \int_{t+\Delta t}^T [x^T(s)M(s)x(s) + u^T(s)N(s)u(s)]$$
$$\bigg|\, x(t+\Delta t) = x + \Delta x \bigg\} \bigg|\, x(t) = x \bigg\}$$

となるが, 最適性の原理により, 微小区間 $[t, t+\Delta t]$ においてどのような制御が行われようとも, それ以後の区間 $[t+\Delta t, T]$ における制御量 $\{u(s), t+\Delta t \leq s \leq T\}$ は, その区間においても最適でなければならないから

$$= \min_{\substack{u(s) \\ t \leq s < t+\Delta t}} \mathcal{E}\bigg\{ \int_t^{t+\Delta t} [x^T(s)M(s)x(s) + u^T(s)N(s)u(s)]ds$$
$$+ \min_{\substack{u(s) \\ t+\Delta t \leq s \leq T}} \mathcal{E}\bigg\{ x^T(T)Fx(T) + \int_{t+\Delta t}^T [x^T(s)M(s)x(s)$$
$$+ u^T(s)N(s)u(s)]ds \,\bigg|\, x(t+\Delta t) = x + \Delta x \bigg\} \,\bigg|\, x(t) = x \bigg\}$$

$$= \min_{\substack{u(s) \\ t \leq s < t+\Delta t}} \mathcal{E}\bigg\{ \int_t^{t+\Delta t} [x^T(s)M(s)x(s) + u^T(s)N(s)u(s)]ds$$
$$+ V(t+\Delta t, x + \Delta x) \,\bigg|\, x(t) = x \bigg\} \quad (7.5)$$

となる．ここで，(7.5) 式最右辺において，$\int_t^{t+\Delta t}(x_s^T M x_s + u_s^T N u_s)ds = [x^T(t)M(t)x(t) + u^T(t)N(t)u(t)]\Delta t + o(\Delta t)$ であり，また，$V(t+\Delta t, x+\Delta x)$ を $(t,x)$ のまわりでテイラー展開すると，(7.5) 式はつぎのようになる (§4.4 参照)．

$$V(t,x) = \min_{u(t)} \mathcal{E}\left\{[x^T(t)M(t)x(t) + u^T(t)N(t)u(t)]\Delta t\right.$$
$$+ V(t,x) + \left[\frac{\partial V(t,x)}{\partial t} + \mathcal{L}_x^u V(t,x)\right]\Delta t$$
$$\left.+ \left(\frac{\partial V(t,x)}{\partial x}\right)^T G(t)dw(t) + o(\Delta t) \,\bigg|\, x(t)=x\right\} \quad (7.6)$$

ここで，$\mathcal{L}_x^u$ は (7.1) 式の $x(t)$-過程に対する微分生成作用素

$$\mathcal{L}_x^u(\cdot) = \left(\frac{\partial(\cdot)}{\partial x}\right)^T [A(t)x + C(t)u(t)]$$
$$+ \frac{1}{2}\text{tr}\left\{G(t)Q(t)G^T(t)\frac{\partial}{\partial x}\left(\frac{\partial(\cdot)}{\partial x}\right)^T\right\} \quad (7.7)$$

である．(7.6) 式において期待値演算を実行し，両辺より $V(t,x)$ を消去して $\Delta t$ で割り $\Delta t \to 0$ の極限操作を行うと

$$-\frac{\partial V(t,x)}{\partial t} = \min_{u(t)}\left\{x^T M(t)x + u^T(t)N(t)u(t)\right.$$
$$+ \left(\frac{\partial V(t,x)}{\partial x}\right)^T [A(t)x + C(t)u(t)]$$
$$\left.+ \frac{1}{2}\text{tr}\left\{G(t)Q(t)G^T(t)\frac{\partial}{\partial x}\left(\frac{\partial V(t,x)}{\partial x}\right)^T\right\}\right\} \quad (7.8)$$

を得る．これをベルマンの汎関数方程式 (Bellman's functional equation)，あるいはベルマン・ハミルトン・ヤコビ方程式 (Bellman-Hamilton-Jacobi equation) と呼ぶ．(7.8) 式右辺を最小化することによって ($\partial(u^T N u)/\partial u = 2Nu$，$\partial(u^T C^T \partial V/\partial x)/\partial u = C^T \partial V/\partial x$)，

$$u^o(t) = -\frac{1}{2}N^{-1}(t)C^T(t)\frac{\partial V(t,x)}{\partial x} \quad (7.9)$$

を得る．これを (7.8) 式に代入して，$V(t,x)$ に関する非線形偏微分方程式

## 7.2 線形システムの最適制御

$$-\frac{\partial V(t,x)}{\partial t} = x^T M(t)x + x^T A^T(t)\frac{\partial V(t,x)}{\partial x}$$
$$+\frac{1}{2}\operatorname{tr}\left\{G(t)Q(t)G^T(t)\frac{\partial}{\partial x}\left(\frac{\partial V(t,x)}{\partial x}\right)^T\right\}$$
$$-\frac{1}{4}\left(\frac{\partial V(t,x)}{\partial x}\right)^T C(t)N^{-1}(t)C^T(t)\frac{\partial V(t,x)}{\partial x} \quad (7.10\mathrm{a})$$

を得る. この式を境界条件

$$V(T,x) = x^T F x \quad (x \in R^n) \quad (7.10\mathrm{b})$$

のもとで解き, $\partial V(t,x)/\partial x$ を求めることによって, (7.9) 式より最適制御量 $u^o(t)$ が求まる. (7.10a) 式は, (7.10b) 式で与えられる終端拘束条件のみを境界条件としてもち, 空間変数 $x$ に対する境界条件をもたない. このような方程式を解く問題は, 偏微分方程式論ではコーシー問題 (Cauchy problem), あるいは初期値問題 (initial-value problem) と呼ばれる.

さて, (7.10) 式を解こう. 解の手がかりを得るために, つぎのような考察をしてみる. 制御量 $u(t)$ が

$$u(t) = K(t)x(t) \quad (7.11)$$

で与えられるようなフィードバック形であると仮定してみる. このとき, $u \in \mathcal{U}_{ad}$ であり, システム方程式 (7.1) は

$$dx(t) = \tilde{A}(t)x(t)dt + G(t)dw(t) \quad (7.12)$$

$$\tilde{A}(t) = A(t) + C(t)K(t) \quad (7.13)$$

となるから, (7.4) 式の最小コスト汎関数 $V(t,x)$ に対応した

$$\tilde{V}(t,x) = \mathcal{E}\left\{x^T(T)Fx(T) + \int_t^T x^T(s)\tilde{M}(s)x(s)ds \,\bigg|\, x(t) = x\right\} \quad (7.14)$$

を定義する. ただし

$$\tilde{M}(s) = M(s) + K^T(s)N(s)K(s) \quad (7.15)$$

である. ここで, $\tilde{A}(t)$ に対する遷移マトリクスを $\tilde{\Phi}(t,t_0)$ とすると, $s \geq t$ に対して

$$x(s) = \tilde{\Phi}(s,t)x(t) + \int_t^s \tilde{\Phi}(s,\tau)G(\tau)dw(\tau) \quad (7.16)$$

であるから，確率積分に関する性質 (4.12), (4.13) 式と $a^T \tilde{M} a = \mathrm{tr}\{\tilde{M} a a^T\}$ を用いると

$$\mathcal{E}\{x^T(s)\tilde{M}(s)x(s) \mid x(t) = x\}$$
$$= x^T \tilde{\Phi}^T(s,t)\tilde{M}(s)\tilde{\Phi}(s,t)\,x + \mathcal{E}\left\{\left[\int_t^s \tilde{\Phi}(s,\tau)G(\tau)dw(\tau)\right]^T \tilde{M}(s) \right.$$
$$\left. \cdot \left[\int_t^s \tilde{\Phi}(s,\tau)G(\tau)dw(\tau)\right]\,\bigg|\, x(t) = x\right\}$$
$$= x^T \tilde{\Phi}^T(s,t)\tilde{M}(s)\tilde{\Phi}(s,t)\,x$$
$$+ \mathrm{tr}\left\{\tilde{M}(s)\left[\int_t^s \tilde{\Phi}(s,\tau)G(\tau)Q(\tau)G^T(\tau)\tilde{\Phi}^T(s,\tau)d\tau\right]\right\} \quad (7.17)$$

同様にして

$$\mathcal{E}\left\{x^T(T)Fx(T) \mid x(t) = x\right\}$$
$$= x^T \tilde{\Phi}^T(T,t)F\tilde{\Phi}(T,t)x$$
$$+ \mathrm{tr}\left\{F\left[\int_t^T \tilde{\Phi}(T,\tau)G(\tau)Q(\tau)G^T(\tau)\tilde{\Phi}^T(T,\tau)d\tau\right]\right\} \quad (7.18)$$

を得るから, (7.14) 式はつぎのようになる.

$$\tilde{V}(t,x) = x^T \left[\tilde{\Phi}^T(T,t)F\tilde{\Phi}(T,t) + \int_t^T \tilde{\Phi}^T(s,t)\tilde{M}(s)\tilde{\Phi}(s,t)ds\right]x$$
$$+ \mathrm{tr}\left\{F\left[\int_t^T \tilde{\Phi}(T,s)G(s)Q(s)G^T(s)\tilde{\Phi}^T(T,s)ds\right]\right\}$$
$$+ \int_t^T \mathrm{tr}\left\{\tilde{M}(s)\left[\int_t^s \tilde{\Phi}(s,\tau)G(\tau)Q(\tau)G^T(\tau)\tilde{\Phi}^T(s,\tau)d\tau\right]\right\}ds \quad (7.19)$$

ここで, 右辺第 2 項は $(\mathrm{tr}\,AB = \mathrm{tr}\,BA)$

$$\int_t^T \mathrm{tr}\left\{G(s)Q(s)G^T(s)\tilde{\Phi}^T(T,s)F\tilde{\Phi}(T,s)\right\}ds$$

となり，また第 3 項は 2 重積分に関する公式

$$\int_t^T \int_t^s f(s,\tau)d\tau ds = \int_t^T \int_s^T f(\tau,s)d\tau ds$$

## 7.2 線形システムの最適制御

において, $f(s,\tau) = \mathrm{tr}\{G(\tau)Q(\tau)G^T(\tau)\tilde{\Phi}^T(s,\tau)\tilde{M}(s)\tilde{\Phi}(s,\tau)\}$ とみなすと

$$\int_t^T \mathrm{tr}\left\{G(s)Q(s)G^T(s)\left[\int_s^T \tilde{\Phi}^T(\tau,s)\tilde{M}(\tau)\tilde{\Phi}(\tau,s)d\tau\right]\right\}ds$$

と変形できるから, 結局 (7.19) 式はつぎのようになる.

$$\begin{aligned}\tilde{V}(t,x) &= x^T\left[\tilde{\Phi}^T(T,t)F\tilde{\Phi}(T,t) + \int_t^T \tilde{\Phi}^T(s,t)\tilde{M}(s)\tilde{\Phi}(s,t)ds\right]x \\ &\quad + \int_t^T \mathrm{tr}\left\{G(s)Q(s)G^T(s)\left[\tilde{\Phi}^T(T,s)F\tilde{\Phi}(T,s)\right.\right. \\ &\quad \left.\left. + \int_s^T \tilde{\Phi}(\tau,s)\tilde{M}(\tau)\tilde{\Phi}(\tau,s)d\tau\right]\right\}ds \\ &= x^T\tilde{\Pi}(t)x + \tilde{\beta}(t) \end{aligned} \quad (7.20)$$

ここで,

$$\tilde{\Pi}(t) = \tilde{\Phi}^T(T,t)F\tilde{\Phi}(T,t) + \int_t^T \tilde{\Phi}^T(s,t)\tilde{M}(s)\tilde{\Phi}(s,t)ds \quad (7.21)$$

$$\tilde{\beta}(t) = \int_t^T \mathrm{tr}\left\{G(s)Q(s)G^T(s)\tilde{\Pi}(s)\right\}ds \quad (7.22)$$

である (P: 7.1). このことから, 制御量 $u(t)$ が (7.11) 式のようにフィードバック形であると仮定したときには, 最小コスト汎関数は (7.20) 式のように状態量の 2 次形式で与えられることがわかった.

この事実に基づいて, (7.10) 式の解をつぎのように仮定してみよう. すなわち

$$V(t,x) = x^T\Pi(t)x + \alpha^T(t)x + \beta(t)$$

ここで, $\Pi(t)$, $\alpha(t)$, $\beta(t)$ はそれぞれ正定対称 $n \times n$-マトリクス, $n$ 次元ベクトルおよびスカラ量である.

$$\frac{\partial V(t,x)}{\partial t} = x^T\dot{\Pi}(t)x + \dot{\alpha}^T(t)x + \dot{\beta}(t)$$

$$\frac{\partial V(t,x)}{\partial x} = 2\Pi(t)x + \alpha(t), \quad \frac{\partial}{\partial x}\left(\frac{\partial V(t,x)}{\partial x}\right)^T = 2\Pi(t)$$

であるから,これらを (7.10a) 式に代入して整理すると

$$
x^T \left[ \dot{\Pi}(t) + \Pi(t)A(t) + A^T(t)\Pi(t) + M(t) - \Pi(t)C(t)N^{-1}(t)C^T(t)\Pi(t) \right] x \\
+ x^T \left\{ \dot{\alpha}(t) + [A^T(t) - \Pi(t)C(t)N^{-1}(t)C^T(t)]\alpha(t) \right\} \\
+ \left[ \dot{\beta}(t) + \mathrm{tr}\{G(t)Q(t)G^T(t)\Pi(t)\} - \frac{1}{4}\alpha^T(t)C(t)N^{-1}(t)C^T(t)\alpha(t) \right] = 0 \tag{7.23}
$$

となる.この式は,すべての $x \in R^n$ に対して成り立たなければならないことから,$\Pi(t), \alpha(t)$ および $\beta(t)$ はつぎの連立微分方程式の解でなければならない.

$$
\dot{\Pi}(t) + \Pi(t)A(t) + A^T(t)\Pi(t) + M(t) - \Pi(t)C(t)N^{-1}(t)C^T(t)\Pi(t) = 0
$$
$$
\dot{\alpha}(t) + [A(t) - C(t)N^{-1}(t)C^T(t)\Pi(t)]^T \alpha(t) = 0
$$
$$
\dot{\beta}(t) + \mathrm{tr}\left\{G(t)Q(t)G^T(t)\Pi(t)\right\} - \frac{1}{4}\alpha^T(t)C(t)N^{-1}(t)C^T(t)\alpha(t) = 0
$$

ところで, (7.10b) 式と $V(t,x)$ の形に対する仮定より, $\Pi(T) = F$, $\alpha(T) = 0$, $\beta(T) = 0$ であるから,上記の $\alpha(t)$ についての同次方程式の解は $\alpha(t) \equiv 0$ ($t_0 \leq t \leq T$) となる.よって, (7.10) 式の解は結局

$$
V(t,x) = x^T \Pi(t) x + \beta(t) \tag{7.24}
$$

であり,$\Pi(t), \beta(t)$ はつぎの連立微分方程式の解となる(ただし,$\Pi(t)$ は単独に解ける).

$$
\dot{\Pi}(t) + \Pi(t)A(t) + A^T(t)\Pi(t) + M(t) \\
- \Pi(t)C(t)N^{-1}(t)C^T(t)\Pi(t) = 0, \quad \Pi(T) = F \tag{7.25}
$$

$$
\dot{\beta}(t) + \mathrm{tr}\{G(t)Q(t)G^T(t)\Pi(t)\} = 0, \quad \beta(T) = 0 \tag{7.26}
$$

したがって,最適制御量 (7.9) は

$$
u^o(t) = -N^{-1}(t)C^T(t)\Pi(t) x \tag{7.27}
$$

というフィードバック形で与えられる.

このとき,コストの最小値は (7.4) 式と (7.24) 式から

$$J(u^o) = \mathcal{E}\left\{ \min_{\substack{u(t) \\ t_0 \leq t \leq T}} \mathcal{E}\left\{ x^T(T)Fx(T) \right. \right.$$
$$\left. \left. + \int_{t_0}^{T} [x^T(t)M(t)x(t) + u^T(t)N(t)u(t)]dt \,\middle|\, x(t_0) = x_0 \right\} \right\}$$
$$= \mathcal{E}\{V(t_0, x_0)\}$$
$$= \mathcal{E}\{x_0^T \Pi(t_0) x_0\} + \beta(t_0) \tag{7.28}$$

となる.ところで,

$$\mathcal{E}\{x_0^T \Pi(t_0) x_0\} = \operatorname{tr}\left\{ \Pi(t_0)\, \mathcal{E}\{x_0 x_0^T\} \right\}$$
$$= m_0^T \Pi(t_0)\, m_0 + \operatorname{tr}\{P_0\, \Pi(t_0)\} \tag{7.29}$$

($\mathcal{E}\{x_0 x_0^T\} = m_0 m_0^T + P_0$) であり,また (7.26) 式を積分し, $\beta(T) = 0$ に留意すると

$$\beta(t_0) = \int_{t_0}^{T} \operatorname{tr}\{G(t)Q(t)G^T(t)\Pi(t)\}\, dt \tag{7.30}$$

であるから,

$$J(u^o) = m_0^T \Pi(t_0)\, m_0 + \operatorname{tr}\{P_0\, \Pi(t_0)\} + \int_{t_0}^{T} \operatorname{tr}\{G(t)Q(t)G^T(t)\Pi(t)\}\, dt \tag{7.31}$$

となる.

以上により,線形確率システムに対する最適制御は求まった.この結果と確定システムに対するそれとの対応を表 7.1 に示す.

さて, (7.25) 式をみれば明らかなように, $\Pi(t)$ の決定には当然コスト汎関数の重みマトリクス $F, M(t), N(t)$ が関与するが,不規則外乱に関するパラメータマトリクス $G(t), Q(t)$ には依存しない.すなわち,最適制御量 $u^o(t)$ を生成するゲインマトリクス $K(t) = -N^{-1}(t)C^T(t)\Pi(t)$ は,システムの雑音の大きさには全く関係なく求められる.すなわち,システム雑音が存在してもしなくても,制御ゲインマトリクスは同じである.この事実は重要である.これを**確実等価性原理** (certainty equivalence principle) と呼ぶ.しかし,コスト汎関数の最小値については,当然ながらシステム雑音による分も含まれる.

表 7.1 確率システムと確定システムの最適制御の比較

| | 確定システム | 確率システム |
|---|---|---|
| システム<br>モデル | $\dot{x} = Ax + Cu$ | $dx = Axdt + Cudt + Gdw$ |
| コスト汎関数 | $J(u) = x^T(T)Fx(T)$<br>$\quad + \int_{t_0}^{T}(x^T Mx + u^T Nu)dt$ | $J(u) = \mathcal{E}\left\{ x^T(T)Fx(T)\right.$<br>$\quad \left. + \int_{t_0}^{T}(x^T Mx + u^T Nu)dt \right\}$ |
| 最小コスト<br>汎関数 | $V(t,x) = x^T \Pi(t) x$<br>$\dot{\Pi} + \Pi A + A^T \Pi + M$<br>$\quad - \Pi C N^{-1} C^T \Pi = 0,$<br>$\Pi(T) = F$ | $V(t,x) = x^T \Pi(t) x + \beta(t)$<br>$\dot{\Pi} + \Pi A + A^T \Pi + M$<br>$\quad - \Pi C N^{-1} C^T \Pi = 0,$<br>$\Pi(T) = F$<br>$\dot{\beta} + \mathrm{tr}\{GQG^T \Pi\} = 0,$<br>$\beta(T) = 0$ |
| 最適制御量 | $u^o(t) = -N^{-1}C^T \Pi(t) x(t)$ | $u^o(t) = -N^{-1}C^T \Pi(t) x(t)$ |
| 最小コスト値 | $J(u^o) = x_0^T \Pi(t_0) x_0$ | $J(u^o) = m_0^T \Pi(t_0) m_0$<br>$\quad + \mathrm{tr}\{P_0 \Pi(t_0)\}$<br>$\quad + \int_{t_0}^{T} \mathrm{tr}\{GQG^T \Pi\} dt$ |

## 7.3 無限時間最適制御

前節では,コスト汎関数は (7.2) 式で与えたように有限時間区間での評価であった.本節では,$T \to \infty$ とした**無限時間最適制御問題** (infinite-time [infinite-horizon] optimal control problem) を考察しよう.ここでは,マトリクス $A(t), C(t), G(t), Q(t), M(t)$ および $N(t)$ をすべて定数マトリクス (ただし,$N > 0$, $F = 0$) とする.対象とするシステムは

$$dx(t) = Ax(t)dt + Cu(t)dt + Gdw(t), \quad x(t_0) = x_0 \tag{7.32}$$

であり,制御時間区間を $[t_0, \infty)$ とする.このとき,コスト汎関数として

$$J(u) = \mathcal{E}\left\{ \int_{t_0}^{\infty} [x^T(t)Mx(t) + u^T(t)Nu(t)]dt \right\}$$

を設定することは適切でない.それは,システム雑音が $[t_0, \infty)$ 間でずっと持続的に介入するので,この積分値は有限ではなくなることからも直観的に明らかであ

## 7.3 無限時間最適制御

るが,少々回り道をして以下にこのことを示そう.

制御量を $u(t) = K_0 x(t)$ ($K_0$: 定数) と仮定する.このとき,システム方程式は

$$dx(t) = \tilde{A}x(t)dt + Gdw(t), \quad x(t_0) = x_0$$
$$(\tilde{A} := A + CK_0) \tag{7.33}$$

となり,コスト汎関数は

$$J(u) = \lim_{T\to\infty} \mathcal{E}\left\{\int_{t_0}^T [x^T(t)Mx(t) + u^T(t)Nu(t)]dt\right\}$$
$$= \lim_{T\to\infty} \mathcal{E}\left\{\int_{t_0}^T x^T(t)\tilde{M}x(t)dt\right\} \quad (\tilde{M} = M + K_0^T N K_0)$$
$$=: \lim_{T\to\infty} \hat{J}(u) \tag{7.34}$$

と書ける.ところで,$\tilde{\Phi}(t-\tau) = \exp\{\tilde{A}(t-\tau)\}$ とすると,((7.17) 式を得たのと同様な計算によって)

$$\mathcal{E}\left\{x^T(t)\tilde{M}x(t)\right\} = \mathcal{E}\left\{x_0^T \tilde{\Phi}^T(t-t_0)\tilde{M}\tilde{\Phi}(t-t_0)x_0\right\}$$
$$+ \mathrm{tr}\left\{\tilde{M}\int_{t_0}^t \tilde{\Phi}(t-\tau)GQG^T\tilde{\Phi}^T(t-\tau)d\tau\right\} \tag{7.35}$$

よって

$$\hat{J}(u) = \mathcal{E}\left\{\int_{t_0}^T x_0^T\tilde{\Phi}^T(t-t_0)\tilde{M}\tilde{\Phi}(t-t_0)x_0\, dt\right\}$$
$$+ \int_{t_0}^T \mathrm{tr}\left\{\tilde{M}\int_{t_0}^t \tilde{\Phi}(t-\tau)GQG^T\tilde{\Phi}^T(t-\tau)d\tau\right\}dt \tag{7.36}$$

となるが,ここで右辺第 2 項に前節の (7.20) 式を導出する際に用いた 2 重積分に関する公式を用いると,上式はつぎのようになる.

$$\hat{J}(u) = \mathcal{E}\left\{x_0^T\left[\int_{t_0}^T \tilde{\Phi}^T(t-t_0)\tilde{M}\tilde{\Phi}(t-t_0)dt\right]x_0\right\}$$
$$+ \int_{t_0}^T \mathrm{tr}\left\{GQG^T\left[\int_t^T \tilde{\Phi}^T(\tau-t)\tilde{M}\tilde{\Phi}(\tau-t)d\tau\right]\right\}dt$$
$$= \mathcal{E}\left\{x_0^T\tilde{\Pi}(t_0)\,x_0\right\} + \int_{t_0}^T \mathrm{tr}\left\{GQG^T\tilde{\Pi}(t)\right\}dt$$
$$= m_0^T\tilde{\Pi}(t_0)\,m_0 + \mathrm{tr}\left\{P_0\,\tilde{\Pi}(t_0)\right\} + \int_{t_0}^T \mathrm{tr}\left\{GQG^T\tilde{\Pi}(t)\right\}dt \tag{7.37}$$

ここで
$$\tilde{\Pi}(t) := \int_t^T \tilde{\Phi}^T(\tau - t)\tilde{M}\tilde{\Phi}(\tau - t)d\tau \tag{7.38}$$
であり，これは簡単な計算により (P: 7.1)，つぎのマトリクス微分方程式の解であることがわかる．
$$\dot{\tilde{\Pi}}(t) + \tilde{\Pi}(t)\tilde{A} + \tilde{A}^T\tilde{\Pi}(t) + \tilde{M} = 0, \quad \tilde{\Pi}(T) = 0 \tag{7.39}$$
ところで，$T \to \infty$ のとき $\tilde{\Pi}(t)$ は $\tilde{A} = A + CK_0$ が安定 ($(A, C)$ が可安定) ならば，
$$\begin{aligned}\lim_{T \to \infty} \tilde{\Pi}(t) &= \lim_{T \to \infty} \int_t^T \tilde{\Phi}^T(\tau - t)\tilde{M}\tilde{\Phi}(\tau - t)d\tau \\ &= \lim_{T \to \infty} \int_0^{T-t} \tilde{\Phi}^T(s)\tilde{M}\tilde{\Phi}(s)ds \\ &= \int_0^\infty e^{\tilde{A}^T s}\tilde{M}e^{\tilde{A}s}ds =: \tilde{\Pi} \text{ (const.)}\end{aligned} \tag{7.40}$$
のように定数マトリクスになる．したがって，(7.37) 式最右辺の積分は $T \to \infty$ のとき無限大となるので，本節冒頭で示したコスト汎関数 ((7.34) 式) は意味をもたなくなる．

そこで，コスト汎関数として (7.34) 式に代わって
$$\begin{aligned}J(u) &= \lim_{T \to \infty} \frac{1}{T - t_0} \mathcal{E}\left\{\int_{t_0}^T [x^T(t)Mx(t) + u^T(t)Nu(t)]dt\right\} \\ &\equiv \lim_{T \to \infty} \frac{1}{T - t_0} \tilde{J}(u)\end{aligned} \tag{7.41}$$
を採用することにする．最適制御量 $u(t)$ を求めるには，まず (i) 有限時間評価関数である $\tilde{J}(u)$ に対する最適制御量を求め，ついで (ii) 得られた制御量の時変ゲインマトリクスに対して $T \to \infty$ の操作を施せばよい，ということは明らかであろう．

前節の議論より，$\tilde{J}(u)$ を最小にする制御量は
$$u^o(t) = -N^{-1}C^T\Pi(t)x(t) \tag{7.42}$$
で与えられる．ただし，$\Pi(t)$ は ((7.25) 式より)
$$\begin{aligned}&\dot{\Pi}(t) + \Pi(t)A + A^T\Pi(t) + M - \Pi(t)CN^{-1}C^T\Pi(t) = 0, \\ &\Pi(T) = 0\end{aligned} \tag{7.43}$$

の非負定値解であるが, $T \to \infty$ のときには, これは対 $(A,C)$ が可安定でかつ $(A, M^{1/2})$ が可検出であるとき, $\hat{\Pi} = \lim_{T\to\infty} \Pi(t)$ となる定常解をもつ.

さて, (7.41) 式で与えたコスト汎関数 $J(u)$ は有限値をとるであろうか? つぎにこのことをみてみる. ところで, コスト $\tilde{J}(u)$ は (7.31) 式と同様に

$$\tilde{J}(u^o) = \mathcal{E}\left\{\int_{t_0}^{T}[x^T(t)Mx(t) + u^{oT}(t)Nu^o(t)]dt\right\}$$

$$= m_0^T \Pi(t_0) m_0 + \mathrm{tr}\{P_0 \Pi(t_0)\} + \int_{t_0}^{T} \mathrm{tr}\{GQG^T \Pi(t)\} dt \qquad (7.44)$$

となる. 問題は $\tilde{J}(u^o)/(T-t_0)$ が $T \to \infty$ でも有限値をもつかどうかである. そこで, (7.43) 式の解を $\Pi(t;T)$ と表記して考察する. 証明は省略するが, 任意の $T$ に対して $\Pi(t_0;T) \leq \hat{\Pi}$ は成り立つので, (7.44) 式の最初の 2 項については

$$\frac{1}{T-t_0} m_0^T \Pi(t_0;T) m_0 \leq \frac{1}{T-t_0} m_0^T \hat{\Pi} m_0 \xrightarrow[T\to\infty]{} 0$$

$$\frac{1}{T-t_0} \mathrm{tr}\{P_0 \Pi(t_0;T)\} \xrightarrow[T\to\infty]{} 0$$

がいえる. また第 3 項については,

$$\int_{t_0}^{T} \mathrm{tr}\{GQG^T \Pi(t;T)\} dt = \int_{0}^{T-t_0} \mathrm{tr}\{GQG^T \Pi(T-t;T)\} dt$$

$$=: \int_{0}^{T-t_0} \alpha(t) dt$$

とおくと, 任意の $\varepsilon > 0$ に対して $|\alpha(t) - \bar{\alpha}| \leq \varepsilon$ がすべての $t > T_0$ において成り立つような時刻 $T_0$ が存在する. ただし, $\bar{\alpha} := \mathrm{tr}\{GQG^T \hat{\Pi}\}$ である. したがって, $T \geq T_0$ に対して

$$\left|\frac{1}{T-t_0}\int_{0}^{T-t_0}\alpha(t)dt - \bar{\alpha}\right| = \frac{1}{T-t_0}\left|\int_{0}^{T-t_0}[\alpha(t)-\bar{\alpha}]dt\right|$$

$$\leq \frac{1}{T-t_0}\left|\int_{0}^{T_0-t_0}[\alpha(t)-\bar{\alpha}]dt\right| + \frac{1}{T-t_0}\int_{T_0-t_0}^{T-t_0}|\alpha(t)-\bar{\alpha}|dt$$

$$\leq \frac{1}{T-t_0}\left|\int_{0}^{T_0-t_0}[\alpha(t)-\bar{\alpha}]dt\right| + \frac{T-T_0}{T-t_0}\varepsilon \xrightarrow[T\to\infty]{} 2\varepsilon$$

となる. $\varepsilon$ はいくらでも小さくとれるので, 結局

$$\frac{1}{T-t_0}\int_{0}^{T-t_0}\alpha(t)dt \longrightarrow \bar{\alpha} \quad (T\to\infty) \qquad (7.45)$$

がいえる. 以上の考察より, (7.41) 式で定義したコスト汎関数の最小値は有限値

$$J(u^o) = \lim_{T \to \infty} \frac{1}{T - t_0} \tilde{J}(u^o) = \text{tr}\left\{GQG^T\hat{\Pi}\right\} < \infty \tag{7.46}$$

をとる. よって, (7.41) 式の $J(u)$ はコスト汎関数として意味をもつことがいえた.

最適制御量は

$$u^o(t) = -N^{-1}C^T\hat{\Pi}\,x(t) \tag{7.47}$$

で与えられ, $\hat{\Pi}$ はつぎのリッカチ代数方程式の非負定値解である.

$$\hat{\Pi}A + A^T\hat{\Pi} + M - \hat{\Pi}CN^{-1}C^T\hat{\Pi} = 0 \tag{7.48}$$

(7.47) 式の結果は, 時不変線形確定システムの無限時間最適制御問題:

$$\dot{x}(t) = Ax(t) + Cu(t)$$
$$J_d(u) = \int_{t_0}^{\infty} [x^T(t)Mx(t) + u^T(t)Nu(t)]dt$$

に対して得られる最適制御量の形とまったく同じである.

本節を終えるにあたって, コスト汎関数 (7.41) はシステムの定常状態におけるコスト汎関数

$$J_s(u) = \mathcal{E}\{x^T(t)Mx(t) + u^T(t)Nu(t)\} \tag{7.49}$$

と等価であることを指摘しておく. 以下にその理由の概略を述べる. 確率過程 (7.32) に沿って2次形式 $\mathcal{E}\{x^T(t)\hat{\Pi}\,x(t)\}$ の時間微分を計算しよう. ただし, $\hat{\Pi}$ は (7.48) 式を満たす正定対称マトリクスである.

$$d\mathcal{E}\{x^T\hat{\Pi}x\} = \mathcal{E}\{(dx)^T\hat{\Pi}x\} + \mathcal{E}\{x^T\hat{\Pi}(dx)\} + \mathcal{E}\{(dx)^T\hat{\Pi}(dx)\} + o(dt)$$
$$= \mathcal{E}\{x^T(\hat{\Pi}A + A^T\hat{\Pi})x\}dt + \mathcal{E}\{x^T\hat{\Pi}Cu + u^TC^T\hat{\Pi}x\}dt$$
$$+ \text{tr}\{GQG^T\hat{\Pi}\}dt + o(dt)$$

この右辺に $0 = -\mathcal{E}\{x^TMx + u^TNu\}dt + \mathcal{E}\{x^TMx\}dt + \mathcal{E}\{u^TNu\}dt$ を加えて整理すれば

$$= -\mathcal{E}\{x^TMx + u^TNu\}dt$$
$$+ \mathcal{E}\{x^T(\hat{\Pi}A + A^T\hat{\Pi} + M - \hat{\Pi}CN^{-1}C^T\hat{\Pi})x\}dt$$
$$+ \mathcal{E}\{(u + N^{-1}C^T\hat{\Pi}x)^TN(u + N^{-1}C^T\hat{\Pi}x)\}dt$$
$$+ \text{tr}\{GQG^T\hat{\Pi}\}dt + o(dt)$$

となる．ここで，$\hat{\Pi}$ が (7.48) 式の解であることに留意し，両辺を $dt$ で割ると次式を得る．

$$\begin{aligned}\frac{d}{dt}\mathcal{E}\{x^T\hat{\Pi}x\} &= -\mathcal{E}\{x^TMx + u^TNu\} \\ &\quad + \mathcal{E}\{(u+N^{-1}C^T\hat{\Pi}x)^TN(u+N^{-1}C^T\hat{\Pi}x)\} + \text{tr}\{GQG^T\hat{\Pi}\}\end{aligned} \quad (7.50)$$

定常状態では左辺は零となるから，これより

$$\begin{aligned}&\mathcal{E}\{x^T(t)Mx(t) + u^T(t)Nu(t)\} \\ &= \mathcal{E}\{[u(t)+N^{-1}C^T\hat{\Pi}x(t)]^TN[u(t)+N^{-1}C^T\hat{\Pi}x(t)]\} + \text{tr}\{GQG^T\hat{\Pi}\} \\ &\geq \text{tr}\{GQG^T\hat{\Pi}\}\end{aligned} \quad (7.51)$$

となる．等号は $u(t)$ として (7.47) 式のように選んだとき，かつそのときに限り成り立つ．よって

$$\begin{aligned}J_s(u^o) &= \mathcal{E}\{x^T(t)Mx(t) + u^{oT}(t)Nu^o(t)\} \\ &= \text{tr}\{GQG^T\hat{\Pi}\}\end{aligned} \quad (7.52)$$

となり，これは (7.46) 式の結果と等しい．

(7.49) 式のような評価規範を**瞬時コスト汎関数** (instantaneous cost functional) と呼ぶ．

## 7.4　最適制御システムの構成

§7.2, 7.3 において線形システムの最適制御量を求めた．その結果，(7.27) 式あるいは (7.47) 式のようにシステム状態量 $x(t) = x$ のフィードバック形として与えられることがわかった．このような結果が得られたのは，以下のような要因による．すなわち，

(i) 制御対象となるシステムが線形 (linear) であり，しかも制御量が加法的に加えられていること

(ii) 評価コスト汎関数が, (7.2) あるいは (7.41) 式のように状態量および制御量のそれぞれの 2 次形式 (quadratic form) に設定したこと

(iii) さらに，最適制御量を求める過程で計算が優美に実行できたのは，システム雑音のモデルが正規型 (Gaussian) 確率分布をもつウィーナ過程としたこと

の三つである．すなわち，"Linear-Quadratic-Gaussian" という設定がきわめて重要な役割を果たしている．このような設定の制御問題を**LQG 制御問題** (LQG control problem) と呼ぶ．

さて，LQG 問題の最適制御量は，状態量のフィードバックで与えられることがわかった．しかし，そのゲインマトリクスは§7.2 (表 7.2) に述べたように，確定の LQ 制御問題の最適制御量のそれと同じである．それでは，このように得られた制御量が確率システムに対して，果たして本当に有効に作用しているのであろうか？答えはもちろん Yes である．このことを以下に調べてみよう．

システムおよび評価関数を (7.1), (7.2) 式で与えられているとする．"確定システム派" の立場からすれば, (7.1) 式の雑音分を無視して制御システムを設計したくなる．(7.1) の状態量を

$$x(t) = x_d(t) + x_s(t) \tag{7.53}$$

のように確定部分 $x_d(t)$ と不確定部分 $x_s(t)$ に分けると，これらはそれぞれ

$$\dot{x}_d(t) = A(t)x_d(t) + C(t)u_0(t), \quad x_d(t_0) = m_0 \tag{7.54}$$

$$dx_s(t) = A(t)x_s(t)dt + G(t)dw(t), \quad x_s(t_0) = x_0 - m_0 \tag{7.55}$$

の解である $(m_0 = \mathcal{E}\{x(t_0)\})$．$u_0(t)$ は，確定モデル (7.54) に対して求めようとする (確定) 制御量である．

$\mathcal{E}\{x_s(t)\} = 0$ であり，また

$$\mathcal{E}\left\{x^T(t)M(t)x(t)\right\} = x_d^T(t)M(t)x_d(t) + \mathcal{E}\left\{x_s^T(t)M(t)x_s(t)\right\}$$

に留意すると，評価コスト汎関数 (7.2) は

$$\begin{aligned} J(u_0) = {}& x_d^T(T)Fx_d(T) + \int_{t_0}^T \left[x_d^T(t)M(t)x_d(t) + u_0^T(t)N(t)u_0(t)\right]dt \\ & + \mathcal{E}\left\{x_s^T(T)Fx_s(T) + \int_{t_0}^T x_s^T(t)M(t)x_s(t)dt\right\} \end{aligned} \tag{7.56}$$

となる．$x_s(t)$-過程は $u_0(t)$ には無関係であるから, (7.56) 式の右辺第 3 項は $u_0(t)$ の決定に関与しない．したがって，$u_0(t)$ は (7.56) 式の第 3 項を除いた (確定) コ

スト汎関数を最小にする制御量として求めることによって

$$u_0(t) = -N^{-1}(t)C^T(t)\Pi(t)\,x_d(t) \tag{7.57}$$

と求まる. $\Pi(t)$ は (7.25) 式のリッカチ解である (表 7.2 参照). $x_d(t)$ は確定システム (7.54) 式の解であるから, 初期値 $m_0$ が既知であれば, すべての $x_d(t)$ はオフライン計算によりあらかじめ求められる. したがって, $u_0(t)$ は事前に求めることができ, オープンループ制御に他ならない.

そこで残る問題は, オープンループ制御量 $u_0(t)$ でシステム雑音に対処しきれているのか？ということである. ところで, (7.56) 式右辺第 3 項は ((7.12) 〜 (7.22) 式の計算と同様にして)

$$\mathrm{tr}\{P_0\,\Pi_d(t_0)\} + \int_{t_0}^{T} \mathrm{tr}\{G(t)Q(t)G^T(t)\,\Pi_d(t)\}dt$$

となる. ここで, $\Pi_d(t)$ は

$$\dot{\Pi}_d(t) + \Pi_d(t)A(t) + A^T(t)\Pi_d(t) + M(t) = 0, \quad \Pi_d(T) = F \tag{7.58}$$

の解である (P: 7.1 参照). したがって, $u_0(t)$ に対する評価コスト汎関数 (7.56) の最小値は

$$J(u_0) = m_0^T\Pi(t_0)\,m_0 + \mathrm{tr}\{P_0\Pi_d(t_0)\} + \int_{t_0}^{T} \mathrm{tr}\{G(t)Q(t)G^T(t)\Pi_d(t)\}dt \tag{7.59}$$

となる.

これを, 確率システムに対する最適制御量 $u^o(t)$ ((7.27) 式) に対して得られる最小値 (7.31) 式と比較してみよう.

$$J(u_0) - J(u^o) = \mathrm{tr}\{P_0\,\Delta(t_0)\} + \int_{t_0}^{T} \mathrm{tr}\{G(t)Q(t)G^T(t)\Delta(t)\}dt \tag{7.60}$$

が得られる. ここで, $\Delta(t) := \Pi_d(t) - \Pi(t)$ であり, これは (7.58), (7.25) 式より

$$\dot{\Delta}(t) + \Delta(t)A(t) + A^T(t)\Delta(t) + \Pi(t)C(t)N^{-1}(t)C^T(t)\Pi(t) = 0, \quad \Delta(T) = 0 \tag{7.61}$$

を満足するマトリクスで

$$\Delta(t) = \int_{t}^{T} \Phi^T(s,t)\Pi(s)C(s)N^{-1}(s)C^T(s)\Pi(s)\Phi(s,t)ds \geq 0 \tag{7.62}$$

で与えられるから,

$$J(u_0) \geq J(u^o) \tag{7.63}$$

という結果が得られる.

以上の考察により, (i) いかなるオープンループ制御量もフィードバック制御量 $u^o(t)$ をしのぐことはできない. すなわち, オープンループ制御では不規則外乱に対処しきれない. また, (ii) (7.60) 式から明らかなように, $J(u_0) = J(u^o)$ となるのは $P_0 \equiv 0$ かつ $G(t) \equiv 0$ のとき, すなわち $x(t) \equiv x_d(t)$ となる確定システムのときのみである.

## 7.5 不規則雑音を含んだ観測データに基づくシステムの最適制御

本節では, システム状態量を観測するにあたって, 不規則雑音が介入する場合の最適制御問題を考察する.

### 7.5.1 数学モデル

システムおよび観測モデルはつぎのように記述されるとする.

$$dx(t) = A(t)x(t)dt + C(t)u(t)dt + G(t)dw(t), \; x(t_0) = x_0 \tag{7.64}$$

$$dy(t) = H(t)x(t)dt + R(t)dv(t), \quad y(t_0) = 0 \tag{7.65}$$

ここで, $x \in R^n$, $y \in R^m$, $u \in R^\ell$ であり, $w(t) \in R^{d_1}$, $v(t) \in R^{d_2}$ は $x_0 \sim N[m_0, P_0]$ とは互いに独立なウィーナ過程であり, それらの共分散マトリクスを $Q(t), I$ とする.

評価コスト汎関数は (7.2) 式と同じとする. すなわち

$$J(u) = \mathcal{E}\left\{ x^T(T)Fx(T) + \int_{t_0}^{T} [x^T(t)M(t)x(t) + u^T(t)N(t)u(t)]dt \right\} \tag{7.66}$$

このように定式化される制御問題に対して, 最適制御量はどのように与えられるのだろうか? システム状態量 $x(t)$ が直接入手可能ではないので, (7.27) 式のようなシステム状態量 $x(t)$ のフィードバックはありえない. それでは, システム状態量の最適推定値 $\hat{x}(t|t)$ ($= \mathcal{E}\{x(t)|\mathcal{Y}_t\}$) をフィードバックすればよいのであろ

うか？ 当然，われわれが入手できるのは $Y_t = \{y(\tau),\ t_0 \leq \tau \leq t\}$ という観測データのみであることから，許容制御量を $\mathcal{Y}_t\ (=\sigma\{Y_t\})$-可測なクラスに限定してもよいのであろう．そこで

$$u(t) = \psi(t, \mathcal{Y}_t) \in \mathcal{U}_{ad} \tag{7.67}$$

として以下考察する．

§7.2 と同様に，ダイナミックプログラミング法によって最適制御量を求める．(7.66) 式は

$$\begin{aligned}
J(u) &= \mathcal{E}\bigg\{\mathcal{E}\{x^T(T)Fx(T)\,|\,\mathcal{Y}_T\} \\
&\quad + \int_{t_0}^T \mathcal{E}\{x^T(t)M(t)x(t) + u^T(t)N(t)u(t)\,|\,\mathcal{Y}_t\}\,dt\bigg\} \\
&= \mathcal{E}\bigg\{\hat{x}^T(T\,|\,T)F\hat{x}(T\,|\,T) + \text{tr}\{FP(T\,|\,T)\} \\
&\quad + \int_{t_0}^T \left[\hat{x}^T(t\,|\,t)M(t)\hat{x}(t\,|\,t) + \text{tr}\{M(t)P(t\,|\,t)\} + u^T(t)N(t)u(t)\right]dt\bigg\}
\end{aligned}$$

すなわち，

$$\begin{aligned}
J(u) &= \mathcal{E}\bigg\{\hat{x}^T(T\,|\,T)F\hat{x}(T\,|\,T) \\
&\quad + \int_{t_0}^T \left[\hat{x}^T(t\,|\,t)M(t)\hat{x}(t\,|\,t) + u^T(t)N(t)u(t)\right]dt\bigg\} \\
&\quad + \text{tr}\{FP(T\,|\,T)\} + \int_{t_0}^T \text{tr}\{M(t)P(t\,|\,t)\}dt \tag{7.68}
\end{aligned}$$

と変形できる．ただし，$\hat{x}(t\,|\,t) = \mathcal{E}\{x(t)\,|\,\mathcal{Y}_t\}$, $P(t\,|\,t) = \mathcal{E}\{[x(t) - \hat{x}(t\,|\,t)] \cdot [x(t) - \hat{x}(t\,|\,t)]^T\}$ であるが，これらはカルマンフィルタ (6.38), (6.39) 式で求められるかどうかは，制御項が存在することからまだ不明である．いずれにしても，状態推定問題を解く必要があるので，つぎにこの問題について考察しよう．

### 7.5.2 推定方程式

制御量が (7.67) 式のように構成されると仮定して，(7.64), (7.65) 式で記述される推定問題を解いてみよう．

(7.64) 式の解を，つぎのように制御量に依存する部分とそうでない部分とに分

ける. すなわち,

$$x(t) = x_c(t) + x_s(t) \tag{7.69}$$

$$dx_c(t) = A(t)x_c(t)dt + C(t)u(t)dt, \quad x_c(t_0) = m_0 \tag{7.70}$$

$$dx_s(t) = A(t)x_s(t)dt + G(t)dw(t), \quad x_s(t_0) = x_0 - m_0 \tag{7.71}$$

ここで, $x_c(t)$ は

$$x_c(t) = \Phi(t, t_0)m_0 + \int_{t_0}^{t} \Phi(t, \tau)C(\tau)u(\tau)d\tau$$

(ただし, $\Phi(t,\tau)$ は $A(t)$ に対する遷移マトリクス) で与えられるから, 当然 $\mathcal{Y}_t$-可測である. したがって, $x(t)$ の推定値は (7.69) 式より

$$\hat{x}(t\,|\,t) = x_c(t) + \mathcal{E}\{x_s(t)\,|\,\mathcal{Y}_t\} = x_c(t) + \hat{x}_s(t\,|\,t) \tag{7.72}$$

となるので, 結局 $\hat{x}_s(t\,|\,t)$ を求めればよいことになる. そこで, $x_c(t)$ が $\mathcal{Y}_t$-可測であることを考慮して

$$dy_s(t) = dy(t) - H(t)x_c(t)dt, \quad y_s(t_0) = 0 \tag{7.73}$$

と定義すると,

$$dy_s(t) = H(t)x_s(t)dt + R(t)dv(t) \tag{7.74}$$

が得られる.

第6章の議論から (7.71), (7.74) 式で定式化される推定問題に対する推定方程式は, つぎのカルマンフィルタによって与えられる.

$$\begin{aligned}
d\hat{x}_s(t\,|\,t) &= A(t)\hat{x}_s(t\,|\,t)dt \\
&\quad + P_s(t\,|\,t)H^T(t)\{R(t)R^T(t)\}^{-1}\{dy_s(t) - H(t)\hat{x}_s(t\,|\,t)dt\}, \\
\hat{x}_s(t_0\,|\,t_0) &= 0
\end{aligned} \tag{7.75}$$

ここで,

$$P_s(t\,|\,t) := \mathcal{E}\left\{[x_s(t) - \hat{x}_s(t\,|\,t)][x_s(t) - \hat{x}_s(t\,|\,t)]^T\right\}$$

$$x_s(t) - \hat{x}_s(t\,|\,t) = [x(t) - x_c(t)] - [\hat{x}(t\,|\,t) - x_c(t)] = x(t) - \hat{x}(t\,|\,t)$$

## 7.5 不規則雑音を含んだ観測データに基づくシステムの最適制御

となることから, $P_s(t\,|\,t) \equiv P(t\,|\,t)$ となる.

また, (7.72), (7.70), (7.75) および (7.73) 式より

$$d\hat{x}(t\,|\,t) = dx_c(t) + d\hat{x}_s(t\,|\,t)$$
$$= A(t)[x_c(t) + \hat{x}_s(t\,|\,t)]dt + C(t)u(t)dt$$
$$+ P_s(t\,|\,t)H^T(t)\{R(t)R^T(t)\}^{-1}\{dy(t) - H(t)[x_c(t) + \hat{x}_s(t\,|\,t)]dt\}$$

となる. よって, (7.72) 式と $P_s(t\,|\,t) = P(t\,|\,t)$ より $\hat{x}(t\,|\,t)$ の式を, また (6.39) 式より $P(t\,|\,t)$ の式を得る.

$$d\hat{x}(t\,|\,t) = A(t)\hat{x}(t\,|\,t)dt + C(t)u(t)dt$$
$$+ P(t\,|\,t)H^T(t)\{R(t)R^T(t)\}^{-1}\{dy(t) - H(t)\hat{x}(t\,|\,t)dt\},$$
$$\hat{x}(t_0\,|\,t_0) = \hat{x}_0 \equiv m_0 \tag{7.76}$$

$$\dot{P}(t\,|\,t) = A(t)P(t\,|\,t) + P(t\,|\,t)A^T(t) + G(t)Q(t)G^T(t)$$
$$- P(t\,|\,t)H^T(t)\{R(t)R^T(t)\}^{-1}H(t)P(t\,|\,t),$$
$$P(t_0\,|\,t_0) = P_0 \tag{7.77}$$

この結果は, 制御項が存在する場合のフィルタは, 制御量 $u(t)$ が $\mathcal{Y}_t$-可測であれば, §6.4 で得たカルマンフィルタの右辺に $C(t)u(t)dt$ を加えただけで得られることを示している.

### 7.5.3 最適制御

さて, 評価コスト汎関数 (7.68) 式をみてみよう. (7.77) 式よりわかるように, $P(t\,|\,t)$ は制御量に無関係で, 右辺の第 2, 第 3 項は定数となる. したがって, $J(u)$ を最小にする問題は, 推定方程式 (7.76) を新しいシステム方程式とみなせば, §7.2 で述べた (7.2) 式の $x$ を $\hat{x}$ で置き換えたコスト汎関数を $u$ に関して最小にする問題となる. すなわち,

$$d\hat{x}(t\,|\,t) = A(t)\hat{x}(t\,|\,t)dt + C(t)u(t)dt + K(t)d\nu(t) \tag{7.78}$$

で記述される $\hat{x}(t\,|\,t)$-過程に対して, コスト汎関数

$$J_0(u) = \mathcal{E}\Big\{\hat{x}^T(T\,|\,T)F\hat{x}(T\,|\,T)$$
$$+ \int_{t_0}^{T} \big[\hat{x}^T(t\,|\,t)M(t)\hat{x}(t\,|\,t) + u^T(t)N(t)u(t)\big]dt\Big\} \tag{7.79}$$

を最小にする制御量 $u(t)$ を求める問題となる．ただし，$K(t)$ はフィルタゲイン ((6.66) 式)，また $\nu(t)$ はイノベーション過程 ((6.40) 式) である．したがって，§7.2 の結果を用いると，最適制御量は (形式的に $x$ を $\hat{x}$ に置き換えればよいから)

$$u^o(t) = -N^{-1}(t)C^T(t)\Pi(t)\hat{x}(t\,|\,t) \tag{7.80}$$

で与えられる．$\Pi(t)$ は (7.25) 式の非負定値解である．

## 7.6 推定と制御の分離——分離定理

前節で得られた結果について考察してみよう．図 1.1 に示したブロック線図に対する解答として，図 7.1 を得る．

最適制御量 $u^o(t)$ は，(7.80) 式のように

$$u^o(t) = K^o(t)\hat{x}(t\,|\,t) \qquad \left(K^o(t) = -N^{-1}(t)C^T(t)\Pi(t)\right) \tag{7.81}$$

として与えられる．すなわち，$u^o(t)$ はカルマンフィルタによって生成される推定値 $\hat{x}(t\,|\,t)$ に，ゲイン $K^o(t)$ をカスケード結合すればよい．ここで，$\hat{x}$ と $K^o$ を求め

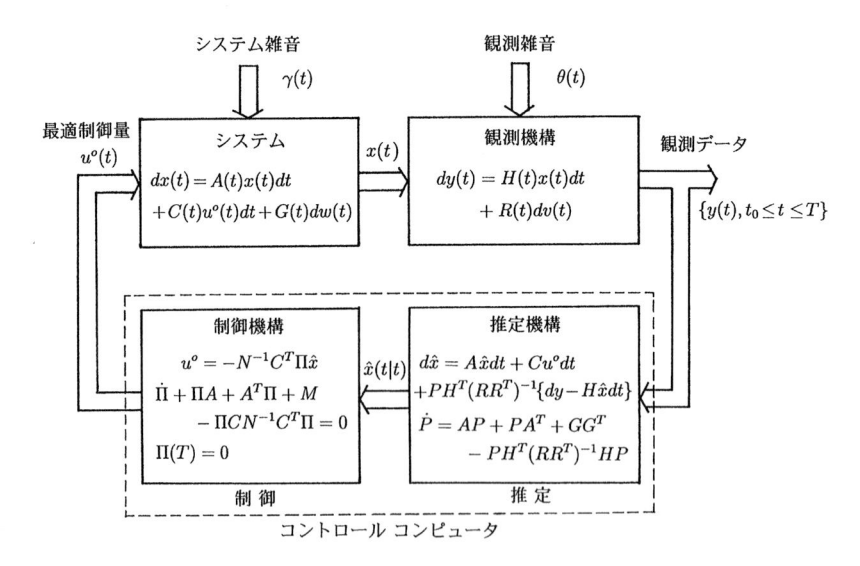

図 **7.1** 不規則雑音を含んだ観測データに基づく最適制御システム

## 7.6 推定と制御の分離—分離定理

る二つの操作は,完全に独立したものであることに注意を要する. つまり, $\hat{x}(t|t)$ を生成するカルマンフィルタ (7.76), (7.77) 式を解くにあたっては,これらの式は制御問題を規定するマトリクス $F$, $M(t)$ および $N(t)$ にはまったく依存せず,また一方 $K^o(t)$ は雑音に関するパラメータ $G(t)$, $R(t)$, 観測機構に関する $H(t)$ および $P_0$ には依存しない. したがって, このことは推定問題と制御問題とは別々に解けるということを物語っている. このような性質は**分離定理** (separation theorem) と呼ばれ,その成立には LQG 問題の設定が重要な役割を演じている. この結果は,確率制御理論における一つの大きな成果である.

本節では最適制御問題を §7.5 より少し一般化して考察することにする. システムおよび観測過程は

$$dx(t) = A(t)x(t)dt + b[t, u(t)]dt + G(t)dw(t), \ x(t_0) = x_0 \quad (7.82)$$

$$dy(t) = H(t)x(t)dt + R(t)dv(t), \quad y(t_0) = 0 \quad (7.83)$$

とする. ここで, $b(t, \cdot)$ は $n$ 次元ベクトル値関数であり,その他の変数の次元は §7.5 のモデルと同じである. 評価コスト汎関数は

$$J(u) = \mathcal{E}\left\{\int_{t_0}^{T} L[t, x(t), u(t)]dt\right\} \quad (7.84)$$

とする. 関数 $L(t, x, u)$ は必ずしも $x$, $u$ に関して 2 次形式でなくてもよい. (7.67) 式で与えられる制御量をここでも許容制御量と呼ぶ.

以下仮定をおく.

(A.1) $b$, $b_u$, $b_{uu}$ は $[t_0, T] \times U$ ($U \subset \mathcal{U}_{ad}$) において連続であり,かつ $b$, $b_u$ は $t$ に関して $\alpha$ 次の一様ヘルダー連続 (Hölder continuous) $\left(\alpha \in \left(0, \frac{1}{2}\right)\right)$ である (ただし, $b$ の添字は偏微分を表す).

(A.2) $L$ および $L_u$ は $t$ に関して有界で,かつ $\alpha$ 次の一様ヘルダー連続, $x$ に関して一様リプシッツ連続である. また, $L_{uu}$ は $[t_0, T] \times R^n \times U$ において有界で一様連続である.

(A.3) すべての $(t, x, u, p) \in [t_0, T] \times R^n \times U \times \{p : |p| \leq \text{const.}\}$ に対して

$$\left[b^T(t, u)p + L(t, x, u)\right]_{uu} \geq c_1 I \quad (c_1 : 定数)$$

が成り立つ.

さて，ここで $\hat{\Psi}$ を $\hat{\psi}$: $[t_0, T] \times R^n \to U \subset \mathcal{U}_{ad}$ となる関数の集合とし，$\hat{\psi}$ に対してヘルダーおよびリプシッツ連続の条件

$$\|\hat{\psi}(t,\xi) - \hat{\psi}(s,\xi)\| + \|\hat{\psi}(t,\xi_1) - \hat{\psi}(t,\xi_2)\|$$
$$\leq c_2(R_0)|t-s|^\alpha + c_3\|\xi_1 - \xi_2\| \qquad (7.85)$$

が，すべての $t, s \in [t_0, T]$, $\|\xi_1\| < R_0$, $\|\xi_2\| < R_0$ に対して成り立つとする．

このとき，

$$u(t) = \hat{\psi}[t, \hat{x}(t \mid t)] \qquad (7.86)$$

は $\mathcal{Y}_t$-可測であるから，当然 $\mathcal{U}_{ad}$ の要素である．したがって，(7.82), (7.83) 式で定式化される最適推定問題は，§7.5.2 で導いたのと同様にして，

$$d\hat{x}(t \mid t) = A(t)\hat{x}(t \mid t)dt + b\bigl[t, \hat{\psi}(t, \hat{x})\bigr]dt + K(t)\{dy(t) - H(t)\hat{x}(t \mid t)dt\},$$
$$K(t) = P(t \mid t)H^T(t)\{R(t)R(t)\}^{-1} \qquad (7.87)$$

と得られる．$P(t \mid t)$ は (7.77) 式を満足する．

さて，評価コスト汎関数 (7.84) 式を最小にする最適制御量は，(7.86) 式のような形で与えられることを示そう．

つぎのような性質をもつ汎関数 $V$: $[t_0, T] \times R^n \to R^1$ が存在するものとする．

(P.1) $V$, $V_t$, $V_{\hat{x}}$, $V_{\hat{x}\hat{x}}$ は連続であり，

$$|V| + |V_t| + \|\hat{x}\|\|V_{\hat{x}}\| + \|V_{\hat{x}\hat{x}}\| \leq c_4(1 + \|\hat{x}\|^2) \qquad (7.88)$$

(P.2) すべての $(t, \hat{x}, u) \in [t_0, T] \times R^n \times U$ に対して

$$0 = \frac{\partial V(t, \hat{x})}{\partial t} + \hat{\mathcal{L}}_{\hat{\psi}^o} V(t, \hat{x}) + \hat{L}[t, \hat{x}, \hat{\psi}^o(t, \hat{x})] \qquad (7.89\text{a})$$

$$\leq \frac{\partial V(t, \hat{x})}{\partial t} + \hat{\mathcal{L}}_u V(t, \hat{x}) + \hat{L}(t, \hat{x}, u) \qquad (7.89\text{b})$$

であり，かつ

$$V(T, \hat{x}) = 0 \quad (\hat{x} \in R^n) \qquad (7.89\text{c})$$

ただし, $\hat{\mathcal{L}}_u(\cdot)$ は (7.87) 式によって与えられる $\hat{x}(t\,|\,t)$-過程に対する微分生成作用素

$$\hat{\mathcal{L}}_u V(t,\hat{x}) = \left(\frac{\partial V(t,\hat{x})}{\partial \hat{x}}\right)^T [A(t)\hat{x} + b(t,u)]$$
$$+ \frac{1}{2}\,\mathrm{tr}\left\{\Sigma(t)\Sigma^T(t)\,\frac{\partial}{\partial \hat{x}}\left(\frac{\partial V(t,\hat{x})}{\partial \hat{x}}\right)^T\right\}$$
$$\Sigma(t) = P(t\,|\,t)H^T(t)\{R(t)R^T(t)\}^{-1/2} \tag{7.90}$$

であり,

$$\hat{L}(t,\hat{x},u) = \mathcal{E}\{L[t,x(t),u]\,|\,\mathcal{Y}_t\} = \mathcal{E}\{L[t,x(t),u]\,|\,\hat{x}(t\,|\,t) = \hat{x}\} \tag{7.91}$$

である. (7.91) 式の最後の等式は, 条件付確率密度関数 $p\{t,x\,|\,\mathcal{Y}_t\}$ が平均 $\hat{x}(t\,|\,t)$, 共分散マトリクス $P(t\,|\,t)$ をもつ正規型, すなわち

$$p\{t,x\,|\,\mathcal{Y}_t\} = (2\pi)^{-n/2}|P(t\,|\,t)|^{-1/2}$$
$$\cdot \exp\left\{-\frac{1}{2}[x - \hat{x}(t\,|\,t)]^T P^{-1}(t\,|\,t)[x - \hat{x}(t\,|\,t)]\right\} \tag{7.92}$$

であり, 条件 $\mathcal{Y}_t$ は統計量 $\hat{x}(t\,|\,t)$ で置き換えられることによる ($P(t\,|\,t)$ は (7.77) 式の解であるから確定量である). $\hat{x}(t\,|\,t)$ を十分統計量 (sufficient statistics, information state) と呼ぶ.

(7.89) 式を満たす $\hat{\psi}^o$ が最適制御量であることを証明しよう. コスト汎関数 (7.84) 式に対して, 確率変数

$$W(t) = \mathcal{E}\left\{\int_t^T L\left[s,x(s),\hat{\psi}^o[s,\hat{x}(s\,|\,s)]\right]ds\,\bigg|\,\mathcal{Y}_t\right\} \tag{7.93}$$

を定義する. ここで, $x(\cdot)$, $\hat{x}(\cdot\,|\,\cdot)$ はそれぞれ (7.82), (7.87) 式において $u(t) = \psi \equiv \hat{\psi}^o$ とした解過程である.

$\mathcal{Y}_t \subset \mathcal{Y}_s$ ($t \leq s$), $\mathcal{E}\{\cdot\,|\,\mathcal{Y}_t\} = \mathcal{E}\{\cdot\,|\,\hat{x}\}$ および (7.91) に留意すると

$$W(t) = \mathcal{E}\left\{\int_t^T \mathcal{E}\left\{L[s,x(s),\hat{\psi}^o[s,\hat{x}(s\,|\,s)]]ds\,\bigg|\,\mathcal{Y}_s\right\}ds\,\bigg|\,\mathcal{Y}_t\right\}$$
$$= \mathcal{E}\left\{\int_t^T \hat{L}[s,\hat{x}(s\,|\,s),\hat{\psi}^o[s,\hat{x}(s\,|\,s)]]ds\,\bigg|\,\hat{x}(t\,|\,t) = \hat{x}\right\} \tag{7.94}$$

となる.さらに,(7.89a)式および伊藤の公式 (4.31) (§4.4) を用いると

$$W(t) = -\mathcal{E}\left\{\int_t^T \left[\frac{\partial V(s,\hat{x}_s)}{\partial s} + \hat{\mathcal{L}}_{\hat{\psi}^o}V(s,\hat{x}_s)\right]ds \,\bigg|\, \hat{x}(t\,|\,t) = \hat{x}\right\}$$
$$=: V(t,\hat{x}) \qquad (7.95)$$

を得る.これより

$$\mathcal{E}\{V(t_0,\hat{x}_0)\} = \mathcal{E}\{W(t_0)\} = J(\hat{\psi}^o) \qquad (7.96)$$

を得る.

ところで,時間区間 $[s,T]$ 内で $u(t) = \psi(t,\mathcal{Y}_t) \in \mathcal{U}_{ad}$ とすれば,伊藤の公式により $(d\nu(t) = dy(t) - H(t)\hat{x}(t\,|\,t)dt)$

$$\begin{aligned}0 = W(T) &= V(T,\hat{x}_T) \\ &= V(t,\hat{x}) + \int_t^T \left[\frac{\partial V(s,\hat{x}_s)}{\partial s} + \hat{\mathcal{L}}_{\hat{\psi}}V(s,\hat{x}_s)\right]ds \\ &\quad + \int_t^T \left(\frac{\partial V(s,\hat{x}_s)}{\partial \hat{x}}\right)^T K(s)\,d\nu(s)\end{aligned}$$

を得るから,これより不等式 (7.89b) および (7.89a) を用いると

$$\begin{aligned}\mathcal{E}\{V(t,\hat{x}\,|\,\mathcal{Y}_t\} &= -\mathcal{E}\left\{\int_t^T\left[\frac{\partial V(s,\hat{x}_s)}{\partial s} + \hat{\mathcal{L}}_{\hat{\psi}}V(s,\hat{x}_s)\right]ds \,\bigg|\, \mathcal{Y}_t\right\} \\ &\leq -\mathcal{E}\bigg\{\int_t^T\bigg[\frac{\partial V(s,\hat{x}_s)}{\partial s} + \hat{\mathcal{L}}_{\hat{\psi}^o}V(s,\hat{x}_s) \\ &\qquad + \hat{L}[s,\hat{x}_s,\hat{\psi}^o(s,\hat{x}_s)] - \hat{L}[s,\hat{x}_s,\hat{\psi}(s,\mathcal{Y}_s)]\bigg]ds\,\bigg|\,\mathcal{Y}_t\bigg\} \\ &= \mathcal{E}\left\{\int_t^T \hat{L}[s,\hat{x}_s,\hat{\psi}(s,\mathcal{Y}_s)]ds \,\bigg|\, \mathcal{Y}_t\right\} \\ &= \mathcal{E}\left\{\int_t^T L[s,x(s),\psi(s,\mathcal{Y}_s)]ds \,\bigg|\, \mathcal{Y}_t\right\} \qquad (7.97)\end{aligned}$$

を得る.ここで,不等式 (7.97) において $t = t_0$ とおき,両辺の期待値をとることによって

$$J(\hat{\psi}^o) \leq J(\psi) \qquad (\forall \psi \in \mathcal{U}_{ad}) \qquad (7.98)$$

## 7.6 推定と制御の分離—分離定理

の関係が得られるから, $u = \hat{\psi}^o$ は確かに最適制御量である. 定理形式には書いていないが, (P.2) を**検証定理** (verification theorem) という.

以上の議論で, (7.86) 式の形で与えられる制御量が最適制御量であることがわかったが, $\hat{\psi}^o$ と汎関数 $V$ の存在については何も触れなかった. $V$ の存在は (A.1) ~ (A.3) のもとで証明できるが, 本書の程度を越えるのでこの問題には立ち入らない.

もし, $\hat{\psi}^o$ および $V$ が存在するものとすれば, いったいどのようにしてそれぞれを求めればよいのであろうか? 検証定理 (P.2) はベルマン・ハミルトン・ヤコビ方程式

$$-\frac{\partial V(t,\hat{x})}{\partial t} = \min_{u \in \mathcal{U}_{ad}} \left\{ \hat{L}(t,\hat{x},u) + \hat{\mathcal{L}}_u V(t,\hat{x}) \right\},$$
$$V(T,\hat{x}) = 0 \quad (\hat{x} \in R^n) \tag{7.99}$$

と等価であると理解できる. この式と (7.8) 式を対比すると, 汎関数 $V(t,\hat{x})$ は (7.4) 式を参照すれば

$$V(t,\hat{x}) = \min_{\hat{\psi} \in \hat{\Psi}} \mathcal{E}\left\{ \int_t^T L(s, x_s, u_s)ds \,\Big|\, \mathcal{Y}_t \right\} \tag{7.100}$$

によって定義される最小コスト汎関数になっていることがわかる. 実際 (7.100) に対して, §7.2 と同様にして最適性の原理を適用することにより, (7.99) 式を導くことができる (P: 7.2).

さて, (7.82) 式において

$$b[t, u(t)] = C(t)u(t) \tag{7.101}$$

とおき,

$$L(t, x, u) = x^T M(t)x + u^T N(t)u \tag{7.102}$$

とすれば, 最適制御問題は §7.4 で考慮した LQG 問題となる.

$$\hat{L}(t,\hat{x},u) = \hat{x}^T M(t)\hat{x} + u^T(t)N(t)u(t) + \text{tr}\{M(t)P(t\,|\,t)\}$$

であるから, ベルマン・ハミルトン・ヤコビ方程式 (7.99) はつぎのようになる.

$$-\frac{\partial V(t,\hat{x})}{\partial t} = \min_{\hat{\psi}\in\hat{\Psi}}\left\{\hat{x}^T M(t)\hat{x} + \hat{\psi}^T N(t)\hat{\psi} + \text{tr}\{M(t)P(t\,|\,t)\}\right.$$
$$+ \left(\frac{\partial V(t,\hat{x})}{\partial \hat{x}}\right)^T [A(t)\hat{x} + C(t)\hat{\psi}]$$
$$\left.+\frac{1}{2}\,\text{tr}\left\{\Sigma(t)\Sigma^T(t)\frac{\partial}{\partial \hat{x}}\left(\frac{\partial V(t,\hat{x})}{\partial \hat{x}}\right)^T\right\}\right\} \quad (7.103\text{a})$$
$$V(T,\hat{x}) = 0 \quad (\hat{x}\in R^n) \quad (7.103\text{b})$$

(7.103a) 式右辺の最小化を実行すると

$$u^o(t) = \hat{\psi}^o(t,\hat{x}) = -\frac{1}{2}\,N^{-1}(t)C^T(t)\frac{\partial V(t,\hat{x})}{\partial \hat{x}} \quad (7.104)$$

を得るから，これを再び (7.103a) 式に代入することによって，$V(t,\hat{x})$ に関する偏微分方程式を得る．

$$-\frac{\partial V(t,\hat{x})}{\partial t} = \hat{x}^T M(t)\hat{x} + \text{tr}\{M(t)P(t\,|\,t)\}$$
$$+ \hat{x}^T A^T(t)\frac{\partial V(t,\hat{x})}{\partial \hat{x}} + \frac{1}{2}\,\text{tr}\left\{\Sigma(t)\Sigma^T(t)\frac{\partial}{\partial \hat{x}}\left(\frac{\partial V(t,\hat{x})}{\partial \hat{x}}\right)^T\right\}$$
$$- \frac{1}{4}\left(\frac{\partial V(t,\hat{x})}{\partial \hat{x}}\right)^T C(t)N^{-1}(t)C^T(t)\left(\frac{\partial V(t,\hat{x})}{\partial \hat{x}}\right),$$
$$V(T,\hat{x}) = 0 \quad (\hat{x}\in R^n) \quad (7.105)$$

これは §7.2 の (7.10a) 式と同じ形であるから，その解は

$$V(t,\hat{x}) = \hat{x}^T \Pi(t)\hat{x} + \beta(t) \quad (7.106)$$

の形で与えられる．(7.106) を (7.105) 式に代入して $\Pi(t)$, $\beta(t)$ を定めると，それらはつぎのマトリクス型リッカチ微分方程式およびスカラ微分方程式の解であることがわかる．

$$\dot{\Pi}(t) + \Pi(t)A(t) + A^T(t)\Pi(t) + M(t)$$
$$- \Pi(t)C(t)N^{-1}(t)C^T(t)\Pi(t) = 0, \quad \Pi(T) = 0 \quad (7.107)$$

$$\dot{\beta}(t) + \text{tr}\left\{\Sigma(t)\Sigma^T(t)\Pi(t)\right\} + \text{tr}\left\{M(t)P(t\,|\,t)\right\} = 0, \quad \beta(T) = 0$$
$$(7.108)$$

(7.107) 式は, §7.2 で述べた LQG 問題のリッカチ微分方程式 (7.25) と同一である (ただし, $F = 0$). 最適制御量は (7.104), (7.106) 式より

$$u^o(t) = \hat{\psi}^o(t, \hat{x}) = -N^{-1}(t)C^T(t)\Pi(t)\hat{x} \tag{7.109}$$

となり, これは当然ながら §7.4 の (7.80) 式と同じである.

(7.108) 式の $\beta(t)$ は制御量そのものには何ら貢献しないが, これは評価関数の値に関係する. (7.107) 式および (7.77) 式はそれぞれオフライン計算が可能であるから, (7.108) 式も事前にオフライン計算ができる.

(7.108) 式を解くと

$$\beta(t_0) = \int_{t_0}^{T} \left[ \mathrm{tr}\left\{\Sigma(t)\Sigma^T(t)\Pi(t)\right\} + \mathrm{tr}\{M(t)P(t\,|\,t)\} \right] dt \tag{7.110}$$

となるから, (7.96), (7.106) および (7.110) 式より, コスト汎関数の最小値はつぎのようになる.

$$\begin{aligned}
J(u^o) &= \mathcal{E}\{V(t, \hat{x}_0)\} \\
&= \mathcal{E}\{\hat{x}_0^T \Pi(t_0)\,\hat{x}_0)\} + \beta(t_0) \quad (\hat{x}_0 = m_0 = \mathcal{E}\{x(t_0)\}) \\
&= m_0^T \Pi(t_0)\, m_0 + \int_{t_0}^{T} \mathrm{tr}\left\{\Sigma(t)\Sigma^T(t)\Pi(t) + M(t)P(t\,|\,t)\right\} dt
\end{aligned} \tag{7.111}$$

積分中の第 2 項は, 状態推定の誤差によって生じた項である. (7.111) 式を (7.31) 式と比べると, 観測雑音をうけている場合には, 状態推定に伴う推定誤差の制御区間にわたる分が加算されることがわかる.

**シミュレーション例** システムおよび観測過程はいずれもスカラ過程で

$$\begin{aligned}
dx(t) &= ax(t)dt + cu(t)dt + gdw(t) \\
dy(t) &= hx(t)dt + rdv(t)
\end{aligned}$$

とし, 評価コスト汎関数を

$$J(u) = \mathcal{E}\left\{\int_0^T [x^2(t) + nu^2(t)]dt\right\}$$

とする. §4.8 で述べた方法によりそれぞれの雑音を生成し, 時間差分幅を $\delta t = 0.001$ (sec) としてシミュレーションを行った. 各パラメータはつぎのように設定した: $a = -0.3$,

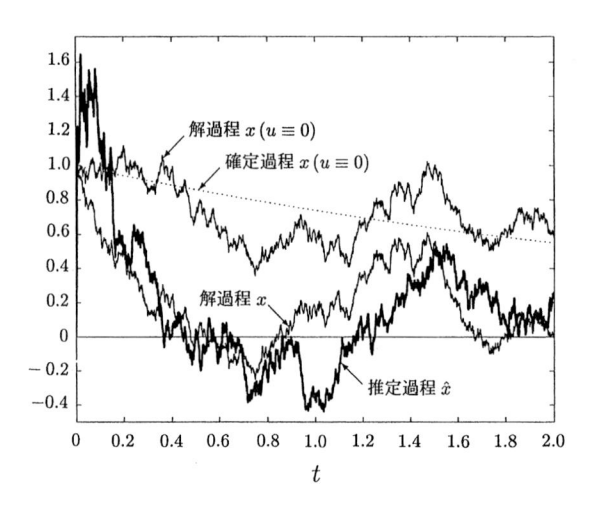

図 **7.2** 解過程 $x(t)$ および推定過程 $\hat{x}(t|t)$

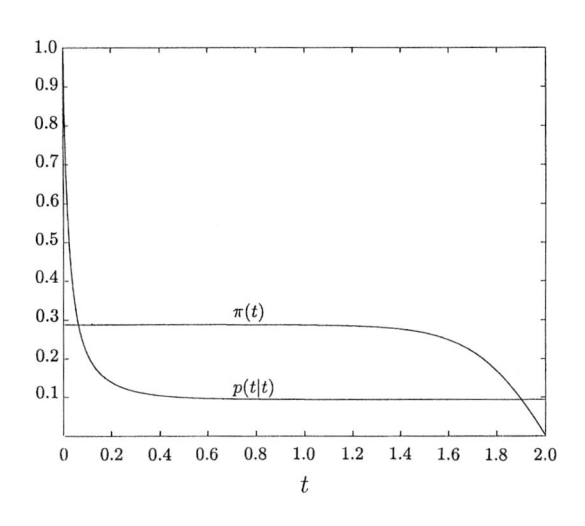

図 **7.3** 誤差分散 $p(t|t)$ およびリッカチ解 $\pi(t)$

$c = h = 1$, $g = 0.45$, $r = 0.3$ ($\sigma^2 = 1$), $n = 0.1$, $T = 2$ (sec). 図 7.2 〜 7.4 にその結果を示す．図 7.2 は (状態量の真値) $x(t)$ および $\hat{x}(t|t)$-過程を，図 7.3 には推定誤差分散 $p(t|t)$ とリッカチ方程式の解 $\pi(t)$ の時間進化の様子を示した．図 7.4 には最適制御量の様子を示した．図 7.3 より，$p(t|t)$ が時間の経過とともにその値が小さくなることから，状態推定がうまく行われていることがわかる．また $\pi(t)$ は最初のうちは大きな

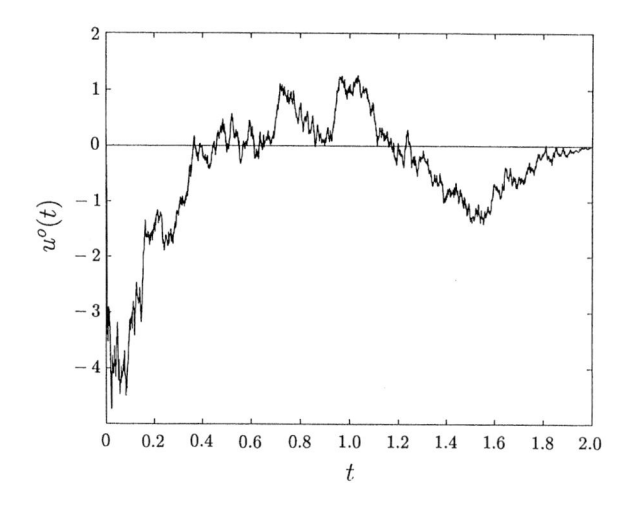

図 **7.4** 最適制御 $u^o(t)$ の見本過程

値をとるが,制御の終端に近づくにつれて小さくなることから,時間が経つにつれてそれほど大きく制御をしなくてもよいことを意味しており,実際そのようになっている.

## 7.7 不規則雑音を含んだ観測データに基づく無限時間最適制御

§7.3 で考察した無限時間最適制御問題について考察しよう. 時不変システム

$$\left.\begin{array}{l}dx(t) = Ax(t)dt + Cu(t)dt + Gdw(t) \\ dy(t) = Hx(t)dt + Rdv(t)\end{array}\right\} \quad (7.112)$$

に対して,コスト汎関数を

$$\hat{J}(u) = \lim_{T \to \infty} \frac{1}{T - t_0} \mathcal{E}\left\{\int_{t_0}^{T} [x^T(t)M(t)x(t) + u^T(t)N(t)u(t)]dt\right\} \quad (7.113)$$

とする. 次元は §7.5 の問題と同じとし, $Q(t) = Q$, $M \geq 0$, $N > 0$ とする. §7.3 の無限時間 LQG 問題の議論より,最適制御は

$$u^o(t) = -N^{-1}C^T\hat{\Pi}\hat{x}(t\,|\,t) \quad (7.114)$$

で与えられることは容易にわかる。ここで，$\hat{\Pi}$ は (7.48) 式と同じリッカチ代数方程式の非負定値解である。推定値 $\hat{x}(t\,|\,t)$ は，定常ゲインをもつカルマンフィルタ (§6.7):

$$d\hat{x}(t\,|\,t) = A\hat{x}(t\,|\,t)dt + Cu^o(t)dt + \hat{K}_0\{dy(t) - H\hat{x}(t\,|\,t)dt\} \tag{7.115}$$

$$\hat{K}_0 = \hat{P}H^T(RR^T)^{-1} \tag{7.116}$$

$$A\hat{P} + \hat{P}A^T + GQG^T - \hat{P}H^T(RR^T)^{-1}H\hat{P} = 0 \tag{7.117}$$

によって得られる。このとき，コスト汎関数の最小値は (7.111) 式と §7.3 の考察から

$$\hat{J}(u^o) = \mathrm{tr}\{\hat{\Sigma}\hat{\Sigma}^T\hat{\Pi} + M\hat{P}\} \tag{7.118}$$

で与えられる。ただし，$\hat{\Sigma} = \hat{P}H^T(RR^T)^{-1/2}$ である。明らかに

$$\hat{J}(u^o) \geq \mathrm{tr}\{M\hat{P}\} \tag{7.119}$$

であることから，$\hat{J}(u^o)$ は $\mathrm{tr}\{M\hat{P}\}$ をその下限値としてもつ。このことは，推定に伴う誤差までは制御によって取り去ることはできないことを意味しており，これは推定と制御の分離が成り立つことからも当然の結果である。

### 演習問題

**7.1** (7.21), (7.22) 式で与えられる $\tilde{\Pi}(t)$, $\tilde{\beta}(t)$ は，つぎの微分方程式を満たすことを示せ。[ヒント：それぞれの時間微分を計算せよ。]

$$\dot{\tilde{\Pi}}(t) + \tilde{\Pi}(t)\tilde{A}(t) + \tilde{A}^T(t)\tilde{\Pi}(t) + \tilde{M}(t) = 0, \quad \tilde{\Pi}(T) = F$$
$$\dot{\tilde{\beta}}(t) + \mathrm{tr}\left\{G(t)Q(t)G^T(t)\tilde{\Pi}(t)\right\} = 0, \quad \tilde{\beta}(T) = 0$$

**7.2** (7.82), (7.83) および (7.84) 式によって定式化される最適制御問題において，(7.100) 式のように最小コスト汎関数を定義して，ダイナミックプログラミング法によりベルマン・ハミルトン・ヤコビ方程式 (7.99) を導出せよ。

# エピローグ

> Imagination is more important than knowledge. Knowledge is limited. Imagination encircles the world.
>
> — Albert Einstein

前章まで, 確率過程の説明に始まりシステムの表現, 推定問題, 最適制御問題について述べてきた. 制御問題についていえば, LQG (Linear-Quadratic-Gaussian) という設定のもとに美麗な議論展開が可能となった. これを確率システムにおける標準問題であるとすると, 非標準問題が近年研究されてきている.

本章では, 標準問題より少し離れた興味ある種々の問題について解説的に述べる.

## A. 非 LQG 問題

これには主として, つぎに述べるような二つの制御問題が研究されている.

### A.1 最小コスト分散 (MCV) 制御問題

これは評価コストの平均値をある一定のレベルに保ちながらその分散値を最小にするように制御量を求める問題で, **最小コスト分散制御問題** (minimum cost variance [MCV] control problem) と呼ばれている.

線形確率システム

$$dx(t) = Ax(t)dt + Cu(t)dt + Gdw(t) \tag{1}$$

(ただし, $w(t)$ は共分散マトリクス $Q$ をもつウィーナ過程である) に対してコスト汎関数

$$V_0(u) = \int_{t_0}^{T} [x^T(t)Mx(t) + u^T(t)Nu(t)]dt + x^T(T)Fx(T) \tag{2}$$

を考える.これは何ら期待値演算を施していないから確率関数である.このとき,制御問題は

$$\mathcal{E}\{V_0(u)\} = K_0 \quad (\text{const.}) \tag{3}$$

という拘束条件のもとで,(2) 式で表されるコストの分散

$$J_V(u) = \mathcal{E}\{[V_0(u) - \mathcal{E}\{V_0(u)\}]^2\} \tag{4}$$

を最小にする制御量を決定することである.この問題は,最初 M. K. Sain によって定式化され,すべての状態量が直接観測可能な場合については,Sain-Won-Spencer, Jr. によって解かれている.その結果,最適制御量は

$$u^o(t) = -N^{-1}C^T[S_1(t) + \gamma S_2(t)]x(t) \tag{5}$$

で与えられ,$S_1(t)$, $S_2(t)$ はつぎの二つのリッカチ微分方程式の連立解である.

$$\dot{S}_1(t) + S_1(t)A + A^T S_1(t) + M - S_1(t)CN^{-1}C^T S_1(t) \\ + \gamma^2 S_2(t)CN^{-1}C^T S_2(t) = 0, \quad S_1(T) = F \tag{6}$$

$$\dot{S}_2(t) + S_2(t)A + A^T S_2(t) - S_1(t)(CN^{-1}C^T - 4GQG^T)S_1 \\ - S_2(t)CN^{-1}C^T S_1(t) - 2\gamma^2 S_2(t)CN^{-1}C^T S_2(t) = 0, \quad S_2(T) = 0 \tag{7}$$

ここで,$\gamma$ は MCV パラメータと呼ばれ,拘束条件 (3) を導入することによって発生する (当然 $K_0$ に依存する) ラグランジュ乗数である.

### A.2 指数関数型 2 次コスト (LEQG) 制御問題

最適制御問題では,コスト汎関数は通常 (7.2) 式のように 2 次形式で与えられるが,経済学やミサイルの誘導問題,あるいは不規則移動物体の探索問題などの応用分野においては,むしろ指数関数形が用いられている.D. H. Jacobson は,1973 年に確率システムの制御問題において指数関数型のコストを導入し,線形システムに対して考察している.

状態量が直接観測可能で,確率システム (1) に対して,コスト汎関数を

$$J_\sigma(u) = \mathcal{E}\{\sigma \exp\{\sigma V_0(u)\}\} \tag{8}$$

とする. ここで, $V_0(u)$ は (2) 式で与えられる 2 次形式関数であり, $\sigma$ は $+1$ または $-1$ をとるパラメータである. (2) 式を最小にする制御問題を **LEQG 問題** (Linear-Exponential-Quadratic-Gaussian problem) と呼ぶ. システム雑音の程度が小さい場合には, 確率関数である $V_0(u)$ の変動 (分散) はあまり大きくないと考えられるから, この LEQG 問題の解は標準 LQG 問題のそれに等しいが, 雑音の程度が大きくなると, 明らかにその様相は異なってくる. (8) 式を最小にする解は

$$u^\sigma(t) = -N^{-1}C^T S^\sigma(t) x(t) \tag{9}$$

$$\dot{S}^\sigma(t) + S^\sigma(t)A + A^T S^\sigma(t) + M \\ - S^\sigma(t)(CN^{-1}C^T - 2\sigma G Q G^T)S^\sigma(t) = 0, \quad S^\sigma(T) = F \tag{10}$$

で与えられる. システム雑音の影響が小さい ($Q \cong 0$) 場合には, (10) 式はいずれの $\sigma = \pm 1$ に対しても (7.25) 式と同じになることから, この LEQG 問題が (状態量が直接観測可能な場合の) 標準問題に等しくなることは明らかである.

さらに, $\sigma = +1$ または $\sigma = -1$ それぞれに対して, LEQG 問題は確定システムに対する非協力微分ゲーム (noncooperative differential game), あるいは協力微分ゲーム (cooperative differential game) に対応する. 実際, $u(t)$, $w(t)$ を 2 人のプレイヤーのそれぞれの制御量とし, 確定ダイナミクス

$$\dot{x}(t) = Ax(t) + Cu(t) + Gw(t) \tag{11}$$

を考えよう. このとき, $\sigma = +1$ に対しては, 対応する非協力ゲームは

$$\min_{u(\cdot)} \max_{w(\cdot)} \left\{ \int_{t_0}^T [x^T(t)Mx(t) + u^T(t)Nu(t) - w^T(t)Q^{-1}w(t)]dt \right. \\ \left. + x^T(T)Fx(T) \right\} \tag{12}$$

とするミニマックス問題となり, また反対に $\sigma = -1$ に対しては,

$$\min_{u(\cdot),\, w(\cdot)} \left\{ \int_{t_0}^T [x^T(t)Mx(t) + u^T(t)Nu(t) + w^T(t)Q^{-1}w(t)]dt \right. \\ \left. + x^T(T)Fx(T) \right\} \tag{13}$$

の最小化を行う協力ゲームになっている. $\sigma = -1$ に対しては, (10) 式はすべての $t \in [t_0, T]$ に対して正定解をもつことから, この問題は数学的に適切 (well-posed)

であるが, $\sigma = +1$ の場合には条件 $(CN^{-1}C^T - 2GQG^T) \geq 0$ が保証されない限り, (10) 式の解は非有界となりコストが発散する場合があろう.

状態量が直接観測可能な場合の LQG 問題では, 制御ゲインは確定システムの LQ 問題のそれとまったく同じであり, この事実は確定等価性原理 (§7.2) として知られているが, LEQG 問題に対しては, $\sigma = \pm 1$ いずれの場合にも, $S^\sigma(t)$ はシステム雑音の共分散マトリクス $Q$ に依存するから, もはや確定等価性原理は成り立たない.

また Jacobson は, $T \to \infty$ の場合の LEQG 問題においては, 制御系は漸近安定であることを示している.

以上は状態量が直接観測可能な場合であったが, 観測量が

$$dy(t) = Hx(t)dt + Rdv(t) \tag{14}$$

のように与えられる場合には $M = 0$, $G = 0$ の特殊な場合については Speyer-Deyst-Jacobson や Kumar-van Schuppen によって, また一般的な場合については Bensoussan-van Schuppen によって考察されている.

さて, より一般的な場合, すなわち確率システム (1), (14) に対して (8) 式のコスト汎関数を考える. ただし, $\sigma$ は ($\sigma = \pm 1$ に限らず) 正または負の定数パラメータとする. このとき, 最適制御量は

$$u^o(t) = -N^{-1}C^T \Pi(t)\hat{x}(t) \tag{15}$$

によって与えられ, $\hat{x}(t)$ は

$$\begin{aligned} d\hat{x}(t) &= [A + 2\sigma M P(t)]\hat{x}(t)dt + Cu^o(t)dt \\ &\quad + P(t)H^T(RR^T)^{-1}\{dy(t) - H\hat{x}(t)dt\} \end{aligned} \tag{16}$$

$$\begin{aligned} \dot{P}(t) &= AP(t) + P(t)A^T + GQG^T \\ &\quad - P(t)\{H^T(RR^T)^{-1}H - 2\sigma M\}P(t) \end{aligned} \tag{17}$$

によって生成される十分統計量 (§7.6) であり, $\Pi(t)$ はつぎの正定解である.

$$\begin{aligned} &\dot{\Pi}(t) + \Pi(t)[A + 2\sigma M P(t)] + [A^T + 2\sigma M P(t)]\Pi(t) + M \\ &\quad - \Pi(t)\{CN^{-1}C^T - 2\sigma P(t)H^T(RR^T)^{-1}HP(t)\}\Pi(t) = 0, \\ &\Pi(T) = \frac{1}{2}\{[I - 2\sigma FP(T)]^{-1}F + F[I - 2\sigma P(T)F]^{-1}\} \end{aligned} \tag{18}$$

## A. 非 LQG 問題

(16), (17) 式は, $M = 0$ であれば (1), (14) 式に対するカルマンフィルタとなることがわかる. また, ゲインマトリクスを構成する $\Pi(t)$ は, 明らかに (推定誤差共分散に相当する) マトリクス $P(t)$ に陽に依存する. したがって, 状態量が直接観測可能でない場合の LEQG 問題に対しては, LQG 問題のような分離定理は一般には成り立たない. それに対するさらなる研究は Bensoussan-Elliott によってなされているが, その議論展開には十分な数学的準備が必要であるので, これ以上立ち入らない.

パラメータ $\sigma$ が小さい場合には

$$\frac{1}{\sigma^2}[J_\sigma(u) - \sigma] = \mathcal{E}\{V_0(u)\} + \frac{1}{2}\sigma\mathcal{E}\{[V_0(u)]^2\} + O(\sigma^2) \qquad (19)$$

が成り立つから, LEQG 問題は分離定理の成立する標準 LQG 問題に (近似的に) 等しいことがわかる. このことは, (15)〜(18) 式において (極端な場合として) $\sigma = 0$ とおいてみれば, それらは (7.80), (7.76), (7.77) 式に帰着されることから明らかであろう. LQG に代わって LEQG 問題を考察の対象とする理由は, 指数関数はその引数の変動を直線的ではなく, 非線形的に大きく捉えることができるというところにある.

### A.3 リスク鋭敏型 (RS) 制御問題

前項で述べた LEQG 問題は, その後 Whittle によって **リスク鋭敏型制御問題** (risk-sensitive [RS] problem) であることが指摘された. RS 制御問題とは, 評価汎関数

$$J_R(u) = -\frac{1}{\theta}\ln\mathcal{E}\{\exp\{-\theta V_0(u)\}\} \qquad (20)$$

を最小にする $\{u(t)\}$ を決定する問題である. パラメータ $\theta$ はリスク鋭敏パラメータ (risk-sensitive parameter) と呼ばれる. したがって, $\theta$ の正負によって, 問題は $\mathcal{E}\{\exp\{-\theta V_0(u)\}\}$ を最大あるいは最小にする $\{u(t)\}$ を見出す問題になり, 特に $\theta = 0$ の場合には $J_R(u)|_{\theta=0} = J(u)$ となることから, 標準 LQG 問題に帰着される. 実際, $\theta$ を微小とすれば

$$J_R(u) = \mathcal{E}\{V_0(u)\} - \frac{1}{2}\theta\,\mathcal{E}\{[V_0(u) - \mathcal{E}\{V_0(u)\}]^2\} + O(\theta^2) \qquad (21)$$

と展開されることから, 右辺第 1 項は標準 LQG 問題のコスト汎関数であり, 第 2 項は MCV 制御における (4) 式に相当する. (20) 式のコスト汎関数は経済学の分

野で用いられ, $\theta > 0$ または $\theta < 0$ のとき, それぞれの場合に対して好リスク型 (risk-preferring, risk-seeking), 嫌リスク型 (risk-averse) と呼ばれているが, これはシステムを制御するにあたって, 楽観論に立つかあるいは悲観論に立つかというわれわれ制御者自身の態度を反映していることにもなるので, それぞれ楽観型 (optimistic), 悲観型 (pessimistic) とも呼ばれている. $\theta = 0$ のときを中立リスク型 (risk-neutral) と呼ぶ.

現在では, A.2 の LEQG 制御問題の場合のように, 積分指数評価関数 (exponential-of-integral cost) はすべて RS コストとして認識され, 非線形システムで非 2 次形式評価汎関数に対する制御問題が盛んに研究されている. $T \to \infty$ とした

$$J_I(u) = \lim_{T \to \infty} \frac{1}{T} \ln \mathcal{E}\{\exp\{V_0(u)\}\} \qquad (22)$$

をコスト汎関数とする問題に対しては, 不変測度の大変動理論 (large deviation theory) に基づいて考察され, また定常確率微分ゲームとの等価性も示されている.

### A.4 それぞれの関係

(19), (21) 式に示した近似式よりわかるように, LQG, MCV あるいは RS 制御問題は互いに密接な関係にある. さらに, Glover-Doyle は設定されるコスト汎関数が極端に異なるにもかかわらず, RS 制御はある種の $H_\infty$ 制御と等価であることを示している. これら RS (あるいは LEQG), $H_\infty$ あるいは微分ゲームの間の密接な関係には, (10) 式の一般化されたリッカチ微分方程式が深く関わっていることは明白であろう.

## B. 確率システム理論の一つの展開

A. では, 従来の LQG 問題における 2 次コストの代わりに, その指数関数型のコストが近年重要視されていることを述べた. 指数 (あるいはその反対に対数) 変換がしばしば物理学や工学でも現れてくるが, 制御理論においてもやはりその状況は同じである.

### B.1 非線形推定理論 vs. 確率制御

(スカラ) 非線形確率システム

B. 確率システム理論の一つの展開

$$dx(t) = f[x(t)]dt + G[x(t)]dw(t) \tag{23}$$

$$dy(t) = h[x(t)]dt + dv(t), \quad t_0 \leq t < \infty \tag{24}$$

に対する推定問題は，§6.2 で導出したように観測データ $Y_t = \{y(\tau), t_0 \leq \tau \leq t\}$ が得られたという条件のもとで，条件付確率密度関数 $\rho(t,x)$ によって特徴づけられる．すなわち

$$d\rho(t,x) = \mathcal{L}_x^* \rho(t,x)dt + \rho(t,x)[h(x) - \hat{h}(t,x)]\{dy(t) - \hat{h}(t,x)dt\} \tag{25}$$

この式により，状態量 $x(t)$ の最適推定値が (技術的な問題は別として) $\hat{x}(t) = \mathcal{E}\{x(t)|Y_t\} = \int_{-\infty}^{\infty} x\rho(t,x)dx$ によって計算されるが，(25) 式は $\rho(t,x)$ に関する非線形確率偏微分積分方程式であることから，それを解くことは容易ではない．ここで，$q(t,x)$ を

$$\rho(t,x) = \frac{q(t,x)}{\int q(t,\xi)d\xi} \tag{26}$$

となる量とすれば，これは Duncan-Mortensen-Zakai 方程式 (P: 6.7 参照)

$$dq(t,x) = (\mathcal{L}_0 + c(x))q(t,x)dt + h(x)q(t,x)dy(t) \tag{27}$$

という，観測値 $dy(t)$ を"入力"にもつ線形確率偏微分方程式に変換される．$\mathcal{L}_0$ は

$$\mathcal{L}_0 := a(x)\frac{\partial^2}{\partial x^2} + b(x)\frac{\partial}{\partial x} \tag{28}$$

という形で与えられる線形作用素である．

さて，ここで

$$q(t,x) = \exp\{h(x)y(t)\}p(t,x) \tag{29}$$

という変換 (ゲージ変換 [gauge transformation] という) を行うと，(27) 式はつぎの線形偏微分方程式に変換される (P: 6.8)．

$$\frac{\partial p(t,x)}{\partial t} = (\tilde{\mathcal{L}}_0 + \hat{c}(x))p(t,x) \tag{30}$$

ただし，作用素 $\tilde{\mathcal{L}}_0 := a(x)\partial^2/\partial x^2 + \tilde{b}(t,x)\partial/\partial x$ の係数 $\tilde{b}(t,x)$ と $\tilde{c}(t,x)$ は，観測値 $y(t)$ に依存する．(27) 式が観測データの確率増分 $dy(t)$ を入力としているのに対して，(30) 式は観測値 $y(t)$ が偏微分方程式の係数に埋め込まれ，その解 $p(t,x)$

は (27) 式の解 $q(t,x)$ ほどには観測データに鋭敏に変動しない,すなわち (観測データの) 見本値ごとにロバストであるという意味で, (30) 式を pathwise-robust 方程式と呼んでいる.

さらに, Cole-Hoph 変換と呼ばれる非線形変換

$$v(t,x) = -\ln p(t,x) \quad (p(t,x) = \exp\{-v(t,x)\}) \tag{31}$$

を施すと, (30) 式はつぎの非線形偏微分方程式

$$\frac{\partial v(t,x)}{\partial t} = \tilde{\mathcal{L}}_0 v(t,x) - \tilde{c}(t,x) - a(x)\left(\frac{\partial v(t,x)}{\partial x}\right)^2 \tag{32}$$

に変換されるが,これがある種の確率最適制御問題に対するベルマン・ハミルトン・ヤコビ方程式になっていることが, Fleming と Mitter によって発見された.

実際,確率システム

$$d\xi(\tau) = \tilde{b}(\tau,\xi)d\tau + u(\tau)d\tau + G(\xi)dw(\tau) \quad (0 \leq \tau \leq t),$$
$$\xi(0) = x_0 \tag{33}$$

に対してコスト汎関数をつぎのように与える.

$$J(t,x_0;u) = \mathcal{E}_{x_0}\left\{v_0[\xi(t)] + \int_0^t L[\tau,\xi(\tau),u(\tau)]d\tau\right\} \tag{34}$$

ここで, $\mathcal{E}_{x_0}\{\cdot\} = \mathcal{E}_{x_0}\{\cdot\,|\,\xi(0) = x_0\}$ である.

$v_0(\xi) = -\ln p_0(\xi)\ (p(0,\xi) = p_0(\xi))$ とし,また

$$L(\tau,\xi,u) = \frac{1}{4\nu}N^{-1}(\xi)u^2 - \nu_0\tilde{c}(\tau,\xi) \tag{35}$$

(ただし, $\nu_0$, $\nu$ は定数であり, $N(x) > 0$) とすれば, (33), (34) 式の制御問題に対する基礎方程式 (ただし,逆時間方向) は

$$\frac{\partial S(t,x)}{\partial t} = \tilde{\mathcal{L}}_0 S(t,x) - \nu_0\tilde{c}(t,x) - \nu N(x)\left(\frac{\partial S(t,x)}{\partial x}\right)^2 \tag{36}$$

で与えられるから, $\nu_0 = 1$, $\nu = 1/2$, $N(x) = 2a(x)$ ととれば, (36) 式は (32) 式と同じになる.

このように, (30) 式と (32) 式は変換 (31) を通してまったく等価であり,したがって非線形推定問題とある種の確率最適制御問題とが等価になることがわかる.線形確定最適制御 (LQ) 問題と線形状態推定問題との間の双対性は古くから知られているが,非線形推定問題と確率最適制御問題がこのような形で結びつくということははなはだ興味深い.

## B.2  確率制御理論 vs. 量子物理学

さて，もっと興味深い事実を示そう．(30) 式の解 $p(t,x)$ と (36) 式の解 $S(t,x)$ とを結合して

$$\psi(t,x) = p^{1/2}(t,x)\exp\{iS(t,x)\} \quad (i=\sqrt{-1}) \tag{37}$$

とおく．$\psi(t,x)$ は当然複素関数になる．この $\psi$ は果たしてどのような微分方程式の解になっているのであろうか？　ということが興味のもたれるところであるが，実はこれが非線形のシュレーディンガー方程式の解になっているのである．確率微分演算を用いて $\psi(t,x)$ の時間増分を求めることによって，次式を得る：

$$\frac{\partial \psi(t,x)}{\partial t} = [\mathcal{L}_0 + V(t,x;\psi)]\psi(t,x) \tag{38}$$

関数 $V$ はポテンシャルと呼ばれるが，ここでは $\psi$ のきわめて複雑な非線形関数である．(38) 式をもう少しみやすくするために，$d\pi(x)/dx + (b(x)/2a(x))\pi(x) = 0$ となる自明でない解 $\pi(x)$ を用いて，

$$\tilde{\psi}(t,x) = \frac{1}{\pi(x)}\,\psi(t,x) \tag{39}$$

の変換を行うことにより，(38) 式は

$$\frac{\partial \tilde{\psi}(t,x)}{\partial t} = \left[a(x)\frac{\partial^2}{\partial x^2} + \tilde{V}(t,x;\tilde{\psi})\right]\tilde{\psi}(t,x) \tag{40}$$

となる．ここで，時間軸の変換 $t \to t/i\hbar$ ($\hbar$: プランク定数) を行うと，(38) 式は

$$i\hbar\frac{\partial \tilde{\psi}}{\partial t} = \left[a(x)\frac{\partial^2}{\partial x^2} + \tilde{V}(t,x;\tilde{\psi})\right]\tilde{\psi} \tag{41}$$

となる．この形の方程式は量子物理学ではシュレーディンガー・ランジュヴァン方程式 (Schrödinger-Langevin equation) と呼ばれ，物質中の超伝導現象を誘発するクーパ電子対の運動を記述するのに用いられる．非線形推定問題と確率最適制御問題のそれぞれの基礎方程式にあたる (30) および (36) 式を結合すれば，それが一つの (非線形) シュレーディンガー方程式 (38) で記述されるということはまったく驚異的ですらある．このことより，超伝導問題に制御理論の立場からアプローチできれば素晴らしいことではあるが，ことはそれほど単純ではない．逆の問題として，ある一つのシュレーディンガー方程式が与えられたとしよう．そのと

き, その解が (37) 式のように制御問題の解 $S(t,x)$ と推定問題の解 $p(t,x)$ に分解できるであろうか？ この逆問題はいまだ解決されていない.

シュレーディンガー方程式は別の形でも与えられる. 変換 (37) において $p(t,x)$ の代わりに (27) 式の解 $q(t,x)$ を用い,

$$\psi_0(t,x) = q^{1/2}(t,x)\exp\{iS(t,x)\} \qquad (42)$$

と変換すれば

$$d\psi_0(t,x) = [\mathcal{L}_0 + V_0(t,x;\psi_0)]\psi_0(t,x)dt + \frac{1}{2}h(x)\psi_0(t,x)dy(t) \qquad (43)$$

という非線形確率偏微分方程式が得られる. この形の方程式は, 不規則媒体中の波動の伝播問題に現れ, 伊藤・シュレーディンガー方程式 (Itô-Schrödinger equation) と呼ばれている.

関数 $\psi(t,x)$ はシステムの状態量 $x(t)$ と最適制御問題 (33), (34) に関するすべての情報をもっているといえよう. 実際に

$$|\psi|^2 = \psi(t,x)\psi^*(t,x) = p(t,x) \qquad (44\text{a})$$

$$\arg[\psi(t,x)] = S(t,x) \qquad (44\text{b})$$

である. ただし, $\psi^*$ は $\psi$ の複素共役であり, また $\arg(\cdot)$ は偏角である. さらに, $|\psi_0|^2 = q(t,x)$ と $q(t,x) = \Lambda(t)\rho(t,x)$ ($\Lambda(t)$ は尤度比関数 (ラドン・ニコディム微分 [Radon-Nikodym derivative])) の関係に留意すれば,

$$\int_{-\infty}^{\infty}|\psi_0(t,x)|^2 dx = \Lambda(t) \qquad (45)$$

を得る.

複素関数 $\psi(t,x)$ は波動関数と呼ばれ, (37) 式のような形は米国の物理学者 Nelson によってニュートン力学から (線形) シュレーディンガー方程式を導出する, いわゆるネルソン力学において最初に導入され, その後 Yasue によってさらに深く考察された.

このように, 確率システム理論が意外にも量子物理学と密接に結びついていることが明らかになった. 推定理論でよく知られているように, 推定誤差は S/N 比の関数として定常誤差が残るが, これがとりも直さず, 量子力学における不確定性原理 (uncertainty principle) のシステム制御理論的解釈なのであろう. 現代制御理

論でわれわれが今日何気なく用いている "state" や "observable," "controllable" といった術語は,本来量子力学で用いられていた術語であるのは興味深い[1]. このように,制御理論と他分野との接点を見出しえたことは,正に確率システム理論の面目躍如といったところであり,かつ魅力的であるゆえんである. 今後,この方面の研究がさらに発展することが期待される.

## C. 不規則移動体の最適探索問題

### C.1 ターゲットのダイナミクスと探索行為

$x(t) \in R^m$ を不規則に移動するターゲット (target) の状態量とし,そのダイナミクスは

$$dx(t) = f[t, x(t)]dt + G[t, x(t)]dw(t) \tag{46}$$

によって記述されるとする. $w \in R^d$ は不規則性を表す標準ウィーナ過程である. 第6章の議論より,ターゲットの確率的挙動はその確率密度関数 $\hat{p}$ によって支配される. それはコルモゴロフの前向き方程式

$$\frac{\partial \hat{p}(t, x)}{\partial t} = \mathcal{L}_x^* \hat{p}(t, x) \tag{47}$$

$$\mathcal{L}_x^*(\cdot) = -\sum_{i=1}^n \frac{\partial(\cdot f_i)}{\partial x_i} + \frac{1}{2} \sum_{i,j=1}^n \frac{\partial^2(\cdot G_{0ij})}{\partial x_i \partial x_j} \tag{48}$$

(ただし,$G_0 = GG^T$) を満たす.

探索理論 (search theory) によれば,探索という行為は時刻 $t$ で $x(t) = x$, また探索者の軌道を $z(t) = z$ とするとき,時間区間 $(t, t+\delta t]$ でターゲットを発見 (検知) する確率 $= \psi(t, x; z)\delta t$ とする関数 $\psi$ によって反映される.

---

[1] "……ハイゼンベルク [Werner Heisenberg, 1901-1976] が不確定性原理をいい出したのは 1927 年という早い時期にでた論文で……またハイゼンベルクの論文には,観測をやると unkontrollierbar な影響がその対象に働く,その結果,不確定性が起こるというんですが,unkontrollierbar というのは字引で引きますと,制御しがたいと書いてある." (朝永振一郎: 量子力学と私, 岩波文庫, 1997)

"最終的に,フォン・ノイマン [John von Neumann, 1903-1957] は 1932 年にすべての理論を単行本として出しました……量子論における基本は,原子が存在する「状態」を数学的に記述することにあります. さて,原子の状態は,フォン・ノイマンの形式論におけるいわゆる未定義の用語の1つで,ユークリッド幾何学の公理における点や線に類似するものです." (Steve J. Heims: *John von Neumann and Norbert Wiener*, Chap.5, MIT Press, 1980 (高井信勝 監訳: フォン・ノイマンとウィーナー, 工学社, 1985)).

この $\psi$ を探索密度関数 (search density function) と呼ぶ．探索をどのような姿で行うかによって，当然その形は異なってくる．例えば，空中より海上のターゲットを視認する場合には ($x \in R^2$, $z \in R^3$)

$$\psi(t,x;z) = \frac{\kappa z^3(t)}{\{[x_1 - z_1(t)]^2 + [x_2 - z_2(t)]^2 + z_3^2(t)\}^{3/2}} \quad (49)$$

で与えられる．$\kappa$ はターゲットの形状や環境条件により決まる定数であり，(49) 式は米国の沿岸警備隊などで採用されている．双方向レーダー (two-way radar) 探索では，

$$\psi(t,x;z) = -\frac{1}{\tau}\ln\left[1 - \frac{1}{2}\operatorname{erfc}\left(\alpha - \frac{\beta}{d^2(t)}\right)\right] \quad (50)$$

として採用されている．$\tau$ はレーダーのスキャン時間，$d(t)$ はターゲットとレーダー間の距離であり，$\alpha$, $\beta$ はレーダーによって決まる定数である．

探索者のダイナミクスを

$$\dot{z}(t) = g[t, z(t)] + C(t)u(t) \quad (0 \leq t \leq T) \quad (51)$$

とするとき，不規則に移動するターゲットを探索する問題は，探索行為を通してそれを発見 (検知) する確率が最大になるように制御入力 $\{u(t),\ t_0 \leq t \leq T\}$ を決定する問題である．

### C.2 探索方程式

ターゲットの状態は (47) 式によって予験的に予測できるが，それには探索行為が反映されてはいない．

第 6 章の推定理論では，観測を行うという行為が，システム状態量の確率密度関数にイノベーション過程を付加することによって反映された．それでは探索という行為がどのように確率密度関数 $\hat{p}(t,x)$ に反映されるのであろうか？ これは §6.2 で述べたのと同様な計算により求めることができる．

$p\{t, x \mid Z_0^t\}$ を，探索者が時間区間 $[0,t)$ 内でターゲットを発見するのに成功しなかったという条件 $Z_0^t$ のもとでの $x(t)$ の条件付確率密度関数とすると，(6.13) 式と同様にして

$$\begin{aligned}
\delta p\{t, x \mid Z_0^t\} &= \left[p\{t + \delta t, x \mid Z_0^{t+\delta t}\} - p\{t, x \mid Z_0^{t+\delta t}\}\right] \\
&\quad + \left[p\{t, x \mid Z_0^{t+\delta t}\} - p\{t, x \mid Z_0^t\}\right] \\
&= \delta p_d + \delta p_s \quad (52)
\end{aligned}$$

と表現される. $p_d$ はコルモゴロフの前向き方程式 (47) の解で与えられる. $p_s$ については, (6.15) 式と同様にして, ベイズの公式より

$$\begin{aligned}
p\{t,x \mid Z_0^{t+\delta t}\} &= \frac{P[Z_t^{t+\delta t} \mid (t,x), Z_0^t]}{P[Z_t^{t+\delta t} \mid Z_0^t]} p\{t,x \mid Z_0^t\} \\
&= \frac{P[Z_t^{t+\delta t} \mid (t,x), Z_0^t] \, p\{t,x \mid Z_0^t\}}{\displaystyle\int_{R^m} P[Z_t^{t+\delta t} \mid (t,\eta), Z_0^t] \, p\{t,\eta \mid Z_0^t\} \, d\eta}
\end{aligned} \quad (53)$$

を得る. ここで, $(t,x)$ は時刻 $t$ でターゲットの状態が $x(t) = x$ であるという事象であり, $P[\cdot \mid *]$ は条件付確率を表す.

探索密度関数 $\psi(t, \cdot; z)$ の定義より

$$P[Z_t^{t+\delta t} \mid (t,x), Z_0^t] = 1 - \psi(t,x;z)\delta t + \mathrm{o}(\delta t) \quad (54)$$

を得る. これを (53) 式に代入し, $(1-\varepsilon)^{-1} = 1 + \varepsilon + \mathrm{o}(\varepsilon)$ ($|\varepsilon| < 1$) の関係を用いると次式を得る.

$$p\{t,x \mid Z_0^{t+\delta t}\} = p\{t,x \mid Z_0^t\} \left\{1 - \left[\psi(t,x;z) - \hat{\psi}(t;Z_0^t)\right] \delta t + \mathrm{o}(\delta t)\right\} \quad (55)$$

ただし,

$$\hat{\psi}(t; Z_0^t) = \int_{R^m} \psi(t,x;z) \, p\{t,x \mid Z_0^t\} \, dx \quad (56)$$

である. (55) 式より $\delta p_s$ は

$$\begin{aligned}
\delta p_s &= p\{t,x \mid Z_0^{t+\delta t}\} - p\{t,x \mid Z_0^t\} \\
&= -p\{t,x \mid Z_0^t\} \left[\psi(t,x;z) - \hat{\psi}(t;Z_0^t)\right] \delta t + \mathrm{o}(\delta t)
\end{aligned} \quad (57)$$

となるから, 結局 (52) 式から $\delta t \to 0$ として次式を得る.

$$\frac{\partial p\{t,x \mid Z_0^t\}}{\partial t} = \mathcal{L}_x^* p\{t,x \mid Z_0^t\} - p\{t,x \mid Z_0^t\} \left[\psi(t,x;z) - \hat{\psi}(t;Z_0^t)\right] \quad (58)$$

これを**探索方程式** (searching equation) と呼ぶ.

この式の原型は Hellman によって得られていたが, ターゲットのダイナミクスを確率微分方程式によって表現して導出したのは著者である. 推定理論と探索問題の問題設定と, それぞれで得られた方程式 (推定方程式 (6.26) と探索方程式 (58))

を見比べてみると興味深い. (58) 式は $p$ に関する非線形偏微分積分方程式であるが, これは変換

$$\tilde{p}\{t,x\,|\,Z_0^t\} = \exp\left\{-\int_0^t \hat{\psi}(s;Z_0^s)\,ds\right\} p\{t,x\,|\,Z_0^t\} \tag{59}$$

によって, つぎのように線形偏微分方程式に変換される.

$$\frac{\partial \tilde{p}\{t,x\,|\,Z_0^t\}}{\partial t} = \mathcal{L}_x^* \tilde{p}\{t,x\,|\,Z_0^t\} - \tilde{p}\{t,x\,|\,Z_0^t\}\psi(t,x;z) \tag{60}$$

さて, $\hat{\psi}(t;Z_0^t)\delta t$ は, 時間区間 $(t,t+\delta t]$ 間で探索行動を行ってターゲットを発見する確率を意味するから, 関数 $\hat{\psi}(t;Z_0^t)$ を調べることは意味がある. その時間進化は, (6.32) 式を得たのと同様な計算をすることによって求めることができる. 詳細な計算は省略するが, 結果だけ示すとつぎのようになる.

$$\frac{d\hat{\psi}(t;Z_0^t)}{dt} = \mathcal{E}\{\psi_x^T f(t,x)\,|\,Z_0^t\} + \frac{1}{2}\operatorname{tr}\mathcal{E}\{G^T(t,x)\psi_{xx}G(t,x)\,|\,Z_0^t\}$$
$$-\mathcal{E}\{\psi^2\,|\,Z_0^t\} + \hat{\psi}^2(t;Z_0^t) + \mathcal{E}\{\psi_t\,|\,Z_0^t\} + \mathcal{E}\{\psi_z^T \dot{z}\,|\,Z_0^t\} \tag{61}$$

ただし, $\mathcal{E}\{\cdot\,|\,Z_0^t\} = \int_{R^m}(\cdot)\,p\{t,x\,|\,Z_0^t\}\,dx$, また $\psi_t, \psi_x, \psi_{xx}$ などは偏微分を表す. これは非線形推定方程式 (6.31) と同様に複雑であり, 実際計算では何らかの近似が必要である. $\hat{\psi}(t;Z_0^t)$ を **探索関数** (search function) と呼ぶ.

### C.3 最適探索

$P(t;z)$ を, 時間区間 $(0,t]$ 間で探索を行ってターゲットを発見する確率とすれば,

$$P(t+\delta t;z) = P(t;z) + [1-P(t;z)]\hat{\psi}(t,Z_0^t)\delta t \tag{62}$$

が成り立つから, これより

$$\dot{P}(t;z) = [1-P(t;z)]\hat{\psi}(t,Z_0^t), \qquad P(0;z) = 0 \tag{63}$$

を得る. よって, これを解いて

$$P(t;z) = 1 - \exp\left\{-\int_0^t \hat{\psi}(s;Z_0^s)\,ds\right\} \tag{64}$$

を得る. したがって, $\exp\left\{-\int_0^T \hat{\psi}(t;Z_0^t)\,dt\right\}$ は $(0,T]$ 間でターゲットの発見に失敗する確率を表す.

## C. 不規則移動体の最適探索問題

そこで, ターゲットの探索にあたってつぎの評価規範を設定する.

$$J(u) = \exp\left\{-\int_0^T \hat{\psi}(t; Z_0^T)\,dt\right\} \exp\left\{\alpha \int_0^T u^T(t)N(t)u(t)\,dt\right\} \tag{65}$$

$N(t)$ は正定対称マトリクス, $\alpha$ は正定数である. この評価規範を最小にするように制御量 $\{u(t), t_0 \leq t \leq T\}$ を求めるのが, **最適探索問題** (optimal search problem) である.

最小コスト汎関数を

$$V(t,z) = \min_{\substack{u(s) \\ t \leq s \leq T}} \left[ \exp\left\{-\int_t^T \hat{\psi}(s; Z_0^s)\,ds\right\} \exp\left\{\alpha \int_t^T u^T(s)N(s)u(s)\,ds\right\} \right] \tag{66}$$

と定義し, ダイナミックプログラミングによってベルマン方程式

$$-\frac{\partial V(t,z)}{\partial t} = \min_u \left\{ [\alpha u^T(t)N(t)u(t) - \hat{\psi}(t; Z_0^T)]V(t,z) \right.$$
$$\left. + [g(t,z) + C(t)u(t)]^T \frac{\partial V(t,z)}{\partial z} \right\},$$
$$V(T,z) = 1 \quad (z \in R^n) \tag{67}$$

を得る. これより最適制御量は

$$u^o(t) = -\frac{1}{2\alpha V(t,z)} N^{-1}(t) C^T(t) \frac{\partial V(t,z)}{\partial z} \tag{68}$$

ここで, $\phi(t,z) = \ln V(t,z)$ と変換すると, (68) 式は

$$\frac{\partial \phi(t,z)}{\partial t} = \hat{\psi}(t; Z_0^T) - g^T(t,z) \frac{\partial \phi(t,z)}{\partial z}$$
$$+ \frac{1}{4\alpha} \left(\frac{\partial \phi(t,z)}{\partial z}\right)^T C(t) N^{-1}(t) C^T(t) \left(\frac{\partial \phi(t,z)}{\partial z}\right),$$
$$\phi(T,z) = 0 \quad (z \in R^n) \tag{69}$$

に変換され, (68) 式は

$$u^o(t) = -\frac{1}{2\alpha} N^{-1}(t) C^T(t) \frac{\partial \phi(t,z)}{\partial z} \tag{70}$$

となる.

最適制御量を求めるためには, 偏微分方程式 (69) を解かなければならないが, 関数 $\hat{\psi}(t; Z_0^t)$ が 2 次形式でないことから, LQG 制御問題のようにきれいな解は得られそうにない. したがって, 数値計算により (69) 式を解かなければならない.

## D. 数理ファイナンスへの応用——ブラック・ショールズ方程式の導出

> *Antonio.* I thank my fortune for it,
> My ventures are not in one bottom trusted,
> Nor to one place; nor is my whole estate
> Upon the fortune of this present year:
> Therefore, my merchandise makes me not sad.
> ... all my fortunes are at sea;
> Neither have I money, nor commodity
> To raise a present sum...
>
> — W. Shakespeare: *The Merchant of Venice*,
> Act I., Scene I, 1596-97.
>
> アントーニオ: 幸いなことに，僕の投資は船一艘にかかっているわけでもなければ，ただ一箇所にあるわけでもない．この 1 年の運不運でもって，全財産がどうなるものでもない．だから船荷のことで煩わってはいない．……僕の全財産は海にある．いま欲しいといわれても現金も商品もない……　　　(著者訳)

### D.1 数理ファイナンス

1998 年 12 月, NHK テレビのシリーズ番組「マネー革命: 金融工学の旗手たち」で, 現在デリバティブや先物取引などで伊藤の公式がそれらの理論構築に重要な役割を演じている様子が放映されたのを記憶されている読者も多いことと思う. "金融工学" という言葉も耳新しいところに, こんなところで伊藤確率微分方程式が出てくるのかと著者も驚いたものである.

本節では, これまでの知識で (ただし, 経済学の知識は別として) 十分にオプション取引で重要な役割を演じているブラック・ショールズ方程式を導くことができることを示す. そのために, 多少の経済学の知識を先に述べておく.

上に引用したシェークスピア作品の『ベニスの商人』の頃でさえ, すでに自分の資産を分散して投資し, 航海や取引で起こりうるリスクの分散をはかっていた. これは資産に対する人間の本性であろう. 分散投資の原理は, 経済学でポピュラーになっている "一つのバスケットにすべての卵を入れるな" という言葉によく反映されている. 資産の組合せを資産ポートフォリオ (portforio) という. 元来ポー

## D. 数理ファイナンスへの応用——ブラック・ショールズ方程式の導出

トフォリオというのは，紙ばさみ，書類入れという意味であり，転じてそのかばんに入っている投資家の各種有価証券の明細一覧表を意味するが，現在では株や債券などがどのような組合せで分散投資されているかを示す意味で用いられている．

**オプション** (option) とは，ある資産を将来の定められた期日 (まで) にあらかじめ同意された価格で取引する権利のことであり，必ずしもそれを行使する義務はない．あらかじめ同意された価格を**行使価格**または**実行価格** (exercise price, strike price) と呼ぶ．指定された期日を**満期** (maturity) といい，満期日 (まで) に決められた価格で購入する権利を**コールオプション** (call option) といい，その逆に売却する権利を**プットオプション** (put option) と呼ぶ．オプションは満期日になって初めてその権利が行使できる場合に**ヨーロッパ型** (European option) と呼び，満期日以前にいつでも権利を行使できる場合に**アメリカ型** (American option) と呼ぶ．

オプション契約の買いまたは売りの対象となる資産を，**原資産** (underlying asset) と呼ぶ．オプションは満期日になっても権利を行使する義務はないが，これに対して先物契約では契約を結んだ時点で取引が義務づけられている．この点がオプション契約と先物契約との重要な違いである．したがって，オプションに対してどのような価格をつけるのが妥当なのかが問題となる．

例えば，"A 社の株を 1 年後に，1 株当たり $K$ 円で買うコールオプション" を考えると，1 年後の満期 $T$ におけるその株の市場価格が $S_T$ 円 $(S_T > K)$ であれば，この権利を行使することにより，契約の相手から 1 株 $K$ 円で購入して市場で $S_T$ 円で売ることによって，1 株当たり $S_T - K$ 円の儲けとなる．逆に $S_T \leq K$ 円であった場合には，権利を放棄することによって儲けはない (0 円) が損失を防ぐことができる．

### D.2　株価の数理モデル——ブラック・ショールズ過程

ファイナンス市場では，株価 (stock price) $S(t)$ の対数 $\ln S(t)$ が正規型分布に従う (いいかえれば，$S(t)$ が対数正規分布 [log-normal distribution] に従う) というモデルが一般に採用される．すなわち，$S(t)$ は

$$\frac{dS(t)}{S(t)} = \mu dt + \sigma dw(t) \quad (0 \leq t) \tag{71}$$

あるいは

$$dS(t) = \mu S(t)dt + \sigma S(t)dw(t) \tag{72}$$

という確率過程に従う.ここで, $w(t)$ は (標準) ウィーナ過程であり, $\mu$, $\sigma$ は正定数である. $\mu$ はドリフト (drift) と呼ばれ,株価 $S(t)$ が時間とともに変動する方向を表し, $\sigma$ はその変動の方向の不確定性を表し,ボラティリティ (volatility)[2] と呼ばれる.当然 $\sigma$ の値が大きいほど,株価の上下変動も激しくなる.実際の市場では $\mu$ も $\sigma$ も時間の関数として与えられるが,本書ではいずれも定数として議論する.

(72) 式は (4.33) 式と同じであるから,その解は ($S(0) = S_0$)

$$S(t) = S_0 \exp\left\{\left(\mu - \frac{1}{2}\sigma^2\right)t + \sigma w(t)\right\} \quad (73)$$

で与えられ, $S(t)$ は指数関数的変動のまわりで不規則に変動することになる. (73) 式の対数をとれば

$$\ln S(t) = \ln S_0 + \left(\mu - \frac{1}{2}\sigma^2\right)t + \sigma w(t) \quad (74)$$

となるから,確率変数 $\ln S(t)$ が正規分布に従うことがわかる.

(72) 式をブラック・ショールズモデル,あるいはブラック・ショールズ過程 (Black-Scholes model, Black-Scholes process) と呼ぶ.

### D.3　ブラック・ショールズ方程式の導出

任意の時刻でのオプションの価値は,株価 $S(t)$ の関数として与えられる.本節では,このオプションの価値が満たす方程式を導出する.

分散投資を考える.一つはリスクのない安全資産 (nonrisky asset, bond) (銀行口座など) $B(t)$,もう一つはリスクを伴う資産 (risky asset) (株など) $S(t)$ であり, $b(t)$, $a(t)$ は時点 $t$ におけるそれぞれの保有量を表す.満期を $T$,行使価格を $K$ とする (ヨーロッパ型コールオプションとする).投資資産の配分が $(a(t), b(t))$ であるとき,ポートフォリオの価値は

$$\Pi(t) = a(t)S(t) + b(t)B(t) \quad (75)$$

で与えられる.ポートフォリオ $(a(t), b(t))$ ($t \in [0, T]$) を**取引戦略** (trading strategy) と呼ぶ.

安全資産 $B(t)$ は,利子率 $r$ ($> 0$) で連続複利とすると

$$B(t) = B(0)\,e^{rt}$$

---

[2] "変化しやすい" という意味である.形容詞は volatile.

で与えられるから,これは微分方程式

$$\dot{B}(t) = rB(t) \tag{76}$$

を満たす.他方,株価 $S(t)$ は (72) 式に従うと仮定する.$a(t) = 0$ という戦略をとれば,株はいっさい保有せず投資資金をすべて安全資産につぎ込むことになり,$b(t) = 0$ であれば,投資資金をすべて株につぎ込むことになる.この投資資金の配分 $(a(t), b(t))$ をどのようにすればよいか?

取引戦略 $(a(t), b(t))$ から配当の流入出はなく,ポートフォリオの価値 $\Pi(t)$ の変化は $S(t)$ と $B(t)$ の変化のみから生じるものと仮定する.すなわち,

$$\begin{aligned} d\Pi(t) &= d[a(t)S(t) + b(t)B(t)] \\ &= a(t)dS(t) + b(t)dB(t) \end{aligned} \tag{77}$$

と表すことができるという意味である.最終右辺を導くには,当然

$$S(t)da(t) + B(t)db(t) = 0 \tag{78}$$

という条件が満たされていなくてはならない.このことは,任意の時点 $t$ において,安全資産の保有量の変化分 $B(t)db(t)$ が,そのときの株の保有量の変化分 $S(t)da(t)$ によってのみ起こりうることを意味し,ポートフォリオの変化に対して外部との間に資本のやりとりがないことを意味する.したがって,(77) 式が成り立つときに,$\Pi(t)$ を**資本自己調達的** (self-financing) という.

市場において,まったくリスクを伴わずに利益を上げることを**裁定** (arbitrage) という.これは "元手なしに確実に稼げる" (ただ飯, free lunch) という意味で,現実的には市場がほぼ平衡状態にあるときにはそのような**裁定機会はない** (no arbitrage opportunity) というのが基本的な前提となっている.もしそのような機会があるとすれば,誰もがそれによって利益を得ようとするから,すぐにその機会はなくなってしまう.

オプションの価格過程を $V(t, S(t))$ とすれば,すべての $t \in [0, T]$ に対して裁定機会がなくなって平衡状態になると仮定すると

$$V(t, S(t)) = a(t)S(t) + b(t)B(t) = \Pi(t) \tag{79}$$

が成立する.

さて, $S(t)$ および $B(t)$ はそれぞれ (72), (76) 式の解であるから, (77) 式より次式を得る.

$$\begin{aligned}
d\Pi(t) &= a(t)[\mu S(t)dt + \sigma S(t)dw(t)] + rb(t)B(t)dt \\
&= a(t)[\mu S(t)dt + \sigma S(t)dw(t)] + r[\Pi(t) - a(t)S(t)]dt \\
&= [(\mu - r)a(t)S(t) + r\Pi(t)]dt + \sigma a(t)S(t)dw(t) \\
&= [(\mu - r)a(t)S(t) + rV(t,S)]dt + \sigma a(t)S(t)dw(t) \quad (80)
\end{aligned}$$

ここで, (75) 式および $\Pi(t) = V(t,S)$ の関係を用いた. よって,

$$\Pi(t) - \Pi(0) = \int_0^t [(\mu - r)a(\tau)S(\tau) + rV(\tau,S)]d\tau + \int_0^t \sigma a(\tau)S(\tau)dw(\tau) \tag{81}$$

を得る.

他方, $V(t,S)$ は $S$ に関して 2 回連続微分可能と仮定して, 伊藤演算あるいは伊藤の公式 (4.28) 式を用いると, その微分は

$$\begin{aligned}
dV(t,S) &= \frac{\partial V(t,S)}{\partial t}dt + \frac{\partial V(t,S)}{\partial S}(dS) + \frac{1}{2}\frac{\partial^2 V(t,S)}{\partial S^2}(dS)^2 \\
&= \frac{\partial V(t,S)}{\partial t}dt + \frac{\partial V(t,S)}{\partial S}(\mu S dt + \sigma S dw) + \frac{1}{2}\frac{\partial^2 V(t,S)}{\partial S^2}\sigma^2 S^2 dt
\end{aligned} \tag{82}$$

となる. $\Pi(t) = V(t,S)$ より,

$$\begin{aligned}
\Pi(t) - \Pi(0) &= \int_0^t dV(\tau,S) \\
&= \int_0^t \left[\frac{\partial V(\tau,S)}{\partial \tau} + \mu S \frac{\partial V(\tau,S)}{\partial S} + \frac{1}{2}\sigma^2 S^2 \frac{\partial^2 V(\tau,S)}{\partial S^2}\right]d\tau \\
&\quad + \int_0^t \sigma S \frac{\partial V(\tau,S)}{\partial S}dw(\tau)
\end{aligned} \tag{83}$$

を得る.

よって, (81) 式と (83) 式とを等値することによって,

$$\left.\begin{aligned}
\frac{\partial V(t,S)}{\partial t} + \mu S \frac{\partial V(t,S)}{\partial S} + \frac{1}{2}\sigma^2 S^2 \frac{\partial^2 V(t,S)}{\partial S^2} \\
= (\mu - r)a(t)S + rV(t,S) \\
a(t) = \frac{\partial V(t,S)}{\partial S}
\end{aligned}\right\} \tag{84}$$

## D. 数理ファイナンスへの応用—ブラック・ショールズ方程式の導出

を得る. 第2式を第1式に代入すると, 次式が得られる.

$$\frac{\partial V(t,S)}{\partial t} + \frac{1}{2}\sigma^2 S^2 \frac{\partial^2 V(t,S)}{\partial S^2} + rS\frac{\partial V(t,S)}{\partial S} - rV(t,S) = 0 \qquad (85)$$

これが有名な**ブラック・ショールズ方程式** (Black-Scholes equation) である. 境界条件は

$$V(T,S) = \max\{S-K,\ 0\} \quad (S \in (0,\infty)) \qquad (86)$$

すなわち, 満期 $T$ において, $S = S(T) > K$ (行使価格) ならばオプションを行使し $V(T,S) = S - K$, 逆に $S < K$ ならばオプションを行使せず $V(T,S) = 0$ である. したがって, 資金自己調達的戦略は

$$a(t) = \frac{\partial V(t,S)}{\partial S}, \quad b(t) = \frac{V(t,S) - a(t)S(t)}{B(t)} \qquad (87)$$

で与えられる. この $a(t)$ を, **デルタヘッジ** (delta hedging) と呼ぶ[3].

現在のようなオプション価格理論ができあがったのは 1970 年代のことであるが, 株価の変動に対して, バシャリエ (Louis Bachelier) はすでに 1900 年, 仏国ソルボンヌ大学に提出した学位論文 "Théorie de la Spéculation (投機の理論)" において, それは時間の平方根に比例するとし, 今日でいうブラウン運動過程をあてている. アインシュタインがブラウン運動に関する論文を書きあげたのが 1905 年であることを想起すると (§2.9), いかに先駆的な仕事であったかがわかるが, 世の常としてこのあまりに早い研究は当時正当に評価されなかった (数学者ポワンカレ [Henri Poincaré, 1854-1912] は彼のオリジナリティを認めていた)[4]. 現代のような研究は 1960 年代から始められ, 上述のバシャリエの論文が掘り起こされ, 1970 年代の初めにブラック (Fischer Black), マートン (Robert C. Merton, 1944- ), ショールズ (Myron S. Scholes, 1941- ) の3人の共同研究によって, それまで数学的に解けなかったオプションの価格問題の解がみつけ出された. ブラックとショールズは, マートンからヘッジング・ポートフォリオのアイデアのアドバイスをうけ, 1993 年に上述のブラック・ショールズ方程式を求めることに成功し

---

3 ヘッジ (hedge) とは, "(金銭的損失に対する) 防御" の意である.

4 このあたりの歴史的背景については, P. L. Bernstein: *Capital Ideas; The Improbable Origins of Modern Wall Street*, The Free Press, 1993, Chap.1 あるいは Additional Background Material on the Bank of Sweden Prize in Economic Sciences in Memory of Alfred Nobel 1997, http : //www.nobel.se /economics/ laureates/1997/back.html などを参照されたい.

た．しかし，この論文も当初専門誌への掲載は不採択であった．その理由は単に "経済学の論文ではない" ということであったようである．しかしその後書き直すことによって掲載されることになった．彼らの業績に対して 1997 年度のノーベル経済学賞が与えられることになったが，そのときすでにブラックは他界しており，残りのマートンとショールズが共同受賞した．授賞理由は "派生商品の価格決定の新たな方法への貢献 (for a new method to determine the value of derivatives)" であった．

このノーベル賞受賞には，伊藤の公式が決定的役割を果たしていることを見逃してはならない．1998 年放映の NHK テレビで，彼らが口をそろえて "伊藤公式のおかげである" と述べている[5]．伊藤の公式が発表されてからこのノーベル賞受賞までに，実に 55 年の歳月が経過している．このブラック・ショールズ方程式の出現をみて，経済学の分野では "経済学に新しい時代がきた" と感じさせたといわれている．1980 年代には，米国ではアポロ計画以後，宇宙開発予算が削減され，それにともなって多くの科学者 (多分にシステム制御工学者) がこの分野に参入していった．

### D.4 ブラック・ショールズ方程式の解法

(85) 式は変係数をもつ 2 階線形偏微分方程式であり，(86) 式がその終端拘束条件である．本節の目的は (85) 式のブラック・ショールズ方程式を導出することであったが，以下これを解いてみよう．

それには 2 段階のステップを踏む．まず，(85) 式を定係数をもつ偏微分方程式に変換する．これも 2 階線形偏微分方程式になるので，ついでそれを熱方程式 (heat equation) のコーシー問題に帰着させる．熱方程式の解はすでにわかっているから，上述の拘束条件を考慮してブラック・ショールズ方程式の解を得る．

まず，(85) 式を定係数をもつ 2 階偏微分方程式に変換しよう．そこで，$\tau = T - t$ ($T$ : fixed) として時間軸を逆にし，さらに

$$\xi = \ln \frac{S}{K}, \qquad v(\tau, \xi) = \frac{1}{K} V(t, S) \tag{88}$$

---

[5] NHK のプロデューサーが伊藤 清博士に，"All the top American finance scholars are talking about your theorem. You are certainly a remarkable man, Dr. Itô." といったところ，"Hmm...is that so? I don't know anything about finance." と答えられたそうである．このあたりの状況は Y. Shigeta: Reckoning with Itô Kiyoshi, *AAPPS Bulletin*, vol.9, no.2, 1999, pp.38-39 に詳しい．

## D. 数理ファイナンスへの応用—ブラック・ショールズ方程式の導出

とすると, (85) 式は

$$-\frac{\partial v(\tau,\xi)}{\partial \tau} + \frac{1}{2}\sigma^2 \frac{\partial^2 v(\tau,\xi)}{\partial \xi^2} + \left(r - \frac{1}{2}\sigma^2\right)\frac{\partial v(\tau,\xi)}{\partial \xi} - rv(\tau,\xi) = 0 \quad (89)$$

のように変換される.

ついで,

$$v(\tau,\xi) = u(\tau,\xi)\,e^{\alpha\tau+\beta\xi} \quad (\alpha,\beta:\text{const.}) \quad (90)$$

と変換すると, (89) 式は

$$-\frac{\partial u(\tau,\xi)}{\partial \tau} + \frac{1}{2}\sigma^2 \frac{\partial^2 u(\tau,\xi)}{\partial \xi^2} + \left(\sigma^2\beta + r - \frac{1}{2}\sigma^2\right)\frac{\partial u(\tau,\xi)}{\partial \xi}$$
$$+\left\{\left(r + \frac{1}{2}\sigma^2\beta\right)(\beta-1) - \alpha\right\}u(\tau,\xi) = 0 \quad (91)$$

となるから, ここで変換定数 $\alpha, \beta$ を

$$\left.\begin{array}{l} \sigma^2\beta + r - \dfrac{1}{2}\sigma^2 = 0 \\[2mm] \left(r + \dfrac{1}{2}\sigma^2\beta\right)(\beta-1) - \alpha = 0 \end{array}\right\}$$

すなわち

$$\left.\begin{array}{l} \beta = \dfrac{1}{2}\left(1 - \dfrac{2r}{\sigma^2}\right) = \dfrac{1}{2}(1-k) \\[2mm] \alpha = -\dfrac{1}{8}\sigma^2(1+k)^2 \quad \left(k = \dfrac{2r}{\sigma^2}\right) \end{array}\right\} \quad (92)$$

と選ぶことによって, (91) 式は熱方程式

$$\frac{\partial u(\tau,\xi)}{\partial \tau} = \frac{1}{2}\sigma^2 \frac{\partial^2 u(\tau,\xi)}{\partial \xi^2} \quad (93)$$

となる.

その初期条件は $\tau = 0$ とおくと, (88), (86) 式より

$$v(0,\xi) = \frac{1}{K}\max\{S - K,\ 0\} \quad (94)$$

となるから, (90) 式より

$$
\begin{aligned}
u(0,\xi) &= v(0,\xi)\, e^{-\beta\xi} \\
&= e^{-\beta\xi} \max\left\{\frac{S}{K} - 1,\ 0\right\} \\
&= \max\left\{e^{(1-\beta)\xi} - e^{-\beta\xi},\ 0\right\}
\end{aligned} \tag{95}
$$

で与えられる．したがって, 結局 (93) 式を (95) 式の初期条件のもとで解き, 変換を逆にたどっていくことによって, $V(t,S)$ が求められることになる．

さて, 1次元熱方程式

$$
\frac{\partial u(t,x)}{\partial t} = c^2 \frac{\partial^2 u(t,x)}{\partial x^2}, \quad u(0,x) = u_0(x) \quad (x \in (-\infty, \infty)) \tag{96}
$$

の解は

$$
u(t,x) = \frac{1}{2c\sqrt{\pi t}} \int_{-\infty}^{\infty} u_0(y) \exp\left\{-\frac{(x-y)^2}{4c^2 t}\right\} dy \tag{97}
$$

で与えられることをわれわれは知っている．したがって, (93) 式の解はつぎのように与えられる:

$$
u(\tau,\xi) = \int_{-\infty}^{\infty} u_0(y) \frac{1}{\sqrt{2\pi\sigma^2 \tau}} \exp\left\{-\frac{(\xi-y)^2}{2\sigma^2 \tau}\right\} dy \tag{98}
$$

初期条件 $u(0,y) = u_0(y)$ は (95) 式より

$$
\begin{aligned}
u_0(y) &= \max\left\{e^{(1-\beta)y} - e^{-\beta y},\ 0\right\} \\
&= \max\left[\exp\left\{\frac{1}{2}(k+1)y\right\} - \exp\left\{\frac{1}{2}(k-1)y\right\},\ 0\right]
\end{aligned} \tag{99}
$$

ところで

$$
\exp\left\{\frac{1}{2}(k+1)y\right\} - \exp\left\{\frac{1}{2}(k-1)y\right\} = (e^y - 1)\, e^{\frac{1}{2}(k-1)y}
$$

は, $y < 0$ では負の値をとることになるから, 初期値は

$$
u_0(y) = \begin{cases} \exp\left\{\frac{1}{2}(k+1)y\right\} - \exp\left\{\frac{1}{2}(k-1)y\right\} & (y \geq 0) \\ 0 & (y < 0) \end{cases} \tag{100}
$$

## D. 数理ファイナンスへの応用—ブラック・ショールズ方程式の導出

となる.これを (98) 式に代入することによって

$$u(\tau,\xi) = \int_0^\infty \left[ \exp\left\{\frac{1}{2}(k+1)y\right\} - \exp\left\{\frac{1}{2}(k-1)y\right\} \right]$$
$$\cdot \frac{1}{\sqrt{2\pi\sigma^2\tau}} \exp\left\{ -\frac{(\xi-y)^2}{2\sigma^2\tau} \right\} dy$$
$$= u_+(\tau,\xi) - u_-(\tau,\xi) \tag{101}$$

という表現を得る.ここで,

$$u_\pm(\tau,\xi) = \frac{1}{\sqrt{2\pi}} \int_0^\infty \exp\left\{\frac{1}{2}(k\pm 1)y\right\} \frac{1}{\sigma\sqrt{\tau}} \exp\left\{ -\frac{(\xi-y)^2}{2\sigma^2\tau} \right\} dy \tag{102}$$

(複号同順 (以下同じ)) である.

変数変換 $z = -(\xi-y)/\sigma\sqrt{\tau}$ を行うと

$$u_\pm(\tau,\xi) = \exp\left\{\frac{1}{2}(k\pm 1)\xi\right\} \frac{1}{\sqrt{2\pi}} \int_{z_0}^\infty \exp\left\{\frac{1}{2}(k\pm 1)\sigma\sqrt{\tau}\,z - \frac{z^2}{2}\right\} dz$$
$$= \exp\left\{\frac{1}{2}(k\pm 1)\xi + \frac{1}{8}(k\pm 1)^2\sigma^2\tau\right\}$$
$$\cdot \frac{1}{\sqrt{2\pi}} \int_{z_0}^\infty \exp\left\{-\frac{1}{2}[z - \frac{1}{2}(k\pm 1)\sigma\sqrt{\tau}]^2\right\} dz \tag{103}$$

となる.ただし, $z_0 = -\xi/\sigma\sqrt{\tau}$ である.

さらに,変数変換 $\eta_\pm = z - (1/2)(k\pm 1)\sigma\sqrt{\tau}$ を行い, $z = z_0$ となるときの $\eta_\pm$ の値 $\eta_\pm = -(1/\sigma\sqrt{\tau})\{\xi + (r\pm\sigma^2/2)\tau\}$ を $\eta_\pm = -d_\pm$ と表現すれば, (103) 式は

$$u_\pm(\tau,\xi) = \exp\left\{\frac{1}{2}(k\pm 1)\xi + \frac{1}{8}(k\pm 1)^2\sigma^2\tau\right\}$$
$$\cdot \frac{1}{\sqrt{2\pi}} \int_{-d_\pm}^\infty \exp\left\{-\frac{1}{2}\eta_\pm^2\right\} d\eta_\pm$$
$$= \exp\left\{\frac{1}{2}(k\pm 1)\xi + \frac{1}{8}(k\pm 1)^2\sigma^2\tau\right\} \Phi(d_\pm) \tag{104}$$

となる.ここで, $\Phi(\cdot)$ は標準正規分布の累積分布関数で

$$\Phi(x) = \frac{1}{\sqrt{2\pi}} \int_{-x}^\infty e^{-\frac{1}{2}y^2} dy = \frac{1}{\sqrt{2\pi}} \int_{-\infty}^x e^{-\frac{1}{2}y^2} dy \tag{105}$$

で与えられる[6].

---

[6] ガウスの誤差関数を $\mathrm{Erf}\,x = \int_0^x e^{-\xi^2} d\xi$ とすると, $\Phi(\cdot)$ とはつぎのような関係にある.
$$\Phi(x) = \frac{1}{2} + \frac{1}{\sqrt{\pi}}\,\mathrm{Erf}\left(\frac{x}{\sqrt{2}}\right)$$

よって，ブラック・ショールズ方程式 (85) の解は，(104) 式を用いて求められる．すなわち，

$$\begin{aligned} V(t,S) &= Kv(\tau,\xi) \\ &= Ku(\tau,\xi)e^{\alpha\tau+\beta\xi} \\ &= K\{u_+(\tau,\xi) - u_-(\tau,\xi)\}e^{\alpha\tau+\beta\xi} \\ &= Ke^{\alpha\tau+\beta\xi}u_+(\tau,\xi) - Ke^{\alpha\tau+\beta\xi}u_-(\tau,\xi) \end{aligned} \qquad (106)$$

ここで，

$$Ke^{\alpha\tau+\beta\xi}u_\pm(\tau,\xi) \\ = K\exp\left\{\alpha\tau + \beta\xi + \frac{1}{2}(k\pm 1)\xi + \frac{1}{8}(k\pm 1)^2\sigma^2\tau\right\}\Phi(d_\pm)$$

であるから，これより

$$\left.\begin{aligned} Ke^{\alpha\tau+\beta\xi}u_+(\tau,\xi) &= Ke^\xi\,\Phi(d_+) \\ Ke^{\alpha\tau+\beta\xi}u_-(\tau,\xi) &= Ke^{-r\tau}\,\Phi(d_-) \end{aligned}\right\}$$

となるので，これらを (106) 式に代入することによって

$$V(t,S) = Ke^\xi\,\Phi(d_+) - Ke^{-r\tau}\,\Phi(d_-) \qquad (107)$$

を得る．$Ke^\xi = S$ に留意し，また $d_1 = d_+$, $d_2 = d_-$ と書き改めることによって，最終的に

$$V(t,S) = S\,\Phi(d_1) - Ke^{-r(T-t)}\,\Phi(d_2) \qquad (108)$$

を得る．これがヨーロッパ型コールオプションに対するブラック・ショールズ方程式の解である．

$d_1, d_2$ はつぎのように与えられる：

$$\left.\begin{aligned} d_1 &= \frac{1}{\sigma\sqrt{T-t}}\left\{\ln\frac{S}{K} + \left(r + \frac{1}{2}\sigma^2\right)(T-t)\right\} \\ d_2 &= d_1 - \sigma\sqrt{T-t} \end{aligned}\right\} \qquad (109)$$

# 付　録: 不　等　式

> I had a very powerful analytic tool, the inequality I had discovered in Madison, and I had a good notation, using vectors and matrices. ...This inequality, the Bellman-Gronwall inequality was destined to play a large part in my life.
>
> — Richard Bellman: *Eye of the Hurricane*, Chaps. 5 and 11, 1984.

　確率システム理論では，種々の不等式がその解析において用いられる．ここでは，本書でも使用される主な不等式をまとめておく．

## A. 確率変数に関する不等式

### 1) 初等的な不等式

実数 $a, b$ および $\nu > 0$ に対して，$|a| \leq |b|$ とすれば，

$$|a+b|^\nu \leq (|a|+|b|)^\nu \leq (|b|+|b|)^\nu$$
$$= 2^\nu |b|^\nu \leq 2^\nu (|a|^\nu + |b|^\nu)$$

が成り立つが，これは $a$ と $b$ を入れ替えても成り立つことに留意すると，$a$ と $b$ の大小関係に対する拘束条件は不要で

$$|a+b|^\nu \leq 2^\nu (|a|^\nu + |b|^\nu) \tag{A.1}$$

が成り立つ．より精密な不等式は

$$|a+b|^\nu \leq c_\nu (|a|^\nu + |b|^\nu) \tag{A.2}$$

ただし，$\nu \leq 1$ のとき $c_\nu = 1$，$\nu < 1$ のときは $c_\nu = 2^{\nu-1}$ で与えられる．

　$a, b$ を確率変数 $x, y$ で置き換え，(A.2) 式の両辺の期待値をとることによって，つぎの不等式が成り立つ．

$$\mathcal{E}\{|x+y|^\nu\} \leq c_\nu [\mathcal{E}\{|x|^\nu\} + \mathcal{E}\{|y|^\nu\}] \tag{A.3}$$

## 2) イェンセンの不等式

実軸上のある区間 $D$ で定義された実数値関数 $\phi(x)$ が, $x_1, x_2 \in D$, $0 \leq \alpha \leq 1$ に対してつねに

$$\alpha\phi(x_1) + (1-\alpha)\phi(x_2) \geq \phi(\alpha x_1 + (1-\alpha)x_2)$$

を満たすとき, 凸関数 (convex function) という. これを拡張すれば,

$$\sum_{i=1}^{n} \alpha_i \phi(x_i) \geq \phi\left(\sum_{i=1}^{n} \alpha_i x_i\right)$$

ただし, $x_i \in D$, $\alpha_i \geq 0$, $\sum_{i=1}^{n} \alpha_i = 1$ が得られる. そこで, $x$ を確率変数とし, それが確率 $\alpha_i$ で $x_i$ という値をとるものと考えることによって, 上式より

$$\mathcal{E}\{\phi(x)\} \geq \phi(\mathcal{E}\{x\}) \tag{A.4}$$

という不等式を得る. これをイェンセンの不等式 (Jensen's inequality) と呼ぶ.

## 3) チェビシェフの不等式

有限なモーメントをもつ確率変数 $z$ に対して, $\varepsilon > 0$ とすると

$$\mathcal{E}\{|z|^\nu\} = \int_{-\infty}^{\infty} |z|^\nu p(z) dz \geq \int_{-\infty}^{-\varepsilon} |z|^\nu p(z) dz + \int_{\varepsilon}^{\infty} |z|^\nu p(z) dz$$

$$= \int_{|z| \geq \varepsilon} |z|^\nu p(z) dz \geq \varepsilon^\nu \Pr\{|z| \geq \varepsilon\}$$

が成り立つから, これより

$$\Pr\{|z| \geq \varepsilon\} \leq \frac{\mathcal{E}\{|z|^\nu\}}{\varepsilon^\nu} \tag{A.5}$$

を得る. これをマルコフの不等式 (Markov's inequality) と呼ぶ.

特に $\nu = 2$ のとき,

$$\Pr\{|z| \geq \varepsilon\} \leq \frac{\mathcal{E}\{|z|^2\}}{\varepsilon^2} \tag{A.6}$$

をチェビシェフの不等式 (Chebyshev[Tschebyscheff]'s inequality) と呼ぶ.

(A.6) 式の左辺は確率という抽象的な量であるが, それが右辺の 2 次モーメントという具体的な量で評価されることに留意されたい.

## 4) シュヴァルツの不等式

任意の実数 $a$ に対して

$$\mathcal{E}\{[a|x| - |y|]^2\} = a^2 \mathcal{E}\{|x|^2\} - 2a\mathcal{E}\{|xy|\} + \mathcal{E}\{|y|^2\} \geq 0$$

が成り立つから, $a$ に関する2次方程式が $-\infty < a < \infty$ にわたってつねに非負値をとるためには, その判別式が

$$[\mathcal{E}\{|xy|\}]^2 - \mathcal{E}\{|x|^2\}\mathcal{E}\{|y|^2\} \leq 0$$

でなければならない. これより不等式

$$\mathcal{E}\{|xy|\} \leq [\mathcal{E}\{|x|^2\}]^{\frac{1}{2}}[\mathcal{E}\{|y|^2\}]^{\frac{1}{2}} \tag{A.7}$$

が得られる. これをシュヴァルツの不等式 (Schwarz' inequality) と呼ぶ[7].

**5) ヘルダーの不等式**

$a, b > 0$ に対して初等不等式

$$ab \leq \frac{a^p}{p} + \frac{b^q}{q}, \quad p > 1, \quad \frac{1}{p} + \frac{1}{q} = 1$$

が成り立つから, $\mathcal{E}\{|x|^p\} \neq 0, \mathcal{E}\{|y|^q\} \neq 0$ と仮定して,

$$a = \frac{|x|}{[\mathcal{E}\{|x|^p\}]^{\frac{1}{p}}}, \quad b = \frac{|y|}{[\mathcal{E}\{|y|^q\}]^{\frac{1}{q}}}$$

とおけば

$$\frac{|xy|}{[\mathcal{E}\{|x|^p\}]^{\frac{1}{p}}[\mathcal{E}\{|y|^q\}]^{\frac{1}{q}}} \leq \frac{|x|^p}{p\mathcal{E}\{|x|^p\}} + \frac{|y|^q}{q\mathcal{E}\{|y|^q\}}$$

が得られる. ここで, 両辺の期待値をとり, $1/p + 1/q = 1$ に留意することによって不等式

$$\mathcal{E}\{|xy|\} \leq [\mathcal{E}\{|x|^p\}]^{\frac{1}{p}}[\mathcal{E}\{|y|^q\}]^{\frac{1}{q}}, \quad p > 1, \quad \frac{1}{p} + \frac{1}{q} = 1 \tag{A.8}$$

が得られる. これをヘルダーの不等式 (Hölder's inequality) と呼ぶ. これは $\mathcal{E}\{|x|^p\}$, $\mathcal{E}\{|y|^q\}$ が零であっても成り立つから, それらに対する非零の仮定は不要である.

$p = q = 2$ とおけば, (A.8) はシュヴァルツの不等式になる.

**6) ミンコフスキーの不等式**

明らかに,

$$\mathcal{E}\{|x+y|^p\} \leq \mathcal{E}\{|x| \cdot |x+y|^{p-1}\} + \mathcal{E}\{|y| \cdot |x+y|^{p-1}\}$$

---

[7] 期待値演算子は積分演算であり, つぎのような不等式もシュヴァルツの不等式と呼ぶ.

$$\left[\int f(x)g(x)dx\right]^2 \leq \left(\int f^2(x)dx\right)\left(\int g^2(x)dx\right)$$

$$\left[\sum_{i=1}^{n} x_i y_i\right]^2 \leq \left[\sum_{i=1}^{n} x_i^2\right]\left[\sum_{i=1}^{n} y_i^2\right]$$

が成り立つから, この右辺のそれぞれの項にヘルダーの不等式を適用すると

$$\leq [\mathcal{E}\{|x|^p\}]^{\frac{1}{p}} [\mathcal{E}\{|x+y|^{(p-1)q}\}]^{\frac{1}{q}} + [\mathcal{E}\{|y|^p\}]^{\frac{1}{p}} [\mathcal{E}\{|x+y|^{(p-1)q}\}]^{\frac{1}{q}}$$
$$= \left\{[\mathcal{E}\{|x|^p\}]^{\frac{1}{p}} + [\mathcal{E}\{|y|^p\}]^{\frac{1}{p}}\right\} [\mathcal{E}\{|x+y|^{(p-1)q}\}]^{\frac{1}{q}}$$

となる. $1/p + 1/q = 1$ であるから, $(p-1)q = p$ となることに留意し, 両辺を $[\mathcal{E}\{|x+y|^p\}]^{1/q}$ で割ると不等式

$$[\mathcal{E}\{|x+y|^p\}]^{\frac{1}{p}} \leq [\mathcal{E}\{|x|^p\}]^{\frac{1}{p}} + [\mathcal{E}\{|y|^p\}]^{\frac{1}{p}} \quad (p \geq 1) \tag{A.9}$$

を得る. これをミンコフスキーの不等式 (Minkowski's inequality) と呼ぶ.

**7) 三角不等式**

$\|x\| := \sqrt{\mathcal{E}\{x^2\}}$ とする. シュヴァルツの不等式より

$$\mathcal{E}\{xy\} \leq \mathcal{E}\{|xy|\} \leq \sqrt{\mathcal{E}\{x^2\}\mathcal{E}\{y^2\}}$$

であるから,

$$\mathcal{E}\{(x+y)^2\} = \mathcal{E}\{x^2\} + 2\mathcal{E}\{xy\} + \mathcal{E}\{y^2\}$$
$$\leq \mathcal{E}\{x^2\} + 2\sqrt{\mathcal{E}\{x^2\}\mathcal{E}\{y^2\}} + \mathcal{E}\{y^2\}$$
$$= \left(\sqrt{\mathcal{E}\{x^2\}} + \sqrt{\mathcal{E}\{y^2\}}\right)^2$$

すなわち, 不等式

$$\|x+y\| \leq \|x\| + \|y\| \tag{A.10}$$

を得る. これを**三角不等式** (triangular inequality) と呼ぶ.

**8) コルモゴロフの不等式**

$x_1, x_2, \cdots$ を互いに独立で同じ確率分布をもつ (independently and identically distributed, i.i.d.) 確率変数とし, それらの平均値と分散を $\mathcal{E}\{x_i\} = 0$, $\mathcal{E}\{x_i^2\} = \sigma^2$ ($< \infty$) とする. このとき, $\sum_{i=1}^n x_i$ の分散は $n\sigma^2$ であるから, チェビシェフの不等式より, $\varepsilon > 0$ に対して

$$\Pr\left\{\left|\sum_{i=1}^n x_i\right| \geq \varepsilon\right\} \leq \frac{n\sigma^2}{\varepsilon^2}$$

を得る. これをより精密にした不等式

$$\Pr\left\{\max_{0 \leq k \leq n}\left|\sum_{i=1}^k x_i\right| \geq \varepsilon\right\} \leq \frac{n\sigma^2}{\varepsilon^2} \tag{A.11}$$

をコルモゴロフの不等式 (Kolmogorov's inequality) と呼ぶ.

## B. 微分方程式に関する不等式

微分方程式の解の存在の証明において, つぎのグロンウォール・ベルマン不等式 (Gronwall-Bellman inequality) が重要な役割を果たす.

スカラ関数 $\alpha(t)$ を

$$0 \leq \alpha(t) \leq \gamma(t) + \int_s^t \beta(\tau)\alpha(\tau)d\tau \quad (s < t) \tag{B.1}$$

を満足する連続関数とし, $\beta(\tau) \geq 0$ ($\tau \in [s,T]$), $\int_s^T \beta(\tau)d\tau < \infty$, また $\gamma(t) \geq 0$ ($t \in [s,T]$) は有界であるとする. このとき, $s \leq t \leq T < \infty$ に対して

$$\alpha(t) \leq \gamma(t) + \int_s^t \beta(\tau)\gamma(\tau) \exp\left\{\int_\tau^t \beta(\sigma)d\sigma\right\} d\tau \tag{B.2}$$

が成り立つ.

特別な場合として, $\beta(t) = \beta_0 \geq 0$, $\gamma(t) = \gamma_0 \geq 0$ ($\beta_0, \gamma_0$ : 定数) のとき, $\alpha(t)$ が

$$0 \leq \alpha(t) \leq \gamma_0 + \beta_0 \int_s^t \alpha(\tau)d\tau \tag{B.3}$$

を満たすならば, 次式が成り立つ.

$$\alpha(t) \leq \gamma_0 \, e^{\beta_0(t-s)} \tag{B.4}$$

証明: (B.1) 式右辺第 2 項を $\zeta(t)$ とおくことにより,

$$\dot{\zeta}(t) - \beta(t)\zeta(t) = \beta(t)[\alpha(t) - \zeta(t)] \leq \beta(t)\gamma(t)$$

が得られる. 不等式は (B.1) 式を用いることにより得られた. 両辺に $\exp\{-\int_s^t \beta(\tau)d\tau\}$ ($\geq 0$) をかけると

$$\dot{\zeta}(t)\exp\left\{-\int_s^t \beta(\tau)d\tau\right\} - \beta(t)\zeta(t)\exp\left\{-\int_s^t \beta(\tau)d\tau\right\}$$
$$\leq \beta(t)\gamma(t)\exp\left\{-\int_s^t \beta(\tau)d\tau\right\}$$

となるが, これはつぎのように書ける.

$$\frac{d}{dt}\left[\zeta(t)\exp\left\{-\int_s^t \beta(\tau)d\tau\right\}\right] \leq \beta(t)\gamma(t)\exp\left\{-\int_s^t \beta(\tau)d\tau\right\}$$

両辺を積分して, $\zeta(s) \equiv 0$ に注意すれば

$$\zeta(t)\exp\left\{-\int_s^t \beta(\tau)d\tau\right\} \leq \int_s^t \beta(\tau)\gamma(\tau)\exp\left\{-\int_s^\tau \beta(\sigma)d\sigma\right\} d\tau$$

が得られる．これより

$$\zeta(t) \leq \exp\left\{\int_s^t \beta(\tau)d\tau\right\} \left[\int_s^t \beta(\tau)\gamma(\tau)\exp\left\{-\int_s^\tau \beta(\sigma)d\sigma\right\}d\tau\right]$$

となる．したがって，(B.1) 式より

$$0 \leq \alpha(t) \leq \gamma(t) + \zeta(t)$$

$$\leq \gamma(t) + \exp\left\{\int_s^t \beta(\tau)d\tau\right\} \int_s^t \beta(\tau)\gamma(\tau)\exp\left\{-\int_s^\tau \beta(\sigma)d\sigma\right\}d\tau$$

$$= \gamma(t) + \int_s^t \beta(\tau)\gamma(\tau)\exp\left\{\int_\tau^t \beta(\sigma)d\sigma\right\}d\tau$$

(Q.E.D.)

# 演習問題略解

**第 2 章**

**2.1** (2.11) 式より

$$0 = \mathcal{E}\{x(t)y^T(\tau)\} - m_x(t)\mathcal{E}\{y^T(\tau)\} - \mathcal{E}\{x(t)\}m_y{}^T(\tau) + m_x(t)m_y{}^T(\tau)$$
$$= \mathcal{E}\{x(t)y^T(\tau)\} - m_x(t)m_y{}^T(\tau)$$

**2.2**
$$\mathcal{E}\{x(t)\} = a\mathcal{E}\{\cos(\lambda t + \theta(\omega))\} = \frac{a}{2\pi}\int_0^{2\pi}\cos(\lambda t + \theta)d\theta = 0$$
$$R(t_1, t_2) = a^2\mathcal{E}\{\cos(\lambda t_1 + \theta(\omega))\cos(\lambda t_2 + \theta(\omega))\} = \frac{1}{2}a^2\cos\lambda(t_2 - t_1)$$

**2.3** $m = 0$, $\psi(\tau) = e^{-\alpha|\tau|}$ であるから

$$\frac{1}{T}\int_0^{2T}\left(1 - \frac{\tau}{2T}\right)[\psi(\tau) - m^2]d\tau = \frac{1}{T}\int_0^{2T}\left(1 - \frac{\tau}{2T}\right)e^{-\alpha\tau}d\tau$$
$$= \frac{1}{\alpha T}\left(1 - \frac{1 - e^{-\alpha T}}{2\alpha T}\right) \longrightarrow 0 \ (T \to \infty)$$

よって, (2.19) 式の条件が成り立つので, エルゴード的である.

**2.4** いずれもシュヴァルツの不等式 (付録 A. 4) 参照) を用いる.
(ii) $|\psi(\tau)|^2 = [\mathcal{E}\{x(t)x(t+\tau)\}]^2 \leq \mathcal{E}\{|x(t)|^2\}\mathcal{E}\{|x(t+\tau)|^2\} = \psi^2(0)$. これより, $\psi(0) \geq \psi(\tau)$.
(iii) $\psi(\tau + \varepsilon) - \psi(\tau) = \mathcal{E}\{[x(t-\varepsilon) - x(t)]x(t+\tau)\}$ に着目すると,

$$|\psi(\tau+\varepsilon) - \psi(\tau)|^2 \leq \mathcal{E}\{[x(t-\varepsilon) - x(t)]^2\}\mathcal{E}\{[x(t+\tau)]^2\}$$
$$= [\mathcal{E}\{x^2(t-\varepsilon)\} - 2\mathcal{E}\{x(t-\varepsilon)x(t)\} + \mathcal{E}\{x^2(t)\}]\mathcal{E}\{x^2(t+\tau)\}$$
$$= [\psi(0) - 2\psi(\varepsilon) + \psi(0)]\psi(0) \qquad (\psi(-\varepsilon) = \psi(\varepsilon))$$
$$= 2[\psi(0) - \psi(\varepsilon)]\psi(0)$$

を得る. $\psi(\tau)$ は $\tau = 0$ で連続であるから, $\psi(0) - \psi(\varepsilon) \to 0 \ (\varepsilon \to 0)$. よって $\psi(\tau + \varepsilon) - \psi(\tau) \to 0 \ (\varepsilon \to 0)$. すなわち, $\psi(\tau)$ はすべての $\tau$ について連続である.

**2.5** (i) $$\varphi_z(\mu) = \frac{1}{\sqrt{2\pi\sigma_z{}^2}} \int_{-\infty}^{\infty} \exp\left\{ j\mu z - \frac{1}{2}\left(\frac{z - m_z}{\sigma_z}\right)^2 \right\} dz$$

$y = (z - m_z)/\sigma_z$ とおくと

$$\varphi_z(\mu) = \frac{1}{\sqrt{2\pi}} \exp\left( j\mu m_z - \frac{1}{2}\mu^2 \sigma_z{}^2 \right) \int_{-\infty}^{\infty} \exp\left\{ -\frac{1}{2}(y - j\mu\sigma_z)^2 \right\} dy$$

$$= \exp\left( j\mu m_z - \frac{1}{2}\mu^2 \sigma_z{}^2 \right)$$

(ii) $\quad |\varphi_z(\mu)| = |\mathcal{E}\{\exp(j\mu z)\}| \leq \mathcal{E}\{|\exp(j\mu z)|\} = \mathcal{E}\{1\} = 1$

(iii) $\quad \left.\dfrac{d\varphi_z(\mu)}{d\mu}\right|_{\mu=0} = \mathcal{E}\{(jz)\exp(j\mu z)\}\big|_{j=0} = j\mathcal{E}\{z\}$

$\quad\quad\quad \left.\dfrac{d^2\varphi_z(\mu)}{d\mu^2}\right|_{\mu=0} = \mathcal{E}\{(jz)^2\exp(j\mu z)\}\big|_{j=0} = j^2\mathcal{E}\{z^2\}$

それを逐次繰り返せばよい.

**2.6** 仮定により, $x(t)$-過程は独立増分 $y_i = x(t_i) - x(t_{i-1})$ (ただし, $x(t_0) = 0$ とする) をもつから,

$$x(t_k) = x(t_k) - x(t_0) = \sum_{i=1}^{k}[x(t_i) - x(t_{i-1})] = \sum_{i=1}^{k} y_i$$

よって 例 2.1 により, $x(t)$-過程はマルコフ過程となる.

# 第 3 章

**3.1** (i) 十分性: $\psi(\tau)$ が $\tau = 0$ で連続とすると,

$$\mathcal{E}\{|x(t+h) - x(t)|^2\} = \mathcal{E}\{|x(t+h)|^2\} - \mathcal{E}\{x(t+h)x(t)\}$$
$$- \mathcal{E}\{x(t)x(t+h)\} + \mathcal{E}\{|x(t)|^2\}$$
$$= \psi(0) - \psi(h) - \psi(h) + \psi(0) \longrightarrow 0$$
$$(h \to 0)$$

(ii) 必要性: 逆に $x(t)$ が $t$ において自乗平均連続であるならば,

$$|\psi(\tau) - \psi(0)| = |\mathcal{E}\{x(t)x(t+\tau)\} - \mathcal{E}\{|x(t)|^2\}|$$
$$= |\mathcal{E}\{x(t)[x(t+\tau) - x(t)]\}|$$
$$\leq [\mathcal{E}\{|x(t)|^2\}\mathcal{E}\{|x(t+\tau) - x(t)|^2\}]^{\frac{1}{2}} \longrightarrow 0 \quad (\tau \to 0)$$

**3.2** $x(t)$-過程が自乗平均微分可能であるから, 極限値

$$\underset{h\to 0}{\text{l.i.m.}} \frac{x(t+h)-x(t)}{h} = \dot{x}(t)$$

が存在する. よって, $x(t+h) - x(t) = \dot{x}(t)h + o(h)$ より

$$\begin{aligned}\mathcal{E}\{|x(t+h)-x(t)|^2\} &= \mathcal{E}\{|\dot{x}(t)h + o(h)|^2\} \\ &= \mathcal{E}\{|\dot{x}(t)|^2\}h^2 + o(h^3) \longrightarrow 0 \quad (h\to 0)\end{aligned}$$

**3.3** 不等式 $|\alpha+\beta|^2 \leq 2|\alpha|^2 + 2|\beta|^2$ を用いると

$$\left|\frac{ax(t+h)+by(t+h)-ax(t)-by(t)}{h} - a\dot{x}(t) - b\dot{y}(t)\right|^2$$
$$\leq 2a^2\left|\frac{x(t+h)-x(t)}{h} - \dot{x}(t)\right|^2 + 2b^2\left|\frac{y(t+h)-y(t)}{h} - \dot{y}(t)\right|^2$$

を得る. ここで,

$$\mathcal{E}\left\{\left|\frac{x(t+h)-x(t)}{h} - \dot{x}(t)\right|^2\right\} \longrightarrow 0 \quad (h\to 0)$$

($y(t)$ についても同じ) が成り立つから, 上式左辺の期待値は $h\to 0$ のとき零に収束する.

## 第4章

**4.2** $\mathscr{F}_t$ を確率積分 $x(t,\omega) = \int_{t_0}^t w(\tau,\omega)dw(\tau,\omega)$ により生成される $\sigma$-代数とすれば, (4.17) 式より

$$\begin{aligned}&\mathcal{E}\{x(t,\omega)-x(s,\omega)\,|\mathscr{F}_s\} \\ &= \mathcal{E}\left\{\int_{t_0}^t w(\tau,\omega)dw(\tau,\omega) - \int_{t_0}^s w(\tau,\omega)dw(\tau,\omega)\,\bigg|\mathscr{F}_s\right\} \\ &= \frac{1}{2}\mathcal{E}\{[w^2(t,\omega)-w^2(t_0,\omega)] - [w^2(s,\omega)-w^2(t_0,\omega)]\,|\mathscr{F}_s\} \\ &\quad - \frac{1}{2}[\,\sigma^2(t-t_0) - \sigma^2(s-t_0)\,] \\ &= \frac{1}{2}(\sigma^2 t - \sigma^2 s) - \frac{1}{2}\sigma^2(t-s) = 0\end{aligned}$$

よって

$$\mathcal{E}\{x(t,\omega)\,|\mathscr{F}_s\} = \mathcal{E}\{x(s,\omega)\,|\mathscr{F}_s\} = x(s,\omega)$$

**4.3**
$$d(\varphi_1\varphi_2) = (\varphi_1 + d\varphi_1)(\varphi_2 + d\varphi_2) - \varphi_1\varphi_2$$
$$= \varphi_1 d\varphi_2 + \varphi_2 d\varphi_1 + d\varphi_1 d\varphi_2$$

ところで,
$$d\varphi_1 = \frac{\partial \varphi_1}{\partial t}dt + \left(\frac{\partial \varphi_1}{\partial x}\right)^T dx + \frac{1}{2}\operatorname{tr}\{\varphi_{1xx}G_1QG_1^T\}dt$$
$$d\varphi_2 = \frac{\partial \varphi_2}{\partial t}dt + (dy)^T\frac{\partial \varphi_2}{\partial y} + \frac{1}{2}\operatorname{tr}\{\varphi_{2yy}G_2QG_2^T\}dt$$

であるから,
$$d\varphi_1 d\varphi_2 = \left(\frac{\partial \varphi_1}{\partial x}\right)^T dx(dy)^T\left(\frac{\partial \varphi_2}{\partial y}\right) + o(dt)$$

ここで, $dx(dy)^T = G_1 dw(dw)^T G_2^T = G_1 Q G_2^T dt$ に留意すると,
$$= \left(\frac{\partial \varphi_1}{\partial x}\right)^T G_1 Q G_2^T \left(\frac{\partial \varphi_2}{\partial y}\right) dt$$
$$= \operatorname{tr}\left\{\left(\frac{\partial \varphi_2}{\partial y}\right)\left(\frac{\partial \varphi_1}{\partial x}\right)^T G_1 Q G_2^T\right\} dt$$

**4.4** $V(x,y) = x^2 + y^2$ とおくと,
$$dV(x,y) = \frac{\partial V}{\partial x}dx + \frac{\partial V}{\partial y}dy + \frac{1}{2}\frac{\partial^2 V}{\partial x^2}(dx)^2 + \frac{\partial^2 V}{\partial x \partial y}(dx)(dy) + \frac{1}{2}\frac{\partial^2 V}{\partial y^2}(dy)^2$$

であるから, $(dx)^2 = \sigma^2 \sin^2 \alpha\, dt$, $(dy)^2 = \sigma^2 \cos^2 \alpha\, dt$ に留意すると $d(x^2 + y^2) = \sigma^2 dt$ を得る. これより
$$\int_0^t d(x^2 + y^2) = [x^2(t) + y^2(t)] - [x^2(0) + y^2(0)] = \sigma^2 t$$

**4.5** $f(x) = -\alpha x$, $g(x) = \sqrt{2\alpha}$ を (4.63) 式に代入して計算すると
$$p(x) = \frac{c}{2\alpha}e^{-\frac{1}{2}x^2}$$
を得る. 正規化定数 $c$ は
$$1 = \int_{-\infty}^{\infty} p(x)dx = \frac{c}{2\alpha}\int_{-\infty}^{\infty} e^{-\frac{1}{2}x^2}dx = \frac{c}{2\alpha}\sqrt{2\pi}$$
より $c = 2\alpha/\sqrt{2\pi}$.

**4.6** (4.73) 式より, $\dot{m}_i(t) = a_i m_i(t)$, $\dot{\Gamma}_{ik} = g_{0ik} + (a_i + a_k)\Gamma_{ik}$ が得られるから, $\dot{m}(t) = Am(t)$, $\dot{\Gamma} = GG^T + A\Gamma + \Gamma A^T$ が得られる.

**4.7** 解析学における平均値の定理
$$\frac{f(a+h)-f(a)}{h} = f'(a+\theta h) \qquad (0 < \theta < 1)$$
を $g(t_i, (w_{i+1}+w_i)/2)$ に適用すると
$$g\left(t_i, w_i + \frac{1}{2}(w_{i+1}-w_i)\right)$$
$$= g(t_i, w_i) + \frac{\partial}{\partial w}g\left(t_i, w_i + \theta_i \cdot \frac{1}{2}(w_{i+1}-w_i)\right)\frac{1}{2}(w_{i+1}-w_i)$$
$(0 < \theta_i < 1)$ となるから, (4.77) 式の定義に従って
$$\int_a^b g(t, w_t) \circ dw(t)$$
$$= \underset{\substack{N\to\infty\\\rho\to 0}}{\text{l.i.m.}} \sum_{i=0}^{N-1}\left[g(t_i, w_i) + \frac{1}{2}\frac{\partial}{\partial w}g\left(t_i, w_i + \frac{1}{2}\theta_i(w_{i+1}-w_i)\right)(w_{i+1}-w_i)\right]$$
$$\cdot (w_{i+1}-w_i)$$
$$= \underset{\substack{N\to\infty\\\rho\to 0}}{\text{l.i.m.}} \sum_{i=0}^{N-1} g(t_i, w_i)(w_{i+1}-w_i)$$
$$+ \frac{1}{2}\underset{\substack{N\to\infty\\\rho\to 0}}{\text{l.i.m.}} \sum_{i=0}^{N-1} \frac{\partial}{\partial w}g\left(t_i, w_i + \frac{1}{2}\theta_i(w_{i+1}-w_i)\right)(w_{i+1}-w_i)^2$$
$$= \int_a^b g(t, w_t)\, dw(t) + \frac{1}{2}\sigma^2 \int_a^b \frac{\partial g(t, w_t)}{\partial w}\, dt$$

**4.9** $V(x) = x^2$ とおき, 伊藤の公式 (4.28) を用いると
$$dV(x) = d(x^2) = 2x\, dx + \frac{1}{2}2(dx)^2$$
したがって, $(dx)^2 \sim \sigma^2 b^2 x^2 dt$ に留意すると
$$d(x^2) = (2a + \sigma^2 b^2)x^2 dt + 2bx^2 dw$$
を得る. これを $0$ から $t$ まで積分し, 期待値演算を行うと
$$\mathcal{E}\{x^2(t)\} - x_0^2 = (2a + \sigma^2 b^2)\int_0^t \mathcal{E}\{x^2(s)\}\, ds$$
となる. これより, $\mathcal{E}\{x^2(t)\}$ は微分方程式
$$\frac{d}{dt}\mathcal{E}\{x^2(t)\} = (2a + \sigma^2 b^2)\mathcal{E}\{x^2(t)\}, \quad \mathcal{E}\{x^2(0)\} = x_0^2$$
を満たすから, その解として
$$\mathcal{E}\{x^2(t)\} = x_0^2 \exp\{(2a + \sigma^2 b^2)t\}$$
を得る.

**4.10** $F[w(t)] = F(w_t)$ をテイラー展開して, $(dw_t)^2 \sim \sigma^2 dt$ に留意すると

$$dF(w_t) = \frac{\partial F(w_t)}{\partial w}(dw_t) + \frac{1}{2}\frac{\partial^2 F(w_t)}{\partial w^2}(dw_t)^2$$
$$= f(w_t)dw_t + \frac{1}{2}\sigma^2 f_w(w_t)dt$$

両辺を $0$ から $T$ まで積分して $(w(0) = 0)$

$$F[w(T)] - F(0) = \int_0^T f[w(t)]dw(t) + \frac{1}{2}\sigma^2 \int_0^T f_w[w(t)]dt$$

つぎに, $F(w_t) = \sin w_t$ とおけば, $f(w_t) = \cos w_t$, $f_w(w_t) = -\sin w_t$ であるから, 上式を用いて

$$\int_0^T \cos w_t \, dw_t = \sin w_T + \frac{1}{2}\sigma^2 \int_0^T \sin w_t \, dt$$

**4.11** $x(t) = x(w_t)$, $y(t) = y(w_t)$ と表記すると,

$$dx(t) = \frac{\partial x(w_t)}{\partial w}dw_t + \frac{1}{2}\frac{\partial^2 x(w_t)}{\partial w^2}(dw_t)^2$$
$$= \cos w_t \, dw_t - \frac{1}{2}\sin w_t \, dt$$
$$= -\frac{1}{2}x(t)dt + y(t)dw_t$$

$dy(t)$ も同様に得られる.

## 第 5 章

**5.1** (5.11) 式が成り立つことを示せばよい. ヘルダーの不等式 (付録 (A.8) 式)

$$\mathcal{E}\{|xy|\} \leq [\mathcal{E}\{|x|^p\}]^{\frac{1}{p}}[\mathcal{E}\{|y|^q\}]^{\frac{1}{q}}$$

において, $y \equiv 1$ とおけば

$$\mathcal{E}\{|x|\} \leq [\mathcal{E}\{|x|^p\}]^{\frac{1}{p}}$$

を得る. ここで, $x = \|z\|^r$, $p = s/r$ とおけば

$$\mathcal{E}\{\|z\|^r\} \leq [\mathcal{E}\{\|z\|^s\}]^{\frac{r}{s}}$$

が成り立つ. そこで再び $z, s, r$ をそれぞれ $x, p, q$ と書き換えれば, (5.11) 式が得られる.

**5.2** $\mathcal{E}\{V(t,x)\} = \int_{-\infty}^{\infty} V(t,x)p(x)dx \geq \int_{\|x\| \geq \varepsilon} V(t,x)p(x)dx$

$$\geq \inf_{\substack{t \geq t_0 \\ \|x_0\| \geq \varepsilon}} V(t,x) \int_{\|x\| \geq \varepsilon} p(x)dx = [\inf V(t,x)] \Pr\{\|x\| \geq \varepsilon\}$$

**5.3** 微分生成作用素 $\mathcal{L}_x$ は

$$\mathcal{L}_x = ax\frac{\partial}{\partial x} + \frac{1}{2}\sigma^2 \sin^2 x \frac{\partial^2}{\partial x^2}$$

であるから, $V(x) = x^2$ ととると

$$\mathcal{L}_x V(x) = 2ax^2 + \sigma^2 \sin^2 x \leq 2ax^2 + \sigma^2 x^2 = (2a+\sigma^2)V(x)$$

よって定理 5.2 により, $2a + \sigma^2 < 0$ ならば平衡解は自乗平均指数安定である.

**5.4** 解は

$$x(t) = e^{-at}x_0 + \int_0^t e^{-a(t-s)}g(s)dw(s)$$

で与えられるから,

$$\mathcal{E}\{|x(t) - e^{-at}x_0|^2\} = \mathcal{E}\left\{\left|\int_0^t e^{-a(t-s)}g(s)dw(s)\right|^2\right\}$$

$$= \int_0^t e^{-2a(t-s)}g^2(s)ds$$

$$= \int_0^{t/2} e^{-2a(t-s)}g^2(s)ds + \int_{t/2}^t e^{-2a(t-s)}g^2(s)ds$$

$$\leq e^{-at}\int_0^{t/2} g^2(s)ds + \int_{t/2}^t g^2(s)ds \to 0 \quad (t\to\infty)$$

これより, $\mathcal{E}\{|x(t)|^2\} \to 0$ $(t\to\infty)$ を得る.

## 第6章

**6.1** (6.39) 式の両辺に左右から $P^{-1}(t|t)$ をかけ, $P^{-1}\dot{P}P^{-1} = -dP^{-1}/dt$ に留意すればよい.

**6.2** 
$$\mathcal{E}\{[x(t) - \hat{x}(t|t)]\alpha^T(t)\} = \mathcal{E}\{\mathcal{E}\{x(t) - \hat{x}(t|t)\,|\,\mathcal{Y}_t\}\alpha^T(t)\}$$
$$= \mathcal{E}\{[\mathcal{E}\{x(t)\,|\,\mathcal{Y}_t\} - \hat{x}(t|t)]\alpha^T(t)\} = 0$$

**6.3** (6.89) 式より $P(t,\tau)$ は

$$P(t,\tau) = \mathcal{E}\{x(t)[x(\tau) - \hat{x}(\tau|\tau)]^T\} - \mathcal{E}\{\hat{x}(t|t)\tilde{x}^T(\tau)\}$$

($\tilde{x}(\tau) = x(\tau) - \hat{x}(\tau|\tau)$) と書ける. ところで, $\tilde{x}(\tau)$ $(\tau \geq t)$ は $\mathcal{Y}_\tau$ に直交するから, 結局 $\hat{x}(t|t)$ にも直交することになり, 右辺第2項は零となる.

**6.4** (6.56) 式に脚注の公式を用い, (6.53) 式と $\Phi(t,t) = I$ に留意せよ.

**6.5**
$$P(t|t) = \mathcal{E}\{[x(t) - \hat{x}(t|t)][x(t) - \hat{x}(t|t)]^T\}$$
$$= \mathcal{E}\{x(t)x^T(t)\} - \mathcal{E}\{x(t)\hat{x}^T(t|t)\} - \mathcal{E}\{\hat{x}(t|t)x^T(t)\}$$
$$+ \mathcal{E}\{\hat{x}(t|t)\hat{x}^T(t|t)\}$$

ここで,
$$\mathcal{E}\{x(t)\hat{x}^T(t|t)\} = \mathcal{E}\{\mathcal{E}\{x(t)\hat{x}^T(t|t)|\mathcal{Y}_t\}\}$$
$$= \mathcal{E}\{\mathcal{E}\{x(t)|\mathcal{Y}_t\}\hat{x}^T(t|t)\} = \mathcal{E}\{\hat{x}(t|t)\hat{x}^T(t|t)\}$$

に留意すればよい.

**6.6** (6.68): $x(t+dt) = x(t) + dx(t)$ に留意すると,
$$\hat{x}(t+dt|t) = \mathcal{E}\{x(t) + A(t)x(t)dt + G(t)dw(t)|\mathcal{Y}_t\}$$
$$= \hat{x}(t|t) + A(t)\hat{x}(t|t)dt$$

(6.70):　$x(t+dt) - \hat{x}(t+dt|t)$
$$= x(t) + dx(t) - \mathcal{E}\{x(t) + dx(t)|\mathcal{Y}_t\}$$
$$= x(t) + A(t)x(t)dt + G(t)dw(t)$$
$$\quad - \mathcal{E}\{x(t) + A(t)x(t)dt + G(t)dw(t)|\mathcal{Y}_t\}$$
$$= [x(t) - \hat{x}(t|t)] + A(t)[x(t) - \hat{x}(t|t)] + G(t)dw(t)$$

に留意すれば容易に得られる.

**6.7** まず $\Lambda(t)$ が
$$d\Lambda(t) = \Lambda(t)\hat{h}(x)\,dy(t), \quad \Lambda(0) = 1$$

を満たすことを示し (これは $d\Lambda(t) = \Lambda(t+dt) - \Lambda(t)$ として計算すればよい), ついで $(dy_t)(dy_t)^T \cong I dt$ に留意して
$$dq = d(\Lambda p) = \Lambda\,dp + d\Lambda\,p + d\Lambda\,dp$$

を計算すればよい.

**6.8** まず, $\exp\{-h(x)y(t)\} = \eta(t)$ が
$$d\eta(t) = \frac{1}{2}\eta(t)h^2(x)dt - \eta(t)h(x)dy(t)$$

を満たすことを示せ ($d\eta(t) = \eta(t+dt) - \eta(t), y(t+dt) = y(t) + dy(t)$). つぎに
$$d\rho = d(\eta q) = \eta\,dq + d\eta\,q + d\eta\,dq$$

を計算せよ ($(dy_t)^2 \cong dt$).

## 第 7 章

**7.1** (7.21) 式右辺の第 1 項の時間微分は,

$$\frac{\partial}{\partial t}\tilde{\Phi}(\cdot,t) = -\tilde{\Phi}(\cdot,t)\tilde{A}(t), \quad \tilde{\Phi}(t,t) = I$$

に留意すると

$$\frac{d}{dt}[\tilde{\Phi}^T(T,t)F\tilde{\Phi}(T,t)] = \frac{d}{dt}\tilde{\Phi}^T(T,t)\,F\tilde{\Phi}(T,t) + \tilde{\Phi}^T(T,t)F\frac{d}{dt}\tilde{\Phi}(T,t)$$
$$= -\tilde{A}^T(t)\tilde{\Phi}^T(T,t)F\tilde{\Phi}(T,t) - \tilde{\Phi}^T(T,t)F\tilde{\Phi}(T,t)\tilde{A}(t)$$

となり, また第 2 項については微分公式

$$\frac{d}{dt}\int_t^T a(t,\tau)d\tau = -a(t,t) + \int_t^T \frac{\partial a(t,\tau)}{\partial t}d\tau$$

を用いると

$$\frac{d}{dt}\int_t^T \tilde{\Phi}^T(\tau,t)\tilde{M}(\tau)\tilde{\Phi}(\tau,t)d\tau$$
$$= -\tilde{M}(t) + \int_t^T \frac{\partial}{\partial t}[\tilde{\Phi}^T(\tau,t)\tilde{M}(\tau)\tilde{\Phi}(\tau,t)]d\tau$$
$$= -\tilde{M}(t) - \tilde{A}^T(t)\!\int_t^T\!\tilde{\Phi}^T(\tau,t)\tilde{M}(\tau)\tilde{\Phi}(\tau,t)d\tau - \int_t^T\!\tilde{\Phi}^T(\tau,t)\tilde{M}(\tau)\tilde{\Phi}(\tau,t)d\tau\,\tilde{A}(t)$$

となるから, これら 2 式を加え合せることによって, $\tilde{\Pi}(t)$ に対する微分方程式が得られる. $\tilde{\beta}(t)$ の微分方程式は見ただけで明らか.

#  参 考 文 献

確率システムに関する成書あるいは論文は，その背後に確率過程論が存在することから，数学に近いものから工学的センスで書かれたものまで非常に数多くあり，すべてを網羅することは不可能である．以下では，本書の執筆にあたって直接的，あるいは間接的に参考にした文献と，歴史的な観点から重要な論文を中心に掲げる．

本書と並列的な参考文献としては
1) 椹木義一・添田喬・中溝高好: 確率システム制御の基礎, 日新出版, 東京, 1975.
2) 砂原善文: 確率システム理論, 電子通信学会, 1979.
3) 砂原善文 (編): 確率システム理論, I, II, III, 朝倉書店, 東京, 1981, 1982.

がある．1) は確率システム制御全般にわたってよくまとめられているが，本書のような確率微分方程式を用いてはいない．

第 1 章の記述にあたっては，つぎの文献を参照した．

4) 大住 晃: 確率システム理論–その面白味, 計測自動制御学会 講習会 "制御理論," 名古屋, 1990, pp.13-19.
5) M. Athens: The Role and Use of the Stochastic Linear-Quadratic-Gaussian Problem in Control System Design, *IEEE Trans. Automatic Control*, vol.AC-16, no.6, 1971, pp.529-552.
6) H. Kwakernaak and R. Sivan: *Linear Optimal Control Systems*, Wiley–Interscience, New York, 1972.
7) T. Kailath: *Linear Systems*, Prentice-Hall, Englewood Cliffs, New Jersey, 1980.
8) B. D. O. Anderson and J. B. Moore: *Optimal Control: Linear Quadratic Methods*, Prentice-Hall, Englewood Cliffs, New Jersy, 1990.

## 1. 確率過程一般論，演算法，確率微分方程式 (第 2,3,4 章)

演算法については，17), 23) あたりが簡便にまとめられている．

9) S. Karlin and H. M. Taylor: *A First Course in Stochastic Processes*, Second Editon, Academic Press, New York, 1975.

10) S. Karlin and H. M. Taylor: *A Second Course in Stochastic Processes*, Academic Prss, New York, 1981.

11) A. T. Bharucha-Reid: *Elements of the Theory of Markov Processes and Their Applications*, McGraw-Hill, New York, 1960.

12) A. Papoulis: *Probability, Random Variables, and Stochastic Processes*, McGraw-Hill, New York, 1965.

13) E. Wong and M. Zakai: On the Relation between Ordinary and Stochastic Differential Equations, *Int. J. Eng. Sci.*, vol.3, 1965, pp.213-229.

14) R. L. Stratonovich: A New Representation for Stochastic Integrals and Equations, *SIAM J. Control*, vol.4, 1966, pp.362-371.

15) E. Nelson: *Dynamical Theories of Brownian Motion*, Princeton Univ. Press, Princeton, 1967.

16) R. L. Stratonovich: *Conditional Markov Processes and Their Application to the Theory of Optimal Control*, American Elsevier, New York, 1968.

17) A. H. Jazwinski: *Stochastic Processes and Filtering Theory*, Academic Press, New York, 1970.

18) E. Wong: *Stochastic Processes in Information and Dynamical Systems*, McGraw-Hill, New York, 1971.

19) E. Wong: Recent Progress in Stochastic Processes-A Survey, *IEEE Trans. Information Theory*, vol.IT-19, no.3, 1973, pp.262-275.

20) L. Arnold: *Stochastic Differential Equations: Theory and Applications*, John Wiley & Sons, New York, 1974.

21) 堀 淳一: ランジュバン方程式, 岩波書店, 東京, 1977.

22) C. W. Gardiner: *Handbook of Stochastic Methods for Physics, Chemistry and the Natural Sciences*, Springer-Verlag, Berlin, 1983.

23) T. T. Soong and M. Grigoriu: *Random Vibration of Mechanical and Structural Systems*, P T R Prentice-Hall, Englewood Cliffs, New York, 1993.

24) A. Einstein: Über die von der molekularkinetischen Theorie der Wärme geforderte Bewegung von in ruhenden Flüssigkeiten suspendierten Teilchen, *Annalen der Physik*, vol.17, 1905, pp.549-560; English translation: *Investigations on the Theory of the Brownian Movement*, Dover, New York, 1926.

25) G. E. Uhlenbeck and L. S. Ornstein: On the Theory of the Brownian Motion, *Physical Reviews*, vol.36, 1930, pp.823-841.

26) S. Chandrasekkar: Stochastic Problems in Physics and Astronomy, *Review of Modern Physics*, vol.15, no.1, 1943, pp.1-89.

27) N. Wax (Ed.): *Selected Papers on Noise and Stochastic Processes*, Dover, New York, 1954.

28) 中溝高好: 連続制御理論における確率過程のモデルに関する二, 三の考察, 制御工学, vol.14, 1970, pp.166-176.

確率微分方程式については, 以下のような文献が参考になる. 36) は楽しい読み物風に記述されている.

29) K. Itô: On Stochastic Differential Equations, *Mem. Amer. Math. Soc.*, no.4, 1951.

30) J. L. Doob: *Stochastic Processes*, John Wiley & Sons, New York, 1953.

31) E. B. Dynkin: *Markov Precesses*, Vols. 1 and 2, Springer-Verlag, Berlin, 1965.

32) A. V. Skorokhod: *Studies in the Theory of Random Processes*, Addison-Wesley, Reading, Mass., 1965.

33) H. P. McKean: *Stochastic Integrals*, Academic Press, New York, 1969.

34) I. I. Gihman and A. V. Skorohod: *Stochastic Differential Equations*, Springer-Verlag, Berlin, 1972.

35) A. Friedman: *Stochastic Differential Equations and Applications*, Vols. 1 and 2, Academic Press, New York, 1975, 1976.

36) 保江邦夫: 確率微分方程式-入門前夜-, すうがくぶっくす 18, 朝倉書店, 東京, 1999.

確率微分方程式の離散化によるシミュレーション法については, 例えばつぎの論文が参考になる.

37) E. Pardoux and D. Talay: Discretization and Simulation of Stochastic Differential Equations, *Acta Applicandae Mathematicae*, vol.3, 1985, pp.23-47.

**3. 安定性** (第5章)

確率システムの安定性の定義については, 38) のサーベイが優れている.

38) F. Kozin: A Survey of Stability of Stochastic Systems, *Automatica*, vol.5, 1969, pp.95-112.

39) H. J. Kushner: *Stochastic Stability and Control*, Academic Press, New York, 1967.

40) L. Arnold: *Stochastic Differential Equations: Theory and Applications*, John Wiley & Sons, London, 1974.

41) R. Z. Has'minskii: *Stochastic Stability of Differential Equations*, Sijthoff & Noorhoff, Alphen, 1980.

42) V. N. Afanas'ev, V. B. Kolmanovskii and V. R. Nosov: *Mathematical Theory of Control Systems Design*, Kluwer Academic Pub., Dordrecht, 1989.

**4. 状態推定, カルマンフィルタ, 最適制御 (第 6,7 章)**

カルマンフィルタのオリジナル論文は 43), 44) であるが, サーベイ論文としては 46), 47), 49) がよい. 推定理論の入門書としては 53) がよい.

43) R. E. Kalman: A New Approach to Linear Filtering and Prediction Problems, *Trans. ASME, Ser. D, J. Basic Eng.*, vol.82, 1960, pp.35-45.

44) R. E. Kalman and R. S. Bucy: New Results in Linear Filtering and Prediction Theory, *Trans. ASME, Ser. D, J. Basic Eng.*, vol.83, 1961, pp.95-108.

45) Special Issue on the Linear-Quadratic-Gaussian Estimation and Control Problem (dedicated to Professor R. E. Kalman), *IEEE Trans. Automatic Control*, vol. AC-16, no.6, 1971, pp.527-869.

46) T. Kailath: A View of Three Decades of Linear Filtering Theory, *IEEE Trans. Information Theory*, vol.IT-20, no.2, 1974, pp.146-181.

47) M. H. A. Davis and S. I. Marcus: An Introduction to Nonlinear Filtering, *Stochastic Systems; The Mathematics of Filtering and Identification and Applications* (Eds: M. Hazewinkel and J. C. Willems), Reidel, 1981.

48) H. W. Sorenson: Least-Squares Estimation: From Gauss to Kalman, *IEEE Spectrum*, vol.7, 1970, pp.63-68.

49) S. K. Mitter: Filtering and Stochastic Control: A Histrical Perspective, *IEEE Control Systems Magazine*, vol.16, no.3, 1996, pp.67-76.

50) T. Kailath (Ed.): *Linear Least-Squares Estimation*, Benchmark Papers in Electrical Engineering and Computer Science 17, Dowden, Hutchinson & Ross, Stroudsburg, 1977.

51) H. W. Sorenson (Ed.): *Kalman Filtering: Theory and Application*, IEEE Press, New York, 1985.

52) R. S. Bucy and P. D. Joseph: *Filtering for Stochastic Processes with Applications to Guidance*, Interscience, New York, 1968.

53) A. H. Jazwinski: *Stochastic Processes and Filtering Theory*, Academic Press, New York, 1970.

54) M. H. A. Davis: *Linear Estimation and Stochastic Control*, Chapman and Hall, London, 1977.

55) R. S. Liptser and A. N. Shiryaev: *Statistics of Random Processes*, I, II, Springer-Verlag, New York, 1977, 1978.

56) G. Kallianpur: *Stochastic Filtering Theory*, Springer-Verlag, New York, 1980.

57) M. Green and D. J. N. Limebeer: *Linear Robust Control*, Prentice-Hall, Englewood Cliffs, New Jersey, 1995.

58) 西村敏充・狩野弘之: 制御のためのマトリクス・リカッチ方程式, 朝倉書店, 東京, 1996.

59) 片山 徹: 新版 応用カルマンフィルタ, 朝倉書店, 東京, 2000.

以下は参考にした論文である.

60) R. S. Bucy: Nonlinear Filtering Theory, *IEEE Trans. Automatic Control*, vol.AC-10, 1965, p.198.

61) A. H. Jazwinski: Filtering for Nonlinear Dynanical Systems, *IEEE Trans. Automatic Control*, vol.AC-11, 1966, pp.765-766.

62) H. J. Kushner: Differential Equations for Optimal Nonlinear Filtering, *J. Differential Equations*, vol.3, 1967, pp.179-190.

63) H. J. Kushner: Approximations to Optimal Nonliner Filters, *IEEE Trans. Automatic Control*, vol.AC-12, 1967, pp.546-556.

64) L. Schwartz and E. B. Stear: A Varid Mathematical Model for Approximate Nonlinear Mimimal-Variance Filtering, *J. Math. Anal. Appl.*, vol.21, 1968, pp.1-6.

65) L. Schwartz and E. B. Stear: A Computational Comparison of Several Nonlinear Filters, *IEEE Trans. Automatic Control*, vol.13, 1968, pp.83-86.

66) H. W. Sorenson and A. R. Stubberud: Non-Linear Filtering by Approximotion of the A Posteriori Density, *Int. J. Control*, vol.8, 1968, pp.33-51.

67) T. Kailath: An Innovation Approach to Least-Squares Estimaton, Part I: Linear Filtering in Additive White Noise, *IEEE Trans. Automatic Control*, vol.AC-13, 1968, pp.646-655.

68) T. Kailath and P. Forst: An Innovations Approach to Least-Squares Estimation, Part II: Linear Smoothing in Additive White Noise, *IEEE Trans. Automatic Control*, vol.AC-13, 1968, pp.655-660.

69) Y. Sunahara: An Approximate Method of State Estimation for Nonlinear Dynamical Systems, *Trans. ASME, Ser.D, J. Basic Eng.*, vol.92, no.3, 1970, pp.385-393.

70) T. Kailath: A Note on Least Squares Estimaton by the Innovations Method, *SIAM J. Control*, vol.10, no.3, 1972, pp.477-486.

71) V. E. Beneš: On Kailath's Innovations Conjecture Hold, *Bell System Tech. J.*, vol.55, no.7, 1976, pp.981-1001.

72) K. M. Nagpal and P. P. Khargonekar: Filtering and Smoothing in an $H^\infty$ Setting, *IEEE Trans. Automatic Control*, vol.36, no.2, 1991, pp.152-166.

LQG 制御問題に関する文献については

73) J. M. Mendel and D. L. Gieseking: Bibliography on the Linear-Quadratic-Gaussian Problem, in Special Issue on the Linear-Quadratic-Gaussian Estimation and Control Problem (dedicated to Professor R. E. Kalman), *IEEE Trans. Automatic Control*, vol.AC-16, no.6, 1971, pp.847-869.

にまとめられている.最適制御については,54) と以下のものが参考になる.

74) J. J. Florentin: Optimal Control of Continuous Time, Markov, Stochastic Systems, *J. Electronics and Control*, vol.10, 1961, pp.473-488.

75) H. J. Kushner: Optimral Stochastic Control, *IRE Trans. Automatic Control*, 1962, pp.120-122.

76) W. M. Wonham: On the Separation Theorem of Stochastic Control, *SIAM J. Control*, vol.6, no.2, pp.312-326, 1968.

77) W. M. Wonham: Random Differential Equations in Control Theory, in *Probabilistic Methods in Applied Mathematics*, Vol.2 (Ed: A. T. Bharucha-Reid), Academic Press, New York, 1970, pp.131-212.

78) W. H. Fleming and R. W. Rishel: *Deterministic and Stochastic Optimal Control*, Springer-Verlag, New York, 1975.

79) M. H. A. Davis and R. B. Vinter: *Stochastic Modelling and Control*, Chapman and Hall, London, 1985.

80) M. H. A. Davis: *Markov Models and Optimization*, Chapman and Hall, London, 1993.

81) A. Bagchi: *Optimal Control of Stochastic Systems*, Prentice-Hall, New York, 1993.

## 5. 非 LQG 問題 (エピローグ A)

エピローグ A, B, C は著者の解説記事

82) 大住 晃: 確率システム制御の最近の話題, システム/制御/情報, vol.42, no.7, 1998, pp.363-370.

を参考にした.

83) M. K. Sain: Control of Linear Systems According to the Minimal Variance Criterion-A New Approach to the Disturbance Problem, *IEEE Trans. Automatic Control*, vol.AC-11, no.1, 1966, pp.118-122.

84) M. K. Sain, C.-H. Won and B. F. Spencer, Jr.: Cumulant Minimization and Robust Control, in *Stochastic Theory and Adaptive Control* (Eds: T. E. Duncan and B. Pasik-Duncan), Lecture Note, Springer-Verlag, New York, 1992, pp.411-425.

85) D. H. Jacobson: Optimal Stochastic Linear Systems with Exponential Performance Criteria and Their Relation to Deterministic Differential Games, *IEEE Trans. Automatic Control*, vol.AC-18, no.2, 1973, pp.124-131.

86) J. L. Speyer, J. Deyst and D. H. Jacobson: Optimization of Stochastic Linear Systems with Additive Measurement and Process Noise Using Exponential Performance Criteria, *IEEE Trans. Automatic Control*, vol.AC-19, 1974, pp.358-366.

87) J. L. Speyer: An Adaptive Terminal Guidance Scheme Based on an Exponential Cost Criterion with Applications to Homing Missile Guidance, *IEEE Trans. Automatic Control*, vol.AC-21, 1976, pp.371-375.

88) P. R. Kumar and J. H. van Schuppen: On the Optimal Control of Stochastic systems with an Exponential-of-Integral Performance Index, *J. Math. Anal. Appl.*, vol.80, 1981, pp.312-332.

89) A. Bensoussan and J. H. van Schuppen: Optimal Control of Partially Observable Stochastic Systems with an Exponential-of-Integral Performance Index, *SIAM J. Control and Optim.*, vol.23, no.4, 1985, pp.599-613.

90) T. Runolfsson: The Equivalence Between Infinite-Horizon Optimal Control of Stochastic Systems with Exponential-of-Integral Performance Index and Stochastic Differential Games, *IEEE Trans. Automatic Control*, vol.39, no.8, 1994, pp.1551-1563.

91) C. D. Charalambous and R. J. Elliott: Certain Nonlinear Partially Observable Stochastic Optimal Control Problems with Explicit Control Laws Equivalent to LEGG/LQG Problems, *IEEE Trans. Automatic Control*, vol.42, no.4, 1997, pp.482-497.

92) R. A. Howard and J. A. Matheron: Risk-Sensitive Markov Decision Processes, *Manage. Sci.*, vol.18, 1992, pp.357-370.

93) D. P. Bertsekas: *Dynamic Programming and Stochastic Control*, Academic Press, New York, 1976.

94) P. Whittle: Risk-Sensitive Linear/Quadratic/Gaussian Control, *Adv. Appl. Prob.*, vol.13, 1981, pp.764-777.

95) K. Glover and J. C. Doyle: State-space Formulae for All Stabilizing Controllers That Satisfy an $H_\infty$-norm Bound and Relation to Risk Sensitivity, *Systems & Control Letters*, vol.11, no.1, 1988, pp.167-172.

96) P. Whittle: *Risk-Sensitive Optimal Control*, John Wiley & Sons, New York, 1990.

97) P. Whittle: Risk-Sensitive Maximum Principle; The Case of Imperfect State Observation, *IEEE Trans. Automatic Control*, vol.36, no.7, 1991, pp.793-801.

98) A. Bensoussan and R. J. Elliott: A Finite-dimensional Risk-Sensitive Control Problem, *SIAM J. Control and Optim.*, vol.33, no.6, 1995, pp.1834-1846.

99) W. H. Fleming and W. M. McEneany: Risk-Sensitive Control on an Infinite Horizon, *SIAM J. Control and Optim.*, vol.33, no.6, 1995, pp.1881-1915.

100) M. K. Sain, C.-H. Won and B. F. Spencer, Jr.: Cumulants in Risk-Sensitive Control; The Full-State-Feedback Cost Variance Case Risk-Sensitive and MCV Stochastic Control, *Proc. IEEE 34th Conf. Decision and Control*, New Orleans, Dec., 1995, pp.1036-1041.

101) A. Bensoussan, J. Frehse and H. Nagai: Some Results on Risk-Sensitive Control with Full Observation, *Proc. IEEE 34th Conf. Decision and Control*, New Orleans, Dec., 1995, pp.1657-1661.

102) H. Nagai: Bellman Equations of Risk-Sensitive Control, *SIAM J. Control and Optim.*, vol.34, 1996, pp.74-101.

103) C. D. Charalambous: Partially Observable Nonlinear Risk-Sensitive Control Problems; Dynamic Programming and Verification Theorems, *IEEE Trans. Automatic Control*, vol.42, no.8, 1997, pp.1130-1138.

104) C.-H. Won, M. K. Sain and B. F. Spencer, Jr.: Connections and Advances in Risk-Sensitive and MCV Stochastic Control, *Proc. 2nd Asian Control Conference*, vol.III, Seoul, July, 1997, pp.59-62.

## 6. 確率システムの一つの展開 (エピローグ B)

105) A. Ohsumi: Quantum-mechanical Representations of Nonlinear Filtering and Stochastic Optimal Control, *Systems & Control Letters*, vol.12, 1989, pp.185-192.

106) A. Ohsumi: Derivation of the Non-Linear Schrödinger Equation from Stochastic Optimal Control, *Int. J. Control*, vol.49, no.3, 1989, pp.841-849.

107) A. Ohsumi: Derivation of the Schrödinger Equations from Stochastic Control Theory (Invited Paper), in *Recent Avdances in Mathematical Theory of Systems, Control, Networks and Signal Processing* II (Proc. Int. Symp. MTNS-91) (Eds: H. Kimura and S. Kodama), Mita Press, 1992, pp.191-196.

108) E. Nelson: Derivation of the Schrödinger Equation from Newtonian Mechanics, *Physical Rev.*, vol.150, 1966, 1079-1085.

109) K. Yasue: Qunatum Mechanics and Stochastic Control Theory, *J. Math. Phys.*, vol.22, 1981, pp.1010-1020.

110) W. H. Fleming: Logarithmic Transformations and Stochastic Control, *Advances in Filtering and Optimal Stochastic Control* (Eds: W. H. Fleming and L. G. Gorostiza), Lecture Note in Control and Infornmation Sciences No.42, Springer-Verlag, New York, 1982, pp.131-141.

111) W. H. Fleming: Stochastic Calculus of Variations and Mechanics, *J. Optimization Theory and Applications*, vol.41, no.1, 1983, pp.55-74.

112) W. H. Fleming and S. K. Mitter: Optimal Control and Nonlinear Filtering for Nondegenerate Diffusion Processes, *Stochastics*, vol.8, 1982, pp.63-77.

113) S. K. Mitter: On the Analogy between Mathematical Problems of Non-linear Filtering and Quantum Physics, *Ricerche di Automatica*, vol.10, no.2, 1979, pp.163-216.

114) L. Papiez: Stochastic Optimal Control and Quantum Mechanics, *J. Math. Phys.*, vol.23, 1982, pp.1017-1019.

## 7. 不規則移動体の最適探索問題 (エピローグ C)

115) B. O. Koopman: *Search and Screening*, Pergamon Press, New York, 1980.

116) 多田和夫: 探索理論, 日科技連出版社, 東京, 1973.

117) L. D. Stone: *Theory of Optimal Search*, Academic Press, New York, 1975.

118) O. Hellman: On the Effect of a Search Upon the Probability Distribution of a Target Whose Motion is a Diffusion Process, *Annals of Mathematical Statistics*, vol.41, 1970, pp.1717-1724.

119) K. B. Haley and L. D. Stone: *Search Theory and Applications*, Plenum, New York, 1980.

120) M. Mangel: Search for a Randomly Moving Object, *SIAM J. Applied Mathematics*, vol.40, 1981, pp.327-338.

121) A. Ohsumi: Stochastic Control with Searching a Randomly Moving Target, *Proc. 1984 American Control Conference*, San Diego, U.S.A., June, 1984, pp.500-504.

122) A. Ohsumi and M. Mangel: Joint Searching and Parameter Identification for a Markovian Target, *Proc. 1985 American Control Conference*, Boston, U.S.A., June, 1985, pp.517-525.

123) A. Ohsumi: Optimal Searching for a Markovian Target and Relation to Optimal Stochastic Control, in *Theory and Application of Nonlinear Control Systems* (Eds: C. Byrnes and A. Lindquist), North-Holland, Amsterdam, 1986, pp.569-583.

124) A. Ohsumi: Algorithms for Optimal Searching and Control Systems for a Markovian Traget, in *Control and Dynamic Systems* (Ed: C. T. Leondes), Vol.30, Academic Press, New York, 1989, pp.99-118.

125) A. Ohsumi: Optimal Search for a Markovian Target, *Naval Research Logistics*, vol.38, no.4, 1991, pp.531-554.

## 8. 数理ファイナンスへの応用 (エピローグ D)

数理ファイナンスに関する図書は,最近数多く出版されている.ブラック・ショールズ方程式の導出は文献 126) が詳しい.株価の変動にウィーナ過程を用いるオリジナルなアイデアはバシャリエによるが,そのオリジナル論文は英訳されて再出版されている(文献 133)).また,ノーベル経済学賞の対象となった業績は 134), 135) である.

126) 蓑谷千凰彦: よくわかるブラック・ショールズモデル, 東洋経済新報社, 東京, 2000.

127) 石村貞夫・石村園子: 金融・証券のためのブラック・ショールズ微分方程式, 東京図書, 東京, 1999.

128) D. Lamberton and B. Lapeyre: it Introduction au Calcul Stochastique Appliqué à la Finance, Ellipses, Paris, 1997; D. ラムベルトン. B. ラペール (森平爽一郎監修): ファイナンスへの確率解析, 朝倉書店, 東京, 2000.

129) D. C. Brody: it Mathematical Theory of Finance, Imperial College London & Churchill College, London, 2000; ド-ジェ・ブローディ: 現代ファイナンス数理, 日本評論社, 東京, 2000.

130) 刈屋武昭: 金融工学とは何か;「リスク」から考える, 岩波新書, 岩波書店, 東京, 2000.

131) 野口悠紀雄: 金融工学, こんなに面白い, 文春新書, 文藝春秋, 東京, 2000.

132) 国友直人: ファイナンスと確率解析, "工学, 経済学と確率解析" シンポジウム, 科学研究費総合 (A) "確率論の総合的研究," Dec., 1992, pp.55-88.

133) L. Bachelier: Théorie de la Spéculation, Ann. Sci. École Norm. Sup., vol.17, 1900, pp.21-86; Theory of Speculation, translated in P. H. Cootner (ed.): The Random Characteristics of Stock Prices, MIT Press, 1964, pp.17-78.

134) F. Black and M. Sholes: The Pricing of Options and Corporate Liabilities, J. Political Economy, vol.81, 1973, pp.637-659 (日本語の部分訳は文献 127) に掲載されている).

135) R. C. Merton: Theory of Rational Option Pricing, Bell J. Econom. and Management Sci., vol.4, 1973, pp.141-183.

136) A. Bensoussan: On the Theory of Option Pricing, Acta Appl. Math., vol.2, 1984, pp.139-158.

## 9. 不等式 (付 録)

137) G. H. Hardy, J. E. Littlewood, and G. Pólya: Inequalities, Cambridge Univ. Press, Cambrigge, 1934, 1952, 1959, 1978.

138) M. Loève: Probability Theory, D. van Nostrand, Princeton, 1963.

139) A. N. Kolmogorov and S. V. Formin: Introductory Real Analysis, Dover, New York, 1970.

140) E. F. Beckenbach and R. Bellman: Inequalities, Third Printing, Springer-Verlag, Berlin, 1971.

141) E. Lukacs: Stochastic Convergence, Second Edition, Academic Press, New York, 1975.

# 索　引

## ア　行

アインシュタインの関係式　37

1次モーメント　14
伊藤確率積分　59
伊藤確率微分方程式　63
伊藤・シュレーディンガー方程式　174
伊藤の公式　67
伊藤の連鎖則　67
イノベーション過程　113, 114
イノベーション法　114

ウィーナ過程　28, 33
ウィーナ・ヒンチン公式　21
ウィーナ・レヴィ過程　33

エルゴード性　16
エルゴード的　17

オルンシュタイン・ウーレンベック過程　80

## カ　行

概収束　47
拡散過程　70
確実等価性原理　141
拡張カルマンフィルタ　128, 129
確率安定　88
確率1で安定　89
確率1で漸近安定　89
確率1での収束　47
確率1で連続　50
確率過程　11
　　独立増分をもつ——　27
確率システム　1

確率システム理論　2
確率収束　47
確率漸近安定　88
確率微分　67
確率微分演算　66
確率微分方程式　62
確率変数　11
確率連続　30, 50
カルマンゲイン　119
カルマンフィルタ　109, 110

期待値演算子　14
許容制御量　134
近似非線形フィルタ　128

クスナー方程式　106

結合(同時)確率分布関数　12
検証定理　159

広義定常過程　16
コーシー問題　137
固定区間平滑問題　124
コルモゴロフの後向き方程式　75
コルモゴロフの前向き方程式　74, 77

## サ　行

最小コスト汎関数　135
最小コスト分散制御問題　165
最小分散推定値　102
最適推定値　102
最適制御　132
最適性の原理　133
最適探索問題　179
最適レギュレータ問題　123

# 索　引

自己共分散マトリクス　14
自己相関関数　14
自乗平均収束　47
自乗平均微分可能　51
自乗平均微分値　51
自乗平均リーマン積分　54
自乗平均連続　50
実現値　11
弱定常過程　16
十分統計量　157
シュレーディンガー・ランジュヴァン方程式　173
瞬時コスト汎関数　147
状態推定問題　100
初期値問題　137

推定誤差共分散マトリクス　103
推定値　101
数理ファイナンス　180
ストラトノヴィッチ確率積分　80

正規型確率過程　26
正規性白色雑音　40
正射影　102
生成点　11
遷移確率密度関数　24

相互共分散マトリクス　14
相互相関関数　14
相互パワースペクトル密度関数　21
双対性　123

## タ 行

ダイナミックプログラミング　133
探索関数　178
探索方程式　177
探索密度関数　176
探索理論　175

チャップマン・コルモゴロフ方程式　24

定常過程　16
定常カルマンフィルタ　118
定常独立増分　28
ディンキン条件　71

同時 (結合) 確率分布関数　12
動的確率システム　56
特性関数　26
独立増分をもつ確率過程　27

## ナ 行

2次確率過程　46
2次確率変数　45
2次モーメント　15

## ハ 行

パワースペクトル密度関数　21
汎関数方程式 (ベルマンの)　136

非 LQG 問題　165
非正規化方程式　130
表現定理　107

フィルタリング問題　101
フォッカー・プランク方程式　74
不偏推定量　102
ブラウン運動　33
ブラック・ショールズ過程　69, 181, 182
ブラック・ショールズ方程式　85, 185, 186
ブラック・ショールズモデル　182

平滑値　101
平滑フィルタ　124
平滑問題　101
平均値　14
ベルマンの汎関数方程式　136
ベルマン・ハミルトン・ヤコビ方程式　136

## マ 行

前向き拡散作用素　74
マルコフ過程　23
マルチンゲール　30

見本過程　10
見本空間　10

無限時間最適制御問題　142

## ヤ 行

有色雑音　40

予測値　101
予測問題　101

## ラ 行

ランジュヴァン方程式　34

リスク鋭敏型制御問題　169
リッカチ代数方程式　119
リッカチ微分方程式　110

リヤプノフ関数　98

## 欧 文

Duncan-Mortensen-Zakai 方程式　130

LEQG 問題　167
LQG 制御問題　148

$p$ 乗モーメント安定　88
$p$ 乗モーメント指数安定　89
$p$ 乗モーメント漸近安定　89
pathwise-robust 方程式　131

## 著者略歴

**大住 晃** (おおすみ あきら)

1943年 京都市に生まれる
1969年 京都工芸繊維大学大学院工芸科学研究科修士課程
 (生産機械工学専攻) 修了
 ハーバード大学応用科学科 (Division of Applied
 Sciences) 留学を経て,
現 在 京都工芸繊維大学工芸学部機械システム工学科・
 大学院工芸科学研究科教授
 工学博士 (京都大学)

---

システム制御情報ライブラリー24
確率システム入門            定価はカバーに表示

2002年 3月10日  初版第1刷
2022年 8月25日      第9刷

編 者  システム制御情報学会
著 者  大 住     晃
発行者  朝 倉 誠 造
発行所  株式会社 朝 倉 書 店

東京都新宿区新小川町6-29
郵便番号  162-8707
電 話  03(3260)0141
FAX  03(3260)0180
https://www.asakura.co.jp

〈検印省略〉

© 2002 〈無断複写・転載を禁ず〉      中央印刷・渡辺製本

ISBN 978-4-254-20944-0  C 3350   Printed in Japan

JCOPY  <出版者著作権管理機構 委託出版物>

本書の無断複写は著作権法上での例外を除き禁じられています. 複写される場合は,
そのつど事前に, 出版者著作権管理機構 (電話 03-5244-5088, FAX 03-5244-5089,
e-mail: info@jcopy.or.jp) の許諾を得てください.

## 好評の事典・辞典・ハンドブック

|  |  |  |
|---|---|---|
| 物理データ事典 | 日本物理学会 編 | B5判 600頁 |
| 現代物理学ハンドブック | 鈴木増雄ほか 訳 | A5判 448頁 |
| 物理学大事典 | 鈴木増雄ほか 編 | B5判 896頁 |
| 統計物理学ハンドブック | 鈴木増雄ほか 訳 | A5判 608頁 |
| 素粒子物理学ハンドブック | 山田作衛ほか 編 | A5判 688頁 |
| 超伝導ハンドブック | 福山秀敏ほか 編 | A5判 328頁 |
| 化学測定の事典 | 梅澤喜夫 編 | A5判 352頁 |
| 炭素の事典 | 伊与田正彦ほか 編 | A5判 660頁 |
| 元素大百科事典 | 渡辺 正 監訳 | B5判 712頁 |
| ガラスの百科事典 | 作花済夫ほか 編 | A5判 696頁 |
| セラミックスの事典 | 山村 博ほか 監修 | A5判 496頁 |
| 高分子分析ハンドブック | 高分子分析研究懇談会 編 | B5判 1268頁 |
| エネルギーの事典 | 日本エネルギー学会 編 | B5判 768頁 |
| モータの事典 | 曽根 悟ほか 編 | B5判 520頁 |
| 電子物性・材料の事典 | 森泉豊栄ほか 編 | A5判 696頁 |
| 電子材料ハンドブック | 木村忠正ほか 編 | B5判 1012頁 |
| 計算力学ハンドブック | 矢川元基ほか 編 | B5判 680頁 |
| コンクリート工学ハンドブック | 小柳 洽ほか 編 | B5判 1536頁 |
| 測量工学ハンドブック | 村井俊治 編 | B5判 544頁 |
| 建築設備ハンドブック | 紀谷文樹ほか 編 | B5判 948頁 |
| 建築大百科事典 | 長澤 泰ほか 編 | B5判 720頁 |

価格・概要等は小社ホームページをご覧ください．